全国环境监测培训系列教材

生态环境监测技术

中国环境监测总站 编

U0252164

中国环境出版社·北京

图书在版编目（CIP）数据

生态环境监测技术 / 中国环境监测总站编. —北京：
中国环境出版社，2014.1（2017.3 重印）
全国环境监测培训系列教材
ISBN 978-7-5111-1211-8

Ⅰ. ①生… Ⅱ. ①中… Ⅲ. ①生态环境—环境监测—
技术培训—教材 Ⅳ. ①X83

中国版本图书馆 CIP 数据核字（2014）第 001763 号

出 版 人 王新程
责任编辑 曲 婷
责任校对 唐丽虹
封面设计 陈 莹

出版发行 中国环境出版社
（100062 北京市东城区广渠门内大街 16 号）
网 址：http://www.cesp.com.cn
电子邮箱：bjgl@cesp.com.cn
联系电话：010-67112765（编辑管理部）
发行热线：010-67125803，01067113405（传真）
印 刷 北京中科印刷有限公司
经 销 各地新华书店
版 次 2014 年 5 月第 1 版
印 次 2017 年 3 月第 2 次印刷
开 本 787×1092 1/16
印 张 18.75
字 数 440 千字
定 价 56.00 元

《生态环境监测技术》
编写委员会

主　　编：何立环　董贵华

副　主　编：刘海江　齐　杨

编　　委：（以姓氏笔画为序）

序

    党的十八大把生态文明建设纳入中国特色社会主义事业总体布局，提出建设美丽中国的宏伟目标。环境保护作为生态文明建设的主阵地和根本措施，迎来了难得的发展机遇。环境监测是环保事业发展的基础性工作，"基础不牢，地动山摇"。环境监测要成为探索环保新路的先锋队和排头兵，必须建设一支业务素质强、技术水平高、工作作风硬的环境监测队伍。

    我国各级环境监测队伍现有人员近 6 万人，肩负着"三个说清"的重任，奋战在环保工作的最前沿。我部高度重视监测队伍建设和人员培训工作，先后印发了《关于加强环境监测培训工作的意见》、《国家环境监测培训三年规划(2013—2015 年)》，并启动实施了环境监测大培训。

    为进一步提升环境监测培训教材的水平，环境监测司会同中国环境监测总站组织全国环境监测系统的部分专家，编写了全国环境监测培训系列教材。这套教材深入总结了 30 多年来全国环境监测工作的理论与实践经验，紧密结合当前环境监测工作实际需要，对环境监测各业务领域的基础知识、基本技能进行了全面阐述，对法律法规、规章制度和标准规范做了系统论述，对在监测管理和技术工作中遇到的重点和难点问题进行了详细解答，具有很强的科学性、针对性和指导性。

    相信这套教材的编辑出版，将会更好地指导全国环境监测培训工作，进一步提高环境监测人员的管理和业务技术能力，促进全国环境监测工作整体水平的提升。希望全国环境监测战线的同志们认真学习，刻苦钻研，不断提高自身能力素质，为推进环境监测事业科学发展、建设生态文明做出新的更大的贡献！

吴晓青

2013 年 9 月 9 日

前　言

　　《生态环境监测技术》分册是全国环境监测培训系列教材之一。随着环境保护事业的快速发展，我国的生态保护工作已逐渐被提升到前所未有的高度，环境保护工作的重点已由单纯污染控制转向以注重生态保护和实现生态良性循环为战略目标。作为了解和掌握生态环境质量现状及其变化趋势的重要手段，生态环境监测成为环境监测必不可少的重要组成部分。然而，由于生态系统的复杂性、多样性以及巨大的地域差异性，要科学、全面、客观地反映生态环境状况就需要建立起一套系统的技术规范和方法。在当前生态环境监测任务日益繁重、监测技术要求不断提高的形势下，从事生态环境监测的专业技术人员需要同步提升自身的技术水平和科研能力。

　　作为全国环境监测培训系列教材的一部分，"生态环境监测技术"分册的编写尽量采用相对成熟的调查、测定方法，兼顾学科的发展和知识的更新，旨在系统介绍生态环境监测中涉及的监测与调查技术，力图使生态环境监测专业技术人员对生态环境监测与调查的技术方法有一个全面的掌握，从而促进全国环境监测系统生态环境监测整体技术水平和科研能力的提升。

　　本分册共四章。第一章概论，简要介绍了生态环境监测与评价的概念、国内外生态环境监测与评价的现状、我国生态环境监测与评价面临的问题及发展趋势，由何立环、刘海江、齐杨编写完成；第二章介绍生态环境遥感监测技术规程及质量控制，分别从遥感影像选择、影像几何纠正、遥感解译、野外核查、解译数据统计分析、生态环境遥感监测制图以及质量控制七个方面介绍了生态遥感监测的技术方法和操作，并分析了常用的生态遥感案例分析，由董贵华、黄良美、史建康、于海燕、朱海涌、胡尊英、牛志春编写完成；第三章介绍生态环境地面监测技术方法及质量控制，针对森林、草地、湿地、荒漠四类生态系统，详细介绍了地面监测内容、基本方法、数据处理和统计以及质量控制，由齐杨、葛劲松、孟凡胜、望志方、达来等人编写完成；第四章介绍了生态环境评价技术方法，内容包括评价方法和技术流程以及《生态环境状况评价技术规范》，由刘海江、齐杨、孙聪编写完成。统稿由何立环、齐杨完成。

　　由于生态环境监测技术涉及内容广泛，而编者水平有限，书中错误和疏漏难以避免，希望广大读者提出宝贵建议，以便进一步修订和完善。

编　者

2013 年 11 月于北京

目　录

第一章　概论 1

　　第一节　生态环境监测的基本概念 2

　　第二节　生态环境评价的基本概念 9

　　第三节　国内外生态环境监测现状 16

　　第四节　国内外生态环境评价研究进展 23

第二章　生态环境遥感监测技术及质量控制 31

　　第一节　生态环境遥感监测内涵 31

　　第二节　遥感影像选择 49

　　第三节　影像几何纠正 60

　　第四节　遥感解译 71

　　第五节　野外核查 157

　　第六节　解译数据统计分析 161

　　第七节　生态环境遥感监测制图 187

　　第八节　质量保证与质量控制 192

　　第九节　生态遥感监测案例分析 205

第三章　生态环境地面监测技术方法及质量控制 229

　　第一节　生态环境地面监测的内涵与意义 229

　　第二节　监测区域和样地设置 233

　　第三节　野外监测与采样 236

　　第四节　质量保证与质量控制 261

第四章　生态环境评价技术方法 264

　　第一节　生态环境评价流程 264

　　第二节　生态环境状况评价技术规范 274

参考文献 280

第一章 概 论

　　1999 年 1 月，国务院正式发布的《全国生态环境建设规划》指出，生态环境是人类生存和发展的基本条件，是经济、社会发展的基础。保护和建设好生态环境，实现可持续发展，是我国现代化建设中必须始终坚持的一项基本方针。2000 年 11 月，国务院正式颁布《全国生态环境保护纲要》，进一步强调生态环境保护是功在当代、惠及子孙的伟大事业和宏伟工程。坚持不懈地搞好生态环境保护是保证经济社会健康发展，实现中华民族伟大复兴的需要。

　　进入新世纪以来，保护生态环境，走可持续发展道路，已成为世人的共识。然而，生态环境的概念究竟为何，在学术界一直存有争议，目前尚未形成统一的认识。通过查阅大量文献发现，生态环境是我国特有的一个名词。从字面上看，生态环境包括生态和环境两个部分。环境是相对于主体而言的，指的是与主体有关的周围事物，生物学上的含义是指影响生物机体生命、发展与生存的所有外部条件的总和。生态，则从生态学原理出发，指的是生物与环境、生命个体与整体间的一种相互作用关系。

　　一般来讲，人们在日常生活中经常提到的环境特指人类环境，即人类生活的自然环境和社会环境，自然环境主要包括岩石圈、土圈、水圈、大气圈、生物圈，社会环境主要是政治经济基础和文明发展氛围。著名生态学家马世骏指出，生态环境中的生态是形容词，环境是名词。王如松则认为，生态环境是包括人在内的生命有机体的环境，是生命有机体赖以生存、发展、繁衍、进化的各种生态因子和生态关系的总和。万本太等认为环境科学中生态环境是以人类为中心的各种自然要素（生物要素、非生物要素）和社会要素的综合体，其中的自然要素在人类活动的影响下，不再是原始的、纯粹的自然，而是人化的自然。其中的社会要素因受自然环境的影响，无不打上自然的深深烙印而成为自然化的社会。因此不难得出这样的结论，生态环境的概念需要强调三点：一是人类是生态环境的主体，人类周围的环境是客体；二是主体与客体之间相互联系、相互作用、相互影响；三是生态环境包括生物因素和非生物因素，是人类生存与发展的物质基础和空间条件。

　　从环境保护职责和任务来看，国家要求组织评估生态环境质量状况，监督对生态环境有影响的自然资源开发利用活动、重要生态环境建设和生态破坏恢复工作。因此，结合各学科领域的学术观点，从适应国家管理和生态保护需求的角度定义生态环境，更具有针对性和现实性。因此可以得出如下定义：生态环境是人类赖以生存和发展的各种生态因子和生态关系的总和，是环境受到人类活动影响的产物，由多种要素组成，各要素之间存在着相互促进、相互制约的复杂关系，这些要素及其相互关系构成了一个具有综合性、等级性和区域性特征的复杂系统。其中的人类活动影响意义广泛，既包括人类对环境造成的历史的、现实的影响，也包括人类对环境造成的正面的、负面的影响，还包括人类对环境造成的其他影响。

　　近年来我国在生态保护方面的努力和投入逐年增大，取得了积极成效，但生态环境整体恶化的趋势仍没有得到根本遏制。区域性、局部性生态环境问题依旧突出，生态系统自我调控、自我恢复能力减弱。部分地区生态损害严重，重要生态功能退化，生态环境比较脆弱，已经直接或间接地危害到人民群众的身心健康，在一定程度上制约了经济和社会发展。与此同时，由于生态环境本身的复杂性、综合性和区域性特点，我国的生态环境家底依然不够清晰，基础性工作还没有到位，这也导致生态保护和管理决策略显盲目，针对性、有效性不足。

　　面临严峻的生态环境形势，要想做好全国生态保护，就必须在清楚了解全国生态环境状况的基础上进行决策和管理，才能使各项工作落到实处，取得实效。只有从生态系统管理的角度开展生态环境监测与评价工作，研究生态环境的自然变化以及受到人为干扰后的变化规律，分析产生问题的自然事件或人为活动及过程，才能为区域生态环境保护和管理决策提供有力的技术支撑。只有立足当前，从宏观上全面掌握全国的生态环境状况，才能着眼长远，从微观上有针对性地进行生态保护，不断提高生态文明水平。

第一节　生态环境监测的基本概念

一、生态环境监测的定义

　　生态监测作为一种系统地收集地球自然资源信息的技术方法，起始于20世纪60年代后期。我国的生态监测兴起于70年代，至今已开展了一系列的环境、资源和污染的调查与研究工作，各相关部门和单位相继建立了一批生态观测定位站和生态（环境）监测站，对部分区域乃至全国的生态环境进行了连续监测、调查和分析评价。但多年来，人们对于生态监测的概念始终有着不同的理解。万本太等在《中国环境监测技术路线研究》一书中是这样阐述的：生态监测（Ecological Monitoring）是以生态学原理为理论基础，运用可比的和较成熟的方法，对不同尺度的生态环境质量状况及其变化趋势进行连续观测和评价的综合技术。

　　结合环保部门生态保护的工作职责，生态环境监测至少应该包括两部分，一是监测生态环境质量；二是监督对生态环境有影响的自然资源开发利用活动、重要生态环境建设和生态破坏恢复工作。作为环境监测的重要组成部分，生态环境监测既是一项基础性工作，为生态保护决策提供可靠数据和科学依据；又是一种技术行为，为生态保护管理提供技术支撑和技术服务。因此，我们在前人研究成果基础上将生态环境监测定义为：生态环境监测（Eco-environmental Monitoring），又称生态监测，是以生态学原理为理论基础，综合运用可比的和较成熟的技术方法，对不同尺度生态系统的组成要素进行连续监测，获取最具代表性的信息，评价生态环境状况及其变化趋势的技术活动。

二、生态环境监测的原理和方法

生态环境监测实际上是环境监测的深入与发展。由于生态系统本身的复杂性，要完全将生态系统的组成、结构、功能进行全方位的监测十分困难。生态学理论的不断完善，特别是景观生态学的飞速发展，为生态监测指标的筛选、生态质量评价方法的建立以及生态系统管理与调控提供了理论依据和系统框架。生态学的基础理论中，研究生态系统组成要素、结构与功能、发展与演替以及人为影响与调控机制的生态系统生态学原理更为生态监测提供了理论依据。生态系统生态学的研究领域主要涵盖了自然生态系统的保护和利用，生态系统的调控机制，生态系统退化的机理、恢复模型与修复技术，生态系统可持续发展问题以及全球生态问题等。景观生态学中的一些基础理论，如景观结构和功能原理、生物多样性原理、物种流动原理、养分再分配原理、景观变化原理、等级（层次）理论、空间异质性原理等，已经成为指导生态环境监测的基本思想。这些理论研究从宏观上揭示生物与其周围环境之间的关系和作用规律，为有效保护自然资源和合理利用自然资源提供了科学依据，也为生态监测提供了理论基础。

在监测技术方法方面，由于生态监测具有较强的空间性，在实际监测工作中不仅需要使用传统的物理监测、化学监测和生物监测技术方法，更需要使用现代的遥感监测技术方法，同时结合先进的地理信息系统与全球定位系统等技术手段。

三、生态环境监测的任务

生态环境监测的基本任务是对生态环境状况、变化以及人类活动引起的重要生态问题进行动态监测，对破坏的或退化的生态系统在人类治理过程中的恢复过程进行监测，通过长时间序列监测数据的积累，建立数学模型，研究生态环境状况和各种生态问题的演变规律及发展趋势，为预测预报和影响评价奠定基础等，寻求符合国情的资源开发治理模式及途径，为国家和各级政府、部门以及社会各界开展生态保护、科学研究和问题防控等提供可靠数据和科学依据，有效保护和改善生态环境质量，促进国民经济持续协调地发展。

具体来说，生态环境监测的主要任务涉及以下几个方面：

（1）监测人类活动影响下的生态环境的组成、结构和功能现状和动态，综合评估生态环境质量现状和变化，揭示生态系统退化、受损机理，同时预测变化趋势。

（2）监测自然资源开发利用活动、重要生态环境建设和生态破坏恢复工作所引起的生态系统的组成、结构和功能变化，评估生态环境受到的影响，以合理利用自然资源，保护生存性资源和生物多样性。

（3）监测人类活动所引起的重要生态问题在时间以及空间上动态变化，如城市热岛问题、沙漠化问题、富营养化问题等，评估其影响范围和不利程度，分析问题形成的原因、机理以及变化规律和发展趋势，通过建立数学模型，研究预测预报方法，探讨生态恢复重建途径。

（4）监测生态系统的生物要素和环境要素特征，揭示动态变化规律，评价主要生态系统类型服务功能，开展生态系统健康诊断和生态风险评估，以保护生态系统的整体性及再生能力。

（5）监测环境污染物在生物链中的迁移、转化和传递途径，分析和评估其对生态系统组成、结构和功能的影响。

（6）长期连续地开展区域生态系统组成、结构、格局和过程监测，积累生物、环境和社会等各方面监测数据，通过分析和研究，揭示区域甚至全球尺度生态系统对全球变化的响应，以保护区域生态环境。

（7）支撑政府部门制定生态与环境相关的法律法规，建立并完善行政管理标准体系和监测技术标准体系，为开展生态环境综合管理奠定行政、法律和技术基础。

（8）支持国际上一些重要的生态研究及监测计划，如 GEMS、MAB、IGBP 等，合作开展生物多样性变化、多种空间尺度的生物地球化学循环变化、生态系统对气候变化及气候波动的响应以及人类-自然耦合生态系统等的监测与科学研究。

四、生态环境监测的特点

生态环境是人类赖以生存和发展的各种生态因子和生态关系的总和，是环境受到人类活动影响的产物，涉及水圈、土圈、岩石圈和生物圈等自然环境，同时涉及与人类活动相关的社会环境。生态环境本身的极端复杂性，决定了生态环境监测具有明显的综合性、长期性和复杂性等特点。

1. 综合性

在生态环境构成中，自然环境包括水、土、气、生物等多个要素，各要素之间又具有复杂的相互作用关系，且类型多样、空间差异显著，加之社会环境受到人类的影响具有多重性和不确定性，这些都要求生态监测不仅要监测生物要素，还要监测水、土、气等环境要素，同时还需要关注社会要素。另外，生态环境监测数据包括遥感监测数据、地面监测数据、调查与统计数据等，多源性、异构性和专业性特征显著，需要结合起来科学使用，采用综合评估的方法，真实客观地反映生态环境质量状况、变化以及发展趋势。再有，某一个生态效应往往是几个因素综合作用结果，例如水体受到污染的问题，通常是多种污染物并存，由此产生的生态效应也是多种污染物耦合作用的结果，通过生态环境监测手段可以综合反映水体污染状态或效应，传统的理化监测方法则无法反映这种复杂的关系。

2. 长期性

在生态环境的发展和变化过程中，自然生态变化过程十分缓慢，加上生态系统自身具有自我调控功能，短期的监测结果往往不能反映生态环境的实际情况。而且，生态环境本身的变化也不可能在短时间内集中显现，而是一个渐变的过程，从量变的不断累积，最终发展到质变的飞跃。只有适应这些客观规律来开展长期连续的生态环境监测，才能累积起长时间序列和多空间尺度的数据，从中探寻并揭示生态环境演变规律及发展趋势。

3. 复杂性

由前述的定义可知，生态环境是一个庞大的动态系统，不仅组成要素复杂，而且各要素彼此之间具有相互依赖、相互促进、相互制约的多种作用关系；同时，人类活动对生态系统的干扰日益强烈，使得生态变化过程更趋复杂。由此可见，在生态监测中要区分开是自然的演变过程还是人为干扰的影响效应十分困难。与此同时，人类对生态过程的认识是逐步深入的，对生态环境变化规律的发现和掌握也是一点一点清晰起来的。因此，可以说生态监测是一项涉及多学科、多部门的、极复杂的系统工程。

五、生态环境监测的内容

生态环境监测的对象就是生态环境的整体。从层次上可将监测对象划分为个体、种群、群落、生态系统和景观等5个层次。生态环境监测的内容包括自然环境监测和社会环境监测两大部分，具体包括环境要素监测、生物要素监测、生态格局监测、生态关系监测和社会环境监测。

（1）环境要素监测：对生态环境中的非生命成分进行监测，既包括自然环境因子监测（如气候条件、水文条件、地质条件等自然要素监测），也包括环境因子监测（如大气污染物、水体污染物、土壤污染物、噪声、热污染、放射性、景观格局等人类活动影响下的环境监测）。

（2）生物要素监测：对生态环境中的生命成分进行监测，既包括对生物个体、种群、群落、生态系统等的组成、数量、动态的统计、调查和监测，也包括污染物在生物体中的迁移、转化和传递过程中的含量及变化监测。

（3）生态格局监测：对一定区域范围内生物与环境构成的生态系统的组成组合方式、镶嵌特征、动态变化以及空间分布格局等进行的监测。

（4）生态关系监测：对生物与环境相互作用及其发展规律进行的监测。围绕生态演变过程、生态系统功能、发展变化趋势等开展监测和分析研究，既包括监测自然生态环境（如自然保护区）监测，也包括受到干扰、污染或得到恢复、重建、治理后的生态环境监测。

（5）社会环境监测：人类是生态环境的主体，但人类本身的生产、生活和发展方式也在直接或间接地影响生态环境的社会环境部分，反过来再作用于人类这个主体本身。因此，对社会环境，包括政治、经济、文化等进行监测，也是生态监测的重要内容之一。

六、生态环境监测的类型

从生态环境监测的发展历史来看，人们在划分生态环境监测类型的时候方法很多，各有侧重。

1. 按照不同生态系统进行划分

最常见的生态监测类型划分方法是依据监测的不同生态系统，将生态监测划分为森林生态监测、草原生态监测、湿地生态监测、荒漠生态监测、海洋生态监测、城市生态监测、农村生态监测等类型。这种划分方法突出了生态系统层次的生态监测，旨在通过监测获得关于该类生态系统的组成、结构和动态变化资料，分析研究生态系统现状、受干扰（多指人类活动干扰）程度、承载能力、发展变化趋势等。

2. 按照不同空间尺度进行划分

按照不同空间尺度，人们通常把生态监测划分为宏观生态监测和微观生态监测两大类型，二者相辅相成、互为支撑。

（1）宏观生态监测：在景观或更大空间尺度上（如区域尺度、全球尺度）监测生态环境状况、变化及人类活动对生态环境的时空影响。宏观生态监测一般采用遥感（RS）、地理信息系统（GIS）以及全球定位系统（GPS）等空间信息技术手段获取较大范围的遥感监测数据，也可采用区域生态调查和生态统计的手段获取生态地面监测和调查数据。

（2）微观生态监测：监测的地域等级最大可包括由几个生态系统组成的景观生态区，最小也应代表单一的生态类型。微观生态监测多以大量的生态定位监测站为基地，以物理、化学或生物学的方法获取生态系统各个组分的属性信息。根据监测的具体内容，微观生态监测又可分为干扰性生态监测、污染性生态监测、治理性生态监测以及生态环境质量综合监测，常用的方法有生物群落调查法、指示生物法、生物毒性法等。

3. 按照不同目的属性进行划分

按照不同的目的属性，可将生态监测划分为综合监测和专题监测。综合监测以获取生态环境质量为目标，需要对生态环境的各要素进行监测与调查，并通过建立综合性的数学模型来量化目标，并从各方面分析生态环境质量变化、原因和发展趋势。专题监测则是围绕特定的生态问题或资源开发、生态建设、生态破坏和恢复等活动进行的影响监测与评估，分析影响范围、程度和形成原因。

4. 按照不同技术方法进行划分

按照不同的技术方法，可将生态监测划分为生态遥感监测和生态地面监测。生态遥感监测是利用运载工具上的仪器，通过从远处收集生态系统各组分的电磁波信息以识别其性质的监测技术，多应用于宏观监测。生态地面监测是应用可比的方法，对一定区域范围内的生态环境或生态环境组合体的类型、结构和功能及其组成要素等进行系统的地面测定和观察，利用监测数据反映的生物系统间相互关系变化来评价人类活动和自然变化对生态环境的影响。

本教材将在第二章和第三章分别对生态遥感监测和生态地面监测进行详细介绍。

七、生态环境监测的问题与发展趋势

1. 存在的问题

相对而言，我国的生态监测起步较晚，虽然发展很快，但经验少、底子薄、各地区、各部门、各学科发展不平衡等是不争的事实。这造成了我国生态监测在发展过程中的局限性和差异性，使其不能很好地发挥作为生态保护"耳目"和"哨兵"的基础性作用。总结起来，目前我国的生态监测存在以下问题。

（1）生态监测缺乏统一管理，部门间任务存在交叉和重复

生态监测是生态保护过程中一项极为复杂的系统工程，涉及环保、农业、林业、海洋、气象、国土等多个部门。做好生态保护工作，需要各部门各单位的密切配合与团结协作。但在现实中，这几乎是一种奢望。我国目前的生态监测工作缺乏统一、有效的管理机制，各部门间缺乏联合与协作，没能形成统一规划和布局进行生态保护。尽管国务院"三定"方案对各部门的职责进行了明确分工，但在具体开展工作的过程中，各部门仍由于对职责的理解不同，造成任务界定不清，使生态监测工作出现交叉、重复和空白。

"三定"方案中，与环境监测有关并可能造成不同理解的职责主要有：① 环境保护部职责中，有"制定和组织实施各项环境管理制度；按国家规定审定开发建设活动环境影响报告书；指导城乡环境综合整治；负责农村生态环境保护；指导全国生态示范区建设和生态农业建设"，有"负责环境监测、统计、信息工作；制定环境监测制度和规范；组织建

设和管理国家环境监测网和全国环境信息网；组织对全国环境质量监测和污染源监督性监测"。② 农业部职责中，有"组织农业资源区划、生态农业和农业可持续发展工作；指导农用地、渔业水域、草原、宜农滩涂、宜农湿地、农村可再生能源的开发利用以及农业生物物种资源的保护和管理；负责保护渔业水域生态环境和水生野生动植物工作"。③ 国家林业局职责中，"组织全国森林资源调查、动态监测和统计"，"指导森林、陆生野生动物、湿地类型自然保护区的建设和管理"。④ 国土资源部：组织监测、防治地质灾害和保护地质遗迹；依法管理水文地质、工程地质、环境地质勘察和评价工作。监测、监督防止地下水的过量开采与污染，保护地质环境；认定具有重要价值的古生物化石产地、准地质剖面等地质遗迹保护区。

从上述各行业部门职责中不难看出，尽管国家对部门分工很明确，如农业部门负责农业（含农业生态环境）、林业部门负责林业（含林业资源）、国土部门负责资源（如土地资源）等，但对于环境监测职责却保持着各自的理解。大家都认为在自己的职责范围有开展行业性环境监测的任务，因而做了很多相同或相似的工作。如前面所述，各有关部门均在组建自己的生态环境监测网络，尽管目的或有不同，但就国家这一整体而言，无疑是一种极大的浪费。此外，由于部门壁垒尚未消除，监测信息共享困难，也造成了管理上的困难。在利益驱使下，很多工作之间存在着很大的重叠。像近年来开展的耗资较大的生态环境状况调查，每个部门都争着去做，都希望建立自己的数据库。与建网建库建队伍相比，生态保护已不再是生态监测的最终目的，只不过是一张保护伞。在这种本末倒置的情况下，即使国家投入再高，也不可能取得良好效果。

与此相反，各部门各单位在过分依赖遥感技术开展宏观生态监测的同时，忽略了地面微观生态监测工作的开展，使生态监测工作出现"瘸腿"现象；同时，对生态地面监测的技术体系和法制保障体系建设未能给予足够重视，致使其进展缓慢，几乎还是空白。

（2）生态监测信息不够规范，信息共享与整合困难

以生态保护为最终目的的生态监测，是环境监测的一个重要组成部分，是以能够全面、及时、准确地反映生态环境状况及其变化趋势为直接目标并为生态保护管理与决策服务的综合性的技术行为。这要求不同时间和空间尺度的监测信息必须具备可比性和连续性。

然而，目前的生态监测技术仍不规范，监测指标不一，监测方法多样，评价方法千差万别。尽管环境保护部正式发布了《生态环境状况评价技术规范（试行）》（HJ/T 192—2006），但由于实施时间不长，而且是部门标准，推广和宣传力度不够，除了全国环保系统外还没有被其他部门或单位广泛采用。由于没有科学统一的监测技术体系，各部门各单位的监测信息相互之间缺乏可比性和连续性，无法进行有效整合，造成了分析和评价上的片面性和局限性。同时，当前的生态监测技术体系的发展没有跟上科技发展的步伐，监测科研工作基础薄弱，创新能力有待提高。

（3）生态监测网络松散，国家级生态监测网络建立缓慢

建立管理有序、技术规范和信息共享的生态监测网络，是开展生态监测的重要保证。我国目前已有的生态监测网络多属行业性质，且各自独立，整体上处于一种松散的组织状态。监测结果只能反映某一区域或某一生态系统状况或某类生态问题，无法从整体上对生态环境状况进行把握，进而可能误导决策。尽管国家科技部从 2005 年起已经开始着手建

立国家级生态监测网络，截至目前已有部分生态监测台站纳入国家生态监测网络，但是距离形成一个全国性的、综合性的国家级生态监测网络，真正实现联网监测、分析和研究的国家生态监测网络仍要走很长一段路。

（4）环境监测法律依据不足，法制保障力度亟待加强

《中华人民共和国环境保护法》第十一条规定"国务院环境保护行政主管部门建立监测制度、制定监测规范，会同有关部门组织监测网络，加强对环境监测的管理。国务院和省、自治区、直辖市人民政府的环境保护行政主管部门，应当定期发布环境状况公报"，此外，我国还发布了一些污染防治方面的法律法规，像《中华人民共和国水污染防治法》《中华人民共和国环境噪声污染防治法》《中华人民共和国海洋环境保护法》《中华人民共和国固体废物污染环境防治法》《中华人民共和国放射性污染防治法》等。但直到目前，我国还没有一部较正式的法律法规对环境监测做出具体规定，给予其法制保障，生态监测法律方面几乎是一片空白。在无法可依、无规可守的现实面前，我国的生态监测举步维艰，直接造成了各部门各单位间任务不清、劳动重复、资源浪费的局面，极大地影响了生态保护决策和效果。

（5）生态监测能力普遍较低，技术水平亟待提升

限于经济社会发展水平、监测指标和技术方法的复杂性以及监测投入浩大等各种原因，我国目前的生态监测能力从总体上看仍然很低，地区间及行业部门间的能力水平参差不齐。在全国各级环境监测（中心）站中，能够独立开展生态监测工作的很少。省级及部分地市级监测站之所以连续几年成功开展了生态环境质量评价工作，也是因为环境保护部从国家层面给予了支持，中国环境监测总站充分发挥组织、协调和技术指导作用，各省级环境监测站间互帮互助。但目前大部分监测站仍然不是没人员缺设备，就是没技术少经费。

（6）生态监管体系尚未形成，生态监管力度不够

生态监测管理体系属环境监测管理体系范畴，是以开展生态监测为主要任务，以有效服务于生态环境管理和决策为主要目的的综合性技术支撑体系，由监测网络体系、监测指标体系、技术方法体系、监测和评价标准体系、法制保障体系构成。前面的几个问题已经表明，我国目前还没有形成这样一种科学体系，还不能对全国的生态环境状况进行有效监管和统一监测，还不能对生态环境整体状况和变化趋势进行准确把握，因而不能为生态保护宏观决策和管理提供全面、客观和准确的科学依据。

2. 发展趋势

生态环境是人们生存和发展的基本载体，保护生态环境是关系到人们生产生活健康的重大民生工程。生态监测是政府宏观管理决策的重要基础，是生态与环境监管的"耳目"、"哨兵"、"尺子"，发挥着为生态保护和环境监管提供技术支撑的重要作用，发挥着对工程建设和资源开发活动可能造成的生态影响进行技术监督的重要作用，发挥着正向引导政府开展生态与环境保护的重要作用。

2012年11月，党的十八大将"建设生态文明"纳入社会发展"五位一体"总体布局，明确指出"建设生态文明，是关系人民福祉、关乎民族未来的长远大计"，向全国人民发出了"努力建设美丽中国"的伟大号召。

2013 年 1 月，环境保护部正式印发《全国生态保护"十二五"规划》（环发[2013]13号）。该"规划"明确指出我国生态环境整体恶化的趋势仍未得到根本遏制，同时提出"以严格生态环境监管和环境准入为手段，加强国家重点生态功能区、自然保护区、生物多样性保护优先区的保护和管理，保护和恢复区域主要生态功能，严格监管资源开发活动和生态环境准入，预防人为活动导致新的生态破坏，深化生态示范建设，构筑生态安全屏障，为全面建成小康社会奠定基础。"

综上所述，我国的生态监测在当前新的历史条件下，已迎来加速发展的重要战略机遇期，必须要为建设生态文明提供强有力的技术支撑，在建设美丽中国的过程中发挥保驾护航的作用。从国家现实需求、生态监测现状以及监测技术发展历史规律来看，未来我国生态监测的总体发展趋势为：

（1）统一的国家生态环境监测网络逐步形成，地面监测技术与"3S"技术有机结合，从宏观和微观角度全面监测不同尺度生态环境状况。

（2）天地一体化的生态监测技术体系得以建立，技术方法趋向标准化、规范化、自动化和智能化，监测数据的可比性、连续性和代表性持续增强，监测仪器设备向多功能、集成化和系统化方向发展，监测业务由劳动密集型向技术密集型转变。

（3）生态环境综合评价技术更加完善，并逐步从现状评价与变化评价转向生态风险评价，能够实现生态变化方向的预测预警。

（4）计算机技术将推进遥感监测、地面定点监测、调查与统计数据的有机结合，生态监测业务化平台的数字化、网络化和智能化水平将大幅提升。

（5）国际合作与交流更加紧密，大型生态监测与科研项目更多实施，区域生态监测信息联网共享成为可能。

第二节　生态环境评价的基本概念

一、生态环境评价的内涵

生态环境是由生物群落及非生物自然因素组成的各种生态系统所构成的整体，主要或完全由自然因素形成，并间接、潜在、长远地对人类的生存和发展产生影响。同时它又是人类赖以生存和发展的自然基础，经济和社会的发展必须以保持生态环境的稳定和平衡为前提。生态环境与社会经济的和谐发展是目前全世界面临的共同问题和挑战，而保护和改善生态环境已经成为当今世界各国和地区日益重视的重大课题。因此，对生态环境进行评价成为掌握生态环境状况及变化趋势、合理开发和利用资源、制定社会经济可持续发展规划和生态环境保护对策的重要依据。

生态环境评价是应用复合生态系统的特点以及生态学、地理学、环境科学等学科的理论和技术方法，对评价对象的组成、结构、生态功能与主要生态过程、生态环境的敏感性与稳定性、系统发展演化趋势等进行综合评价分析，以认识系统发展的潜力与制约因素，评价不同的政策和措施可能产生的结果。进行生态环境评价是协调复合生态系统发展与环境保护关系的需要，也是制定生态规划、开展生态环境管理的基础。

二、生态环境监测与评价的关系

生态环境监测和生态环境评价是紧密联系的两个过程。生态环境监测是开展评价的重要基础和技术支撑，而生态环境评价又是在监测获取的数据基础上完成，同时生态环境评价对监测具有指导意义，根据评价的具体目标确定要开展哪些生态环境指标的监测、获取哪些环境要素的数据、采用哪种监测手段和监测技术。生态环境评价结果的可靠性和科学性与生态环境监测密切相关，监测获得的数据的准确性对评价结果产生很大影响，因此，在生态环境监测过程中，监测行为的科学性和规范性至关重要，是保证监测数据真实客观的首要条件。科学监测要求在监测过程中，必须以科学的态度、用严密的方法、凭可靠的手段、藉先进的技术、靠有效的管理，有条不紊地开展监测。

三、生态环境评价的分类

生态环境的层次性、复杂性和多变性决定了对其状况进行评价的难度。由于不同时期出现的生态系统问题不同，人们对生态系统的认识程度在逐渐深入，因此，反映在人们观念意识中的生态环境状况也不断变化，基于此基础之上的生态环境评价也就不同。

从生态环境评价的研究对象来看，总体上可以分成两类：一是对生态环境所处的状态，即生态环境的状况进行评价；二是对生态环境的服务功能与价值进行评价。而两者之间的界限是模糊的、相互重叠的。生态环境状况评价主要包括生态环境质量评价、生态安全评价、生态风险评价、生态稳定性评价、生态环境的脆弱性评价、生物多样性评价、工程影响评价和生态健康评价等。而生态环境的价值评价直到 1997 年由 Daily 主编的《大自然的贡献：社会依赖于自然生态系统》(*Nature's Services: Societal Dependence on Nature Ecosystems*) 一书的出版，以及同年 Constanza 等的文章《The value of the world's ecosystem services and natural capital》在 Nature 杂志上发表才真正成为当前生态学研究的热点内容。这两类评价在研究内容和方法上均存在较大的差异。现将国内外各种文献资料中的主要生态环境评价类型简述如下。

1. 生态环境质量评价

生态环境质量是指生态环境的优劣程度，它以生态学理论为基础，在特定时空范围内，从生态系统层次上反映生态环境对人类生存及社会经济持续发展的适宜程度，是根据人类的具体要求对生态环境的性质及变化状态的结果进行评定。生态环境质量评价就是根据特定的目的，选择具有代表性、可比性、可操作性的评价指标和方法，对生态环境的优劣程度及其影响作用关系进行定性或定量的分析和判断。

生态环境的层次性、复杂性和多变性特征决定了质量评价的难度，同时由于人们对生态环境的要求和关注的角度不同，对其本质属性的外部特征——生态环境状态的理解也有所不同，因此在此基础上的生态环境质量评价也就不同。有学者认为生态环境质量评价的类型主要包括：关注生态问题的生态安全和生态风险评价、关注生态系统对外界干扰的抗性的生态稳定性和脆弱性评价、关注生态系统服务功能和价值的生态系统服务评价、关注生态系统承载能力的生态环境承载力评价以及关注生态系统健康状况的生态系统健康评价等。我们认为生态环境质量评价仅为生态环境评价中生态环境状况评价类型下的一个亚类型，与生态安全评价、生态风险评价、生态系统健康评价等同属于生态环境状况评价类型。

如果生态环境质量评价依据的是生态环境现状信息，为生态环境质量现状评价；如果应用了生态环境变化的预测信息，则为生态环境质量的预断评价；如果目标是评价生态系统质量变化与工程对象的作用影响关系，可以称其为生态环境影响评价。生态环境质量评价是生态环境评价的重要组成部分，从这种意义上讲，生态环境质量评价，就是评价生态系统结构和功能的动态变化形成的生态环境质量的优劣程度。生态环境质量评价是一项综合性系统性研究工作，涉及自然及人文等学科的许多领域，其中生态学、环境科学及资源科学的理论与方法对指导生态环境质量评价具有重要意义。

我国生态环境质量评价起初主要针对城市环境污染现状进行调查和评价，至 20 世纪80 年代开始对工程项目进行影响评价。随后，生态环境质量评价的研究领域逐步由城市环境质量评价发展到水体、农田、旅游等诸多领域，研究内容及研究深度则由单要素评价向区域环境的综合评价过渡，由污染环境评价发展到自然和社会相结合的综合或整体环境评价，进而涉及土地可持续性利用、区域生态环境质量综合评价和环境规划等。1998 年，原国家环保总局颁布了非污染生态评价技术指导规则，为我国生态评价的开展开创了新的局面。2006 年，原国家环保总局发布了《生态环境状况评价技术规范（试行）》（HJ/T 192—2006，以下简称《规范》），并在《规范》的指导下每年都在全国范围内开展生态环境质量评价，不少学者也采用该《规范》对国内典型地区的生态环境质量进行了评价以及对策研究，同时对该《规范》提出了很多建议。"十一五"期间，我国的生态环境监测与生态环境质量评价工作已逐步发展成为一项重要的例行工作，利用遥感影像每年开展全国生态环境质量监测与评价，数据源质量和技术方法也得以不断的提高和完善；国家重点生态功能区县域生态环境质量监测与评价考核的工作机制和技术体系已基本建立，在每年开展的国家重点生态功能区财政转移支付的生态环境保护效果评估中发挥着巨大作用；生态环境地面试点监测工作自 2011 年开始启动，对全国的重要区域和典型生态系统开展地面监测，获得了关于生物要素与环境要素的大量信息，进一步掌握了典型生态系统的生态环境质量现状，为真正说清生态环境质量状况及发展趋势、完善我国生态环境监测与评价体系提供了有力支持。

2. 生态安全评价

生态安全是国家安全和社会稳定的重要组成部分，具有战略性、整体性、层次性、动态性和区域性特点，保障生态安全是任何国家或区域在发展经济、开发资源时所必须遵循的基本原则之一。生态安全分为广义生态安全和狭义生态安全。广义生态安全指人类的健康、生活、娱乐、基本权利、生活保障、必要资源、社会秩序和适应环境变化的能力等不受威胁的状态，内容主要包括自然生态安全、经济生态安全和社会生态安全。狭义生态安全指自然和半自然生态系统的安全，即保持生态系统的健康状态和完整性。

无论是广义的还是狭义的生态安全，其本质就是使经济、社会和生态三者和谐统一，促进人类社会的可持续发展。其中社会安全是生态安全的出发点，经济安全是生态安全的动力，生物安全和环境安全是生态安全的物质基础，生态系统安全是生态安全的核心。生态安全评价是对特定时空范围内生态安全状况的定性或定量的描述，是主体对客体需要之间价值关系的反映。生态安全评价的主要内容包括评价主体、评价方案、评价指标及信息转换模式等。评价对象是在一定时空范围内的人类开发建设活动对环境、生态的影响过程与效应。生态安全的自身特点要求生态安全评价的结果必须体现出整体性、层次性和动态性。

典型案例如左伟等（2003）结合联合国经济合作开发署及联合国可持续发展委员会（UNCSD）的概念框架，研究提出了区域生态安全评价的生态环境系统服务的概念框架，扩展了原模型中压力模块的含义，指出既有来自人文社会方面的压力，也有来自自然界方面的压力，并构建了满足人类需求的生态环境状态指标、人文社会压力指标及环境污染压力指标体系，作为区域生态安全评价指标体系。刘勇等（2004）以区域土地资源可持续发展为目标，研究构建了包括土地自然生态安全、土地经济生态安全、土地社会生态安全指标体系，选取 20 多项指标因子对嘉兴市 1991 年及 1997 年的土地资源安全状况进行综合评估。

3. 生态风险评价

生态风险评价是伴随着环境管理目标和环境观念的转变而逐渐兴起并得到发展的一个新的研究领域，它区别于生态影响评价的重要特征在于其强调不确定性因素的作用。

生态风险就是生态系统及其组分所承受的风险，它指在一定区域内具有不确定性的事故或灾害对生态系统及其组分可能产生的作用，这些作用的结果可能导致生态系统结构和功能的损伤，从而危及生态系统的安全和健康。生态风险评价一般包括四个部分：危害评价（Hazard Assessment）、暴露评价（Exposure Assessment）、受体分析（Receptor Assessment）和风险表征（Risk Characterization）。

区域生态风险评价是生态风险评价的重要内容，是在特定的区域尺度上描述和评估环境污染、人为活动和自然灾害对生态系统及其组分产生不利影响的可能性及大小的过程，其目的在于为区域风险管理提供理论和技术支持。与单一地点的生态风险评价相比，区域生态风险评价所涉及的环境问题（包括自然和人为灾害）的成因以及结果具有区域性和复杂性。由于区域生态风险评价主要研究较大范围的区域生态系统所承受的风险，在评价时，必须考虑参与评价的风险源及其危害的结果以及评价受体的空间异质性，而这种空间异质性在非区域风险评价中是不必考虑的。

典型案例如 Zandbergen（1998）在城市流域的生态风险评价中采用了定性的标准，用无量纲表达各种评价指标的优良，以此作为风险管理者作出决策的基础依据。Crawford（2003）运用定性的风险评价方法成功地对由于贝壳养殖造成的 Tasmanian 海洋生态环境恶化进行了评价，并且指出了其他人类活动可能造成海洋生态恶化的风险级别，提出了为保护 Tasmania 海洋生态环境的海洋养殖管理计划。针对渔业造成的生态系统风险，Astles 等（2006）运用他们自己开发的一个定性风险矩阵对该风险进行了评价，认为在数据量有限以及对于渔业知识了解不多的情况下，定性风险评价方法对于渔业管理者和科学家在制定良好的管理方法上发挥了很大作用。

4. 生态系统健康评价

生态系统健康评价是研究生态系统管理的预防性、诊断性和预兆性特征以及生态系统健康与人类健康之间关系的综合性科学。自 1980 年代末提出生态系统健康概念及形成生态系统健康学以来，不同类型的生态系统健康评估、评价技术及体系成为生态系统健康和恢复生态学研究的焦点。1988 年，Schaeffer 等首次探讨了生态系统健康度问题；1999 年 8 月，"国际生态系统健康大会——生态系统健康的管理"在美国召开，将"生态系统健康评估的科学与技术"列为核心问题之一，提出"生态系统健康评价方法及指标体系"将成为 21 世纪生态系统健康研究的核心内容。作为全球陆地生态系统的重要类型和组成部分，国际上对森林生态系统的健康问题特别关注。许多学者对森林生态系统健康的定义、测度、评估和管理进行了积极的探讨和实践，提出了一些理论、评价方法、评估途径，为解决陆地生态系统危机提供了新的概念和研究手段。

生态健康是指生态系统处于良好状态。处于良好健康状况下的生态系统不仅能保持化学、物理及生物完整性（指在不受人为干扰情况下，生态系统经生物进化和生物地理过程维持生物群落正常结构和功能的状态），还能维持其对人类社会提供的各种服务功能。从生态系统层次而言，一个健康的生态系统是稳定和可恢复的，即生态系统随着时间的进程有活力并且能维持其自组织性（Autonomy），在受到外界胁迫发生变化时较容易恢复。衡量生态系统健康的因子有活力、组织、恢复力、生态系统服务功能的维持、管理选择、减少外部输入、对邻近系统的影响及对人类健康影响等八个方面，它们分属于不同的自然科学和社会科学研究范畴。衡量生态系统健康的因子中，活力、组织和恢复力最为重要，活力（Vigor）表示生态系统功能，可根据新陈代谢或初级生产力等来评价；组织（Organization）即生态系统组成及结构，可根据系统组分间相互作用的多样性及数量评价；恢复力（Resilience）也称抵抗能力，根据系统在胁迫出现时维持系统结构和功能的能力来评价。

5. 生态系统稳定性评价

生态系统稳定性是指生态系统在自然因素和人为因素共同影响下保持自身生存与发展的能力。生态系统稳定性评价应体现生态系统的层次性特点。稳定性的外延包括局域稳定性、全局稳定性、相对稳定性和结构稳定性（黄建辉，1994）等。稳定性的一些本质特征往往出现在较低的（群落以下）生物组织层次上（Hastings，1998）。Tilman（1996）曾在生态系统、群落和种群层次上提出了各自的稳定性特征。Loreau（2000）认为，种群层次的稳定性特征可能与群落及生态系统层次的稳定性不同。事实上，扰动胁迫可能会涉及特定生态系统或群落中的各个生物组织层次，分别探讨各层次对扰动的响应机制以及层次之间的相互关系，对客观地反映生态系统稳定性本质可能更具积极意义。因此，在稳定性的外延中应反映生物组织层次的内涵，如生态系统的稳定性、群落稳定性和种群稳定性等。

6. 生态脆弱性评价

生态脆弱性评价是指对生态系统的脆弱程度做出定量或者半定量的分析、描绘和鉴定。评价目的是为了研究生态系统脆弱性的成因机制及其变化规律，从而提出合理的资源利用方式和生态保护与生态恢复的措施，实现资源环境与社会经济的协调发展。由于生态脆弱性问题的复杂性，在评价时须注意以下几个方面：① 生态系统是一个结构功能耦合的复杂系统，应综合分析多个互相联系的评价因子才能说明生态脆弱性客观状态；② 要兼顾内部性和外部性指标。自然生态系统本身不存在脆弱性，其脆弱性是外界人类活动引起的，评价中应当综合考虑系统内部和外部因素；③ 不同尺度的生态系统有着不同的特征，评价时需要不同的指标体系和评价方法。

目前，生态脆弱性评价指标体系主要分为单一类型指标体系和综合性指标体系。单一类型指标体系是通过选取特定地理条件下的典型脆弱性因子而建立的，其结构简单、针对性强，能够准确表征区域环境脆弱的关键因子。例如，王经民和汪有科（1996）提出了评价黄土高原生态环境脆弱性的数学方法，对黄土高原 105 个水土流失重点县进行了脆弱度评价。综合性指标体系选取的指标涉及的内容比较全面，能够反映生态系统脆弱性的自然状况、社会发展状况和经济发展状况等各个方面，既考虑环境系统内在功能与结构的特点又考虑生态系统与外界之间的联系。例如，Brooks 等（2005）采用 Delphi 法，选定健康医疗、行政管理、教育状况 3 个领域 11 项关键指标，从宏观上进行国家间生态脆弱性的量化及比较。目前，综合性指标体系主要包括以下 4 种：① 成因-结果表现指标体系，如赵跃龙（1999）建立了基于主要成因指标和结果表现指标的指标体系和脆弱度模型进行脆弱度的定量评价；② 压力-状态-响应指标体系，如汪邦稳等（2010）利用该指标体系进行的基于水土流失的江西省生态安全评价研究；③ 敏感性-弹性-压力体系，如乔青等（2008）基于此指标体系对川西滇北农林牧交错带的生态脆弱性进行的研究；④ 多系统评价指标体系，综合水资源、土地资源、气候资源、社会经济等子系统脆弱因子建立指标体系，能够系统反映出区域生态环境的脆弱性，但由于各子系统之间的相互作用，选择的指标之间具有相关性。

7. 生态承载力评价

生态承载力评价是区域生态环境规划和实现区域生态环境协调发展的前提，目前尚处于研究探索阶段。区域生态环境承载力是指在某一时期的某种环境状态下，某区域生态环境对人类社会经济活动的支持能力，它是生态环境系统物质组成和结构的综合反映。区域生态环境系统的物质资源以及其特定的抗干扰能力与恢复能力具有一定的限度，即具有一定组成和结构的生态环境系统对社会经济发展的支持能力有一个"阈值"。这个"阈值"的大小取决于生态环境系统与社会经济系统两方面因素。不同区域、不同时期、不同社会经济和不同生态环境条件下，区域生态环境承载力的"阈值"也不同。

典型案例如岳东霞等（2009）基于生态足迹方法，利用地理信息系统的空间分析技术，从图斑、县、省三级不同空间尺度对 2000 年西北地区生态承载力的供给与需求进行定量计算和空间格局分析，结果表明：2000 年整个西北地区生态承载力总供给小于总需求，处于生态赤字状态。赵卫等（2011）在区域生态承载力及其与资源、环境承载力相互关系的基础上，针对后发地区敏感的生态环境、强烈的发展愿景和以产业区域转移为主的后发优势战略，阐明了后发地区生态承载力的判定标准和衡量对象，构建了后发地区生态承载力概念模型，并与区域生态系统健康评价相结合，运用多目标规划，建立了后发地区生态承载力评价模型，对海峡西岸经济区生态承载力进行了综合评价。

8. 生态系统服务功能评价

生态系统不仅创造和维持了地球生命支持系统，形成了人类生存所必需的环境条件，还为人类提供了生活与生产所必需的食品、医药、木材及工农业生产的原材料。因此，良好的生态系统服务功能是健康的生态系统的重要反映，生态系统健康是保证生态系统功能正常发挥的前提，结构和功能的完整性、抵抗干扰和恢复能力、稳定性和可持续性是生态系统健康的特征。生态系统的服务功能主要包括有机质的合成与生产、生物多样性的产生与维持、调节气候、营养物质贮存与循环、植物花粉的传播与种子的扩散、有害生物的控制、减轻自然灾害等许多方面。最主要的生态系统功能体现在两个方面，一是生态服务功能，二是生态价值功能，这些功能是人类生存和发展的基础。总的来说，生态系统服务功能评价的方法主要有两种：一是指示物种评价，二是结构功能评价。结构功能评价包括单指标评价、复合指标评价和指标体系评价。指标体系评价又包括自然指标体系评价、社会-经济-自然复合生态系统指标体系评价。

典型案例如徐俏等（2003）以广州市为例，运用环境经济学的方法对城市生态系统服务功能进行价值评估，并在 GIS 平台上制定出其服务功能空间分级分布图。其结果表明广州市城市生态系统服务功能总价值为 202 亿元。如果考虑生态系统的直接经济价值，广州市不同类型生态系统的价值排序为：湿地＞经济林＞农田＞针叶林＞草地＞针阔混交林＞灌木林、疏林＞阔叶林。如果仅考虑其生态服务功能价值（即不考虑直接物质产品价值），则排序为：湿地＞林地＞草地＞农田。段晓峰和许学工（2006）采用市场价值、替代工程等方法基于县域尺度对山东省各地区森林生态系统的生产、游憩、改善大气环境、水土保持等服务功能进行价值评估，在游憩功能评价中从与以往不同的角度建立了新的价值评估指标。在森林生态系统服务功能价值计算的基础上，从结构、密度、质量三个方面建立了 6 项评价指标，采用多边形综合指标法对山东省各地区森林生态系统服务功能进行综合评价与分级。王斌等（2010）根据森林生态系统结构与功能特征，探讨了森林资源两类调查资料与定位观测资料相结合的森林生态系统服务功能评价方法，并以秦岭火地塘林区为例，将有林地小班按优势树种划分为 12 个林分类型，并对各林分的供给功能、调节功能、文化功能和支持功能进行评价。

四、生态环境评价中存在的问题与未来发展趋势

生态环境评价经过几十年的发展，虽已形成了多种多样的评价方法和指标体系，但仍存在以下几个方面的问题（郭建平和李凤霞，2007）：① 生态环境评价指标体系仍不完善。生态环境质量评价不能离开评价的指标体系，而不同的研究者或在不同生态环境的研究中，由于研究人员对生态环境的理解或研究目的的不同，在指标系统的选择或同一指标的权重分配上存在很大的差异，从而有可能导致不同研究者对同一系统评价结果的差异，特别是不同生态环境的评价结果无法进行直接比较。② 生态环境的定量评价模型仍需进一步发展。现有的生态环境评价模型都是基于静态的评价模型，侧重于对生态环境的结构、功能、状态的研究，对生态过程变化的评价研究方法极少，而生态环境的管理又必然是对生态过程的调控，因此，动态的生态过程评价模型的建立是今后必须要开展的工作之一。③ 生态环境的评价手段仍需提高。随着生态环境评价从生态环境结构、功能、状态的评价向生态过程评价的发展，生态环境评价面对的问题趋于复杂化和综合化，并且随着研究对象的时空尺度趋于长期化和全球化，研究方法趋于定量化，研究目的转向生态环境管理，传统的统计手段无法完成这项工作，迫切需要一些新的技术手段来支撑生态环境评价。④ 生态环境评价方法仍需完善。生态环境服务功能的评估主观性还比较大，在方法的选择上通常会受到评估人的知识背景、个人喜好等方面的影响，从而导致评价结果的差异。

由于生态环境是一个自然-社会-经济的复合系统，它受到多种因素的影响，表现出复杂性和不确定性，因此，对生态环境的评价应该更加趋向于综合评价（田永中和岳天祥，2003）。通过综合评价才能正确理解不同时空尺度、不同类型的生态环境之间的相互关系，才能作出准确的评价，从而指导人类作出明智的生态决策。

第三节　国内外生态环境监测现状

从全球范围来看，生态监测作为一种系统地监测地球自然资源状况的技术方法，起始于 20 世纪 60 年代后期。经过随后 50 多年的发展，越来越多的国家、地区、国际组织开始推进生态监测工作，一些跨国、跨区域甚至全球尺度的生态监测国际合作项目陆续启动，监测技术手段也从最初的仅采用地面定期调查和监测技术，发展到结合使用航空航天遥感、地理信息系统、全球定位系统等先进技术，这些技术有力地推动了天地一体化的生态监测技术体系建设进程，同时也形成了很多大型的生态环境监测网络（系统）。

一、全球尺度的生态监测

随着监测技术手段的飞速发展，开展全球尺度的生态监测早已成为现实，对促进生态监测的发展起到了积极的推动作用。

（1）全球环境监测系统（GEMS），由国际地球系统科学联盟于 1975 年建立，通过监测陆地生态系统和环境污染，定期评价全球环境状况。GEMS 的实施，使生态监测在许多国家得到迅速发展。

（2）国际长期生态观测研究网络（ILTER），由美国国家科学基金会（NFS）于 1993 年支持建立，涉及 16 个国家，目的是加强全世界长期生态研究工作者之间的信息交流；建立全球长期生态研究站的指南，例如为野外站确定必备的装置和设备清单，明确已存在的长期生态研究站的地点，并确定未来准备建立长期生态研究站的地点等；建立长期生态研究合作项目；解决尺度转换、取样和方法标准化等问题；发展长期生态研究方面的公众教育，并以长期生态研究的成果去影响决策人。

（3）全球陆地观测系统（GTOS）、全球气候观测系统（GCOS）和全球海洋观测系统（GOOS），由萨赫勒与撒哈拉观测计划、全球变化与陆地生态系统（GCTE）核心计划和人与生物圈计划（MAB）于 1996 年联合建立，目的是观测、模拟和分析全球陆地生态系统以维持可持续发展。

（4）全球通量观测研究网络（FLUXNET），由美国能源部（DOE）和美国国家航空航天局（NASA）于 1996 年建立，用于研究全球不同经纬度和不同生态系统类型的通量特征。

（5）全球综合地球观测系统（GEOSS），由联合国（UN）、欧盟（EC）和美国环境规划署（EPA）于 2003 年联合建立，用于地球系统的综合、同步、连续观测。

（6）国际生物多样性观测网络（GEO•BON），由国际生物多样性研究计划（DIVERSITAS）和美国国家航空航天局（NASA）于 2008 年联合建立，用于搜集全球的生物多样性数据信息，评估全球生物多样性状况。

二、区域尺度的生态监测

区域尺度的生态监测，具有代表性的主要有欧盟长期生态系统研究网络（LTER-Europe）、欧洲全球变化研究网络（EN-RICH）、亚太全球变化研究网络（APN）、东亚酸沉降监测网（EANET）、热带雨林多样性监测网络（CFTS Network）等。

（1）欧盟长期生态系统研究网络（LTER-Europe），于 2007 年在匈牙利建立，是欧盟第六框架计划卓越网络为期 5 年（2004—2009 年）的项目 ALTER-NeT 所取得的重要成果之一，该项目由 17 个国家 24 个伙伴机构参与，经费是 1 000 万欧元，主要研究生态系统、生物多样性和社会之间的复杂关系。建立 LTER-Europe 的目的促进长期生态系统研究者和研究网络在地方、区域和全球尺度的合作与协调。

（2）欧洲全球变化研究网络（EN-RICH），建立于 1993 年，是国际上最早建立并开始实施的政府间全球变化研究网络，它利用欧盟已有的研究机构框架，1995 年初开始实施《欧洲全球变化研究网络实施计划》，目的是促进泛欧国家对国际全球变化研究计划的贡献；鼓励西欧、中东欧国家、前苏联新独立国家、非洲国家和其他发展中国家之间在全球变化研究中的合作，促进对这些国家全球变化研究工作的支持；促进通讯联系/网络的建设；改善科学研究团体与欧洲联盟支持全球变化研究的机制的接触。

（3）亚太全球变化研究网络（APN），是 1996 年成立的区域性政府间科学组织，其宗旨是促进亚太地区的全球变化科学研究，并加强科学研究与政策制订之间的联系与互动。APN 目前有 21 个成员国，我国是其中之一。该组织的经费主要来源于日本环境省、神户县和美国国家自然科学基金会，其决策机构是政府间会议（IGM），APN 秘书处设在日本神户。

（4）东亚酸沉降监测网（EANET），由日本于 1993 年发起并组织，是一个地区性环境合作项目。EANET 目前共有中国、柬埔寨、老挝、印度尼西亚、日本、蒙古、马来西亚、菲律宾、韩国、俄罗斯、泰国和越南等东亚地区 12 个国家参加，目的是通过国际间的合作监测了解评估东亚地区酸沉降状况，防止跨国界酸沉降污染危害。

（5）热带雨林多样性监测网络（CTFS Network），成立于 1980 年，由 Smithsonian 热带研究所的热带雨林研究中心（CTFS）负责协调和管理。该网络目前有 18 个森林动态样地，遍布于从拉丁美洲到亚洲和非洲的 14 个国家，制定有统一的规范和方法，在每个森林动态样地，对直径大于 1 cm 的每株乔木进行定种、编号和定位，每 5 年进行一次逐株观测，对直径达到 1 cm 的新植株给予及时增补。CTFS 网络的目的就是通过对热带雨林的长期联网监测，加深对热带雨林生态系统的了解，并为其科学管理及其政策制定提供科学指导。关注的问题主要包括：① 热带雨林为什么具有很高的物种多样性？在人类利用过程中，如何保持原有物种多样性水平？② 热带雨林在稳定气候和大气环境方面起什么作用？人类如何利用热带雨林的储碳能力？③ 什么是热带雨林生产力大小的决定因子？人类该如何保证热带雨林资源的可持续利用？

三、国家尺度的生态监测

国家尺度上的生态监测起始于 20 世纪 70 年代末期，前苏联制定了《生态监测综合计划》，其中包括自然环境污染监测计划、生物反应监测计划、标准自然生态系统功能指标及其人为影响变化的监测计划等。从目前国际上的情况看，美国、英国、中国和日本等国的生态监测比较具有代表性。

1. 美国长期生态研究网络

美国长期生态研究网络（US-LTER）建立于 1980 年，是世界上建立最早的长期生态研究网络，由 26 个监测台站组成。US-LTER 目的是为科学团体、政策制定者及社会公众提供生态系统状态、服务功能及生物多样性的保护和管理方面的知识以及预测。监测台站覆盖了森林、草原、农田、极地冻原、荒漠、城市、湖泊湿地、海岸等生态系统。监测指标体系囊括了生态系统的各要素，诸如生物种类、植被、水文、气象、土壤、降雨、地表水、人类活动、土地利用、管理政策等。主要研究内容包括：① 生态系统初级生产力格局；② 种群营养结构的时空分布特点；③ 地表及沉积物的有机物质聚集的格局与控制；④ 无机物及养分在土壤、地表水及地下水间的运移格局；⑤ 干扰的模式和频率。

从 2004 年起，LTER 的研究方向发生了重大改变，把台站联网研究及网络层面的综合科学研究作为未来 10 年的优先发展方向，主要围绕 4 个重大科学问题开展综合研究，即：生物多样性变化、多种空间尺度的生物地球化学循环变化、生态系统对气候变化及气候波动的响应、人类-自然耦合生态系统研究。

2. 英国环境变化研究监测网络

英国环境变化研究监测网络（ECN）成立于 1992 年，其目标是通过监测具有重要环境意义的指标，来获得具有可比性的长期监测数据。ECN 由 12 个陆地生态系统监测站和 45 个淡水生态系统监测站组成，覆盖了英国主要环境梯度和生态系统类型。ECN 的突出特点是非常重视监测工作，对所有监测指标都制定了标准的 ECN 测定方法，同时也形成了非常严格的数据质量控制体系，包括数据格式、数据精度要求、丢失数据处理、数据可靠性检验等，所有监测数据都建立中央数据库系统进行集中管理、共享，不追求监测全部生态系统各要素指标，而是根据自然生态系统类型和特点来确定监测指标体系（表 1.1、表 1.2）。

表 1.1　ECN 陆地生态系统监测指标体系

监测指标类型	监测项目
气象	自动气象站 13 项，标准气象站 14 项
空气	二氧化氮
降水	pH 值、电导率、钠、钾、钙、镁、铁、铝、磷酸盐、氨氮、硝酸盐、氯、硫酸盐、碱度（14 项）
地表水	pH 值、电导率、钠、钾、钙、镁、铁、铝、磷酸盐、氨氮、硝酸盐、氯、硫酸盐、溶解有机碳、碱度（15 项）
土壤	pH 值、电导率、钠、钾、钙、镁、铁、铝、磷酸盐、氨氮、硝酸盐、氯、硫酸盐、有机碳、碱度（15 项）
有脊椎/无脊椎动物	鸟类、蝙蝠、兔子、鹿、青蛙等
植被类型/土地利用变化	区域植被动态变化及土地利用变化，主要通过遥感手段监测

表 1.2 ECN 淡水生态系统监测指标体系

监测指标类型	监测项目
地表水	包括金属离子和重金属离子。pH 值、悬浮物、水温、电导率、溶解氧、氨氮、总氮、亚硝酸盐、碱度、氯、总有机碳、微粒有机碳、BOD、总磷、微粒磷、磷酸盐、硅酸盐、硫酸盐、钠、钾、钙、镁、铝、锡、锰、铁、钒、镍、汞、铜、锌、镉、铅、砷（34 项）
地表径流量	
浮游植物	种类及丰富度，只在湖泊取样，1 次/2 周；叶绿素 a，河流 1 次/周、湖泊 1 次/2 周
大型水生植物	种类及丰富度，河流 1 次/年，湖泊 1 次/2 年
浮游动物	种类及丰富度，只在湖泊监测，1 次/2 周
大型无脊椎动物	种类及丰富度、畸形程度

随着生物多样性保护越来越受到重视，ECN 近期计划建立环境变化生物多样性监测网络，用于评价气候变化、空气污染对生物多样性的影响，同时对监测站点也进行了扩增。截止到 2009 年 8 月，ECN 陆地生态系统监测站点已经增加到 33 个，还有 7 个正在筹划建立，建成之时陆地站点将会达到 40 个。

3. 日本生态系统长期研究网络

日本自 2003 年开始建立生态系统长期研究网络（JaLTER）。在森林、草地、水体（包括湖泊、河口、海洋）三类生态系统建立了生态系统长期观测站，每类生态站又分为核心站（Core-site）和辅助站（Associate-site）两种类型。目前，JaLTER 有核心站 19 个，辅助站 30 个。19 个核心站中，森林站 11 个，海洋站 5 个，湖泊站 2 个，草地站 1 个；30 个辅助站中森林站 14 个，草地站 7 个，海洋站 6 个，湖泊站 3 个。监测指标包括气象、水文、水质、物候、植被生物量及二氧化碳通量等。

4. 其他国家的生态监测网络

随着全球气候变化、生物多样性丧失等生态环境问题越来越受到关注，其他许多国家也陆续开始建设本国或本地区的野外生态长期观测研究网络。加拿大在 1994 年就开始建立加拿大生态监测与评价网络（EMAN），其目的是探测、描述和报告生态系统变化，具体目标包括受到各种压力作用下生态系统的变化情况，为污染控制和资源管理政策提供科学原理，评价并报告资源管理政策的有效性，尽早确认新的环境问题，并有一系列监测协议，如生物多样性监测协议、生态系统监测协议等。此外，澳大利亚、以色列、巴西、墨西哥、波兰、韩国等也开始建立野外生态长期观测网络。

5. 我国生态监测与研究进展

我国是世界上最早开展生态系统长期定位观测的国家之一，各个行业部门均按照对各自职责的理解建有生态监测网络，开展生态监测业务工作和科研工作。目前，我国规模较大的生态系统定位观测研究网络有中国科学院建立的中国生态系统研究网络，林业部门建立的中国森林生态系统定位研究网络和湿地生态系统研究网络（CWERN），科技部门组建的国家生态系统观测研究网络，环保部门建立的国家生态环境监测网络，农业部门建立的农业生态环境监测网络，草原生态监测网络和渔业生态环境监测网，水利部门建立的水土保持监测网络，海洋部门建立的海洋环境监测网络等。

（1）中国科学院

由中国科学院建立的中国生态系统研究网络（CERN），在我国开展生态系统长期定位研究时间最早，与美国长期生态研究网络（US-LTER）、英国环境变化研究网络（ECN）并称世界三大国家生态系统研究网络。

CERN 于 1988 年开始筹建，截至 2012 年，已有 40 个生态系统长期观测站，其中包括 16 个农田生态站、11 个森林生态站、3 个草地生态站、3 个沙漠生态站、1 个沼泽生态站、2 个湖泊生态站、3 个海洋生态站和 1 个城市生态站，同时建立了水分、土壤、大气、生物、水域生态 5 个学科分中心和 1 个综合研究中心（表 1.3）。

CERN 的主要研究目标为：① 揭示生态系统及环境要素的变化规律；② 主要生态系统类型服务功能及价值评价和健康诊断；③ 揭示我国不同区域生态系统对全球变化的响应；④ 揭示生态系统退化、受损机理，探讨生态恢复重建途径。经过二十多年的发展，CERN 的各台站在监测规范化、标准化方面取得了巨大进步，已经建立了相对完整的生态系统各要素观测规范和标准，从观测场设置、样品采样、分析测试再到数据质量控制、数据集成都有相应的规范。

表 1.3　中国生态系统研究网络台站类型及名称

台站类型	台站名称	台站类型	台站名称
城市生态站	北京城市生态系统研究站	海洋生态站	胶州湾海洋生态站、大亚湾海洋生态站、三亚热带海洋生物实验站
农田生态站	拉萨生态站、环江农田生态站、海伦农业生态站、沈阳生态实验站、禹城农业生态站、封丘农业生态站、栾城农业生态站、常熟农业生态站、桃源农业生态站、鹰潭红壤生态站、千烟洲红壤丘陵农业生态站、阿克苏农田生态站、盐亭紫色土农业生态站、安塞水土保持综合生态站、长武黄土高原农业生态站	森林生态站	神农架森林生态站、长白山森林生态站、北京森林生态站、会同森林生态站、鼎湖山森林生态站、鹤山丘陵生态站、茂县山地生态站、贡嘎山高山森林生态站、哀牢山亚热带森林生态站、西双版纳热带雨林生态站
草地生态站	内蒙古草原生态系统生态站、海北高寒草甸生态站	湿地生态站	三江平原沼泽湿地生态站
荒漠生态站	临泽内陆河流域综合生态站、奈曼沙漠化研究站、沙坡头沙漠试验研究站、鄂尔多斯沙地草地生态站、阜康荒漠生态站、策勒沙漠研究站	湖泊生态站	东湖湖泊生态站、太湖湖泊生态站
分中心	大气分中心、水分分中心、生物分中心、土壤分中心、水域分中心		
综合中心	综合研究中心		

（2）林业部门

林业部门从 20 世纪 50 年代末开始建设中国森林生态系统定位研究网络（CFERN），2003 年正式成立。到 2011 年 10 月，CFERN 已发展成为横跨 30 个纬度，代表不同气候带的 73 个森林生态站组成的网络，基本覆盖了中国主要典型生态区，涵盖了中国从寒湿带到热带、湿润区到极端干旱地区的植被和土壤地理地带的系列，主要任务是开展森林生态系统的定位观测研究（表 1.4）。

另外，林业部门还建立了湿地生态系统研究网络（CWERN），在全国重要湿地类型区建立定位研究站，截至 2010 年已经建成 12 个站点，计划在 2020 年前共建成 50 个湿地生态台站的监测网络。

表 1.4　中国森林生态系统研究网络台站分布及名称

分布区域	台站名称
东北地区 （9 个）	内蒙古大兴安岭森林生态站、黑龙江嫩江森林生态站、辽宁冰砬山森林生态站、吉林松江源森林生态站、黑龙江凉山森林生态站、黑龙江漠河森林生态站、黑龙江小兴安岭森林生态站、黑龙江牡丹江森林生态站、黑龙江帽儿山森林生态站
华北地区 （18 个）	辽东半岛森林生态站、辽宁白石砬森林生态站、首都圈森林生态站、河北小五台山森林生态站、北京燕山森林生态站、山西太行山森林生态站、河南禹州森林生态站、山东泰山森林生态站、山东青岛森林生态站、河南黄河小浪底森林生态站、山西吉县黄土高原森林生态站、山西太岳山森林生态站、山东昆嵛山森林生态站、河南黄淮海农田防护林森林生态站、山东黄河三角洲森林生态站、宁夏六盘山森林生态站、甘肃兴隆山森林生态站、甘肃小陇山森林生态站
华东中南地区 （23 个）	陕西秦岭森林生态站、湖北秭归森林生态站、河南宝天曼森林生态站、河南鸡公山森林生态站、江苏长江三角洲森林生态站、重庆缙云山森林生态站、湖南会同森林生态站、贵州喀斯特森林生态站、江西大岗山森林生态站、福建武夷山森林生态站、广东珠三角森林生态站、广东沿海防护林森林生态站、广东南岭森林生态站、广东东江源森林生态站、湖北神农架森林生态站、浙江天目山森林生态站、安徽黄山森林生态站、安徽大别山森林生态站、重庆武陵山森林生态站、广西漓江源森林生态站、浙江凤阳山森林生态站、浙江钱塘江森林生态站、广西大瑶山森林生态站
华南热带地区 （5 个）	广东湛江森林生态站、海南尖峰岭森林生态站、广西友谊关森林生态站、云南普洱森林生态站、海南文昌森林生态站
西南高山地区 （3 个）	四川卧龙森林生态站、西藏林芝森林生态站、四川峨眉山森林生态站
内蒙古东部地区 （5 个）	河北塞罕坝森林生态站、内蒙古赛罕乌拉森林生态站、内蒙古大青山森林生态站、内蒙古鄂尔多斯森林生态站、宁夏贺兰山森林生态站
蒙新地区 （4 个）	甘肃祁连山森林生态站、新疆天山森林生态站、新疆阿尔泰山森林生态站、新疆塔里木河胡杨林森林生态站
云贵高原 （3 个）	云南滇中高原森林生态站、云南高黎贡山森林生态站、云南玉溪森林生态站

（3）科技部门

2005 年，科技部启动国家生态系统观测研究网络台站（CNERN）建设任务。作为国家科技基础条件平台建设的内容，CNERN 目的是要整合现有的分属于不同主管部门的野外生态监测台站，从而在国家层面上建立跨部门、跨行业、跨地域的科技基础条件平台，实现资源整合、标准化规范化监测、数据共享。通过对已有台站的评估认证，截至 2011 年，有 53 个台站被纳入国家生态系统观测研究网络（CNERN），其中包括 18 个国家农田生态站、17 个国家森林生态站、9 个国家草地与荒漠生态站、7 个国家水体与湿地生态站以及国家土壤肥力网、国家种质资源圃网和国家生态系统综合研究中心。

（4）环保部门

环保部门的国家生态环境监测网络建设开始于 1993 年。原国家环境保护局编写了《生态监测技术大纲》，提出了野外生态监测站的监测指标体系和监测方法，针对不同生态系统类型和水文、气象、土壤、植被、动物和微生物等生态系统要素，确定了常规监测指标和项目。1994 年，原国家环境保护局提出在全国建立 9 个生态监测站，对各类型生态系统进行监测。在典型生态区建立的生态监测站有：内蒙古草原生态环境监测站、新疆荒漠生态环境监测站、内陆湿地生态监测站、海洋生态监测网、森林生态监测站、流域生态监测网（长江流域暨三峡生态监测网）、农业生态监测站、自然保护区生态监测站，每个监测站又包括不同的分站和子站。同年，原国家环境保护局建立了近岸海域环境监测网，由 74 个监测站 301 个监测点位组成，开展近岸海域海水水质、入海河流污染物、直排海污染源监测。

如今，全国众多省份已经开展生态地面监测工作，积累了宝贵的经验和数据资料。内蒙古自治区环境监测中心站从 1991 年起在呼伦贝尔、锡林郭勒、包头市达茂旗开展草地生态监测，一直持续到现在，积累了 20 多年的数据资料，2002 年增加了阿拉善荒漠生态系统监测站，2006 年增加了鄂尔多斯毛乌素沙地、清水河县黄土高原、磴口县乌兰布和沙漠 3 个生态环境地面定位监测站，目前共有 7 个生态环境地面监测站点开展监测工作。新疆维吾尔自治区环境监测总站从 2000 年开始在塔里木河流域、伊犁、阿尔泰、哈密地区开展荒漠生态系统监测，积累了 10 多年的监测数据。青海省环境监测站在"十一五"期间连续 5 年开展了高寒草原生态系统地面监测，在青海草原区布设了 200 多个监测点开展高寒草原生态系统监测。湖南省洞庭湖生态环境监测站从 1983 年就开始了水质、底质的监测工作，从 1988 年又开始了浮游植物、浮游动物、底栖动物等水生生物监测工作一直持续到现在，目前在洞庭湖及长江岳阳段共布设了 14 个断面，累计有效监测数据达百万个，积累了系统的基础性观测资料。另外，中国环境科学研究院于 2010 年 7 月在井冈山建立了井冈山生态环境综合观测站，该站由中国环科院、江西省环科院和井冈山国家级自然保护区共同建设。2011 年，中国环境监测总站选择 6 个省份启动生态环境地面监测试点工作，2012 年试点省份增至 10 个，针对森林、草原、湿地和荒漠生态系统开展环境要素和生物要素监测。

（5）水利部门

水利部门建立了水土保持监测网络，对全国不同区域的水土流失及其防治效果进行动态监测和评价。该网络由四级构成，第一级为水利部水土保持监测中心，第二级为七大流域（长江、黄河、海河、淮河、珠江、松辽和太湖）水土保持监测中心站，第三级为各省、自治区、直辖市水土保持监测总站，第四级为各监测总站设立的水土保持监测分站。

（6）农业部门

农业部门的生态监测网络包括农业生态环境监测网络、草原生态监测网络和渔业生态环境监测网。农业生态环境监测网络包括农业部环境监测总站、省级农业环境管理与监测站、地县级农业环境管理与监测站三个级别，由 33 个省级和 800 多个重点地（市）、县级农业环境监测站组成监测网络。草原生态监测网络由农业部草原监理中心、22 个省级草原监测站以及 3 400 多个监测样地组成草原生态监测网络，开展草原植物长势、生产力、生态环境状况的监测评估。渔业生态环境监测网由 85 个渔业环境监测站组成，开展渔业生产、渔业资源保护和渔业水域生态环境监测工作。

（7）海洋部门

海洋部门建立的海洋环境监测网络，主要成员是国家海洋环境监测中心以及北海、东海和南海 3 个海区海洋监测中心站，其余成员为国家海洋局建设的专业海洋监测中心站、与地方共建的海洋监测站和地方海洋与渔业局的监测中心，主要开展海洋污染源监测、海洋环境质量监测等工作。

第四节 国内外生态环境评价研究进展

一、国外研究进展

城市化随着工业革命而加快、社会生产力飞速发展以及人类对自然界无休止的豪夺带来了不同程度的环境污染和生态环境破坏，基于单项技术性治理难以有效阻止环境继续恶化，于是从 20 世纪 40 年代起一些发达国家开始环境质量和污染防治方面相关法律法规的制定，如美国的《净化空气法修正法案》（Clean air act amendments of 1990）、《水法》（Clean water act）、《大气颗粒物新标准》，日本的《大气污染防治法》、《水污染防治法》，德国的《水法》和《防止扩散法》等，通过将环境保护上升到法律高度以求环境恶化有所缓解。1969 年美国率先提出了环境影响评价制度并在《国家环境政策法》中规定大型工程必须在修建前编写评价报告书.此后，加拿大、瑞典和澳大利亚等国也先后在环境保护法中确立环境评价制度，评价的范围逐渐由单因素评价向多因素评价过渡。在此期间，许多国家的学者在环境质量评价以及环境影响评价等环境科学研究领域中开展了诸多有意义的研究工作。

20 世纪 80 年代以后，随着计算机的普及，一些先进技术尤其是遥感（RS）、全球定位系统（GPS）和地理信息系统（GIS）开始应用于环境科学领域，其中以美国环保局（EPA）于 20 世纪 90 年代出提出的环境监测和评价项目（EMAP）为典型代表，该项目从区域和国家尺度评价生态资源状况并对其发展趋势进行长期预测，在该项目基础上又建立了州和小流域的环境监测与评价（R-EMAP）。这一时期生态环境研究的典型案例是 20 世纪 90 年代初美国环境保护局采用中尺度方法对大西洋地区进行生态评价，此外也有诸多学者利用"3S"技术对河口等区域进行了相关生态评价研究（Gitelson et al，1998；Srtobel，1999；Michacl and Donald，2000；Smith，2000）。与大多数发展中国家相比，美、德等发达国家在发展经济的同时更注重整个生态系统的健康与安全，并先后开展了生态风险评价。1995年经由 H.Moony、A.Cropper 和徐冠华等 10 名学者酝酿，在联合国有关机构、世界银行、全球环境基金和一些私人机构的支持下，新千年生态系统评估（Millennium Ecosystem Assessment，缩写为 MA 或 MEA）启动，MA 核心工作即对生态系统的现状进行评估，预测生态系统的未来变化及该变化对经济发展和人类健康造成的影响，为有效的管理生态系统提供各类产品和服务的功能，提出改进生态系统管理工作应采取的各种对策，在一些重要地区启动若干个区域性生态系统评估计划，为区域生态系统管理提供技术支持。

景观生态学的产生及发展使遥感和地理信息系统等空间数据采集、处理和分析技术在生态环境评价中的作用发挥到了极致。John T. lee 等（1999）指出景观质量和生态价值密切相关，并利用 GIS 技术和土地利用数据进行区域尺度的景观评价；Wynet Smith 等借助遥感、制图技术和统计分析方法对 Batemi 河谷土地利用进行了研究；Ileana Espejel 等（1999）则在利用遥感影像进行景观分类的基础上，对不同土地利用的生态可持续性进行评估；Robin S. Reid 等（2000）利用航片和卫星影像在景观尺度上就土地利用/覆被变化对生态过程的影响进行评价研究； Daniel T. Hegem 等（2000）对 Tensax 河流域进行景观生态评价；Richard G. Lathrop 等（1998）应用景观生态学理论和 GIS 技术从生态保护、开发利用和协调发展的角度对生态敏感性进行评估等。

目前，世界各国特别是以荷兰、捷克、德国、俄罗斯为代表的欧洲国家和以美国、加拿大为代表的北美国家以及澳大利亚等都很重视生态环境的调查、评价，并以此为依据进行景观生态的设计、规划和管理，例如捷克的景观生态规划（LANDEP）、荷兰实行的景观对策计划（Landscape policy plan）、德国对农村景观空间结构发展变化的研究、澳大利亚与加拿大的土地生态分类调查、美国对新泽西州海岸平原松栋林景观和对西部山地花旗松林景观的研究等。总的来讲，国外对生态环境的评价起步早，手段先进，生态环境评价定量化特征比较明显。

二、国内研究进展

国内生态环境评价研究始于 20 世纪 60 至 70 年代的城市环境污染现状的调查评价和工程建设项目的影响评价。此后，随着国人对生态环境日益重视和生态环境评价工作的不断深入，生态环境评价的研究领域逐步由城市环境评价发展到水体、农田、旅游等诸多领域，研究内容及研究深度则由单要素评价向区域环境的综合评价过渡，由污染环境评价发展到自然和社会相结合的综合或整体环境评价，进而涉及土地可持续性利用、区域生态环境综合评价和环境规划等。

1. 城市生态环境评价

20 世纪 60 年代我国环境科学尚处于萌芽状态，在 20 世纪 70 年代初参加联合国教科文组织拟订的"人与生物圈计划"之后，于 1978 年将城市生态环境问题研究正式列入我国科技长远发展计划，此后许多学科开始从不同角度研究和评价城市生态环境。

吴峙山等（1986）在借鉴国外城市生态环境质量研究的基础上对北京等城市生态环境

质量进行评价研究；郑宗清（1995）依据生态学理论采用层次分析综合评价法对广州市八个行政区城市生态环境质量进行评价，并将其结果分为四类，之后在分析各类表现特征及存在主要生态环境问题的基础上提出整治建议。范常忠和姚奕生（1995）建立了完整的城市生态环境质量评价指标体系及比较合理的权重体系和评价标准体系，还运用 Fuzzy 多级综合评价方法建立了城市生态环境质量评价模型。千庆兰（2002）借鉴国外环境诊断的研究方法提出"树木活力度"即树木的枝、叶、梢、树形等各个部位的生长状况和健康程度这一新的综合生态指标对吉林市城市生态环境质量进行分区。喻良和伊武军（2002）则利用层次分析法对福州市近年来城市生态环境质量的评价结果进行分析，并对今后城市规划提出建议；杨新和延军平（2002）以位于黄土高原中部的陕甘宁老区榆林、延安两市为例，选定年降水量、年均温、蒸发量等 8 个指标，定量评价各市 1970—2000 年的脆弱度状况，结果表明榆林、延安两市生态环境整体脆弱，脆弱度存在空间差异但差异不明显，而时间段上的波动幅度不大。李月辉等（2003）使用层次分析法，利用 Microsoft Visual Basic 6.0 开发了城市生态环境质量评价信息系统，并运用该系统对沈阳"九五"末期城市生态环境质量进行评价，结果显示沈阳市生态环境质量属于一般。吕连宏等（2005）结合煤炭城市的具体特点，构建了一套综合的煤炭城市生态环境评价指标体系，并运用层次分析法（AHP）对各个评价因子的权重进行了判断并分类。王平等（2006）以南京市城市环境为例，采用层次分析法确定各评价指标权重，计算评价指标体系的综合评价值，根据综合评价值的大小划分城市生态环境质量的等级，评价结果与南京市生态环境的实际状况基本相符，南京市生态环境质量在总体上呈逐步改善的趋势，环境污染状况明显改善，但是自然环境在逐渐恶化，主要是自然灾害的影响。

栾勇等（2008）运用碳氧平衡法、生态阈值法、氧气需求法等城市生态指标的计算方法对珠海市的生态绿化现状进行分析研究，并提出珠海城市生态规划建议，以不断改善城市生态环境，提高城市生态效益。徐昕等（2008）依据原国家环保总局颁布的《生态环境状况评价技术规范（试行）》，通过解译 2004 年中巴卫星遥感影像，结合上海市区（县）的统计资料，进行土地利用现状分析、专项土地数据分析和城市生态环境质量评价，结果表明通过计算生物丰度、植被覆盖、水网密度、土地退化、环境质量、污染负荷多项指数，能较全面地衡量城市生态环境质量。

黄蓓佳等（2009）以上海市闵行区为例，从社会、经济、自然等方面构建了一套城市生态环境质量的指标体系，结合反映城市生态环境质量的指标体系和权重，采用基于矢量的空间叠加方法，对表征研究区域的城市生态环境质量的单因子和多因子的空间分异规律及其成因进行了探讨。

万本太等（2009）从城市生态系统结构、城市生态效能与城市环境各个方面出发，基于科学性、目的性、系统性与可操作性原则，提出了生态服务用地指数、人均公共绿地指数、物种丰富指数、非工业用地指数等 10 类城市生态环境质量评价指数，根据专家经验赋权重方法，建立了城市生态环境质量评价指标。研究选择青岛、上海、长春等 7 个城市作为评价对象，进行了城市生态环境质量评价，结果表明，青岛城市生态环境质量优，昆明、上海、成都、长春、重庆城市生态环境质量较好，乌鲁木齐城市生态环境一般，生态环境质量评价结果与现状基本相符，可为城市规划、城市生态环境整治和城市生态环境管理提供重要基础。

纪芙蓉等（2011）应用"压力-状态-响应"模型，通过频度统计法、多因子比较法和专家评价法等多种方法提取城市生态环境质量评价指标，建立城市生态环境质量评价体系，并以西安市近十年来的相关数据为基础评价西安市城市生态环境质量。

2. 农业生态环境评价

阎伍玖等（1999）以县作为评价单元，从自然生态系统、社会经济系统和农田污染系统三个子系统分别选取指标，引入灰色系统理论中的关联度分析法对安徽芜湖区域农业生态环境质量进行了综合评价，研究结果表明：安徽省芜湖市区域农业生态环境已经受到了明显的污染，并且各区域污染水平有一定的差异，芜湖市区域农业生态环境质量优劣的关联次序依次为南陵县、芜湖县、繁昌县和城市郊区。王丽梅等（2004）在监测分析基础上运用多级模糊综合评判模型和改进的标准赋权与层次分析相结合的权重确定方法，对黄土高原沟壑区果农型农业生态系统的单要素环境质量（包括土壤、径流水体、农副产品、社会经济环境及生态环境）和总体环境质量进行了评价，结果表明土壤、径流水体、农副产品质量状况均为Ⅰ级，社会经济环境质量为Ⅱ级，生态环境质量为Ⅲ级，总体环境质量为Ⅰ级；单从生态效益角度来看，果农型农业生态系统并不是最佳选择，但其社会经济效益相对较好。

刘新卫（2005）构建了农业生态环境质量评价指标体系，应用基于三角白化权函数的灰色聚类评估方法，全面评价了位于长江三角洲地区的常熟市农业生态环境质量状况，结果表明，该市农业生态环境总体上处于较好状态，有利于当地农业生产的可持续发展。

王瑞玲和陈印军（2007）在深刻剖析土壤污染物来源、深入理解土壤污染复杂性的基础上，根据研究地区的特殊性（城市郊区），构建了包括评价模型、预测模型、预警模型的农田生态环境质量预警体系，通过社会环境系统对土壤污染胁迫强度的变化间接反映土壤环境质量变化趋势，并运用此预警体系对郑州市郊区农田进行了动态预警实证研究。

苏艳娜等（2007）运用可变模糊集模型对江苏省常熟市农业生态环境质量进行了评价，结果表明该模型能更客观地评价该市农业生态环境质量状况。李超等（2009）以江苏省为研究案例对江苏省六大经济区进行农业生态环境质量评价，结果表明，1996年和2000年江苏省平均植被覆盖度由54.74%下降到50.42%，轻度级以上的水土流失总面积比例由8.12%下降到6.76%，1996—2005年，江苏省沿江、沿海和两淮经济区农业生态环境质量发展水平高于徐连、宁镇扬和太湖经济区，大部分经济区生态环境质量等级均有提高。

陈惠等（2010）选择与福建省农业生态环境质量密切相关的19个因子作为候选因子，通过专家对候选因子进行排队打分筛选，得出福建省农业生态环境质量评价指标体系，采用层次分析方法确定各因子指标权重，经归一化处理，得到福建省68个县归一化后的因子值和农业生态环境质量总指数值的计算公式，再根据总指数值的大小，将各区、县（市）的农业生态环境质量划分为好、较好、一般、较差、差五个等级。

唐婷等（2012）运用主成分分析方法筛选农业生态环境质量的评价指标体系，建立农业生态环境质量综合评价模型，对1995年、2005年、2008年江苏省徐连、沿江、沿海、宁镇扬和太湖经济区的农业生态环境质量的时空变异进行了评价。

3. 区域生态环境评价

20 世纪 80 年代，董汉飞等对海南、珠江口等区域生态环境评价的原则、方法、指标体系进行的有益尝试是区域生态环境质量评价方面早期有影响的研究之一，他选用的主要是生物量、生长量等生物学指标，关注的是生态系统最基本的组分和功能。

伴随着国土资源综合调查，省区级生态环境质量综合调研工作陆续开展，同时基于遥感、地理信息系统等空间数据信息获取、处理和分析等技术方法的进步，生态环境质量评价技术及方法已经由初期的针对生态环境状况单要素调查向多源数据支持的多环境要素综合评价过渡，评价内容由单纯的自然环境向自然环境与社会环境的综合方向发展，并逐步建立区域性的生态环境综合评价指标体系，评价方式由定性描述转向以数值分析等方式为主的定量化分析。

近几年来，已陆续出现了对各省级区域进行的生态环境评价。万本太等（2004）开展了我国生态环境质量评价研究，首次提出了生态监测技术路线，构建了区域生态环境质量评价指标体系和综合评价模型，并利用其对全国 31 个省域及所辖县域生态环境质量进行了评价分析。在此基础上，2006 年原国家环保总局正式颁布《生态环境状况评价技术规范（试行）》，这是我国第一个综合性的生态环境质量评价标准，为推动生态环境评价发展奠定了扎实基础。李洪义等（2006）利用自行建立的多元线性回归方程对福建省 2000 年生态环境质量进行了评价，结果表明福建省生态环境质量总体较好，在空间分布上内陆山区优于沿海地区，西部和北部山区生态环境质量较好，城市、裸露山地、遭砍伐的林地及海岸带地区次之。钱贞兵等（2007）利用 2000 年和 2004 年安徽省卫星遥感图像解译数据，结合地面调查和统计资料，按照生态环境质量评价体系对安徽省 17 个市级行政区生态环境状况进行动态评价和比较，结果表明安徽省整体生态环境质量良好。曹爱霞等（2008）应用卫星遥感解译数据和环境统计资料计算了甘肃省 14 个市级行政区的生态环境质量指数，系统评价了其生态环境质量状况。曹惠明等（2012）以 2005 年和 2009 年美国陆地卫星（Landsat TM）影像为基本数据源，利用遥感与 GIS 技术对山东省生态环境状况进行了监测，并依据《生态环境状况评价技术规范（试行）》（HJ/T 192—2006），对山东省生态环境质量现状及动态变化趋势进行了评价。结果表明，山东省生态环境质量总体处于一般水平，2005—2009 年山东省生态环境质量状况基本稳定，局部地区有所改善。赵元杰等（2012）以河北省为例探讨了复杂生态区生态环境质量评价方法，包括生态环境要素质量评价、各生态区生态环境质量评价以及复杂生态区生态环境质量评价等三个层次，评价结果表明：2006—2008 年，河北省生态环境质量指数分别为 3.692 6、3.667 3、3.845 2，生态环境质量"较差"。

也有学者以流域为评价单位进行了生态环境评价。如王顺久和李跃清（2006）以巢湖流域为例对生态环境质量综合评价进行了实证分析，巢湖流域生态环境质量为 3 级，其中合肥市和六安市所属区域生态环境质量为 3 级，巢湖市为 4 级。研究表明，应用投影寻踪模型进行区域生态环境质量评价人为干扰少，操作简便，便于在生产实践中应用，为区域生态环境质量评价提供了一条新途径。张春桂和李计英（2010）对福建省闽江流域、九龙江流域和晋江流域的 MODIS 数据、气象数据和地形数据进行处理，建立三大流域的生态环境质量监测模型，研究分析了福建三大流域生态环境质量的空间分布情况及动态变化趋势。冀晓东等（2010）基于可变模糊集理论，建立了区域生态环境综合评价模型，并运用该模型对巢湖流域的生态环境进行评价，对流域中的合肥市、巢湖市、六安市及巢湖流域的生态环境评价结果进行了排序。

姚尧等（2012）以全国土地利用遥感监测数据及 MODIS 的 NDVI 数据为基础，根据原国家环保总局颁布的《生态环境状况评价技术规范（试行）》（HJ/T192—2006），通过 GIS 空间分析功能提取生物丰度指数、植被覆盖指数、水网密度指数、土地退化指数和环境质量指数 5 个指标，利用综合指数法计算全国范围的生态环境质量指数，对 2005 年全国范围生态环境进行评价，结果表明，2005 年全国生态状况整体一般，西部较差，东部较好，有呈阶梯分布的特征。

4. 生态脆弱区生态环境评价

针对山区、荒漠、草原、湿地等生态脆弱区的环境评价已有大量研究。如李晓秀（1997）将评价指标体系划分为自然环境总体质量指标和生态环境质量指标。赵跃龙（1998）将生态环境质量评价指标体系分为主要成因指标和结果表现指标。孙玉军等（1999）通过样方调查对五指山自然保护区的土壤、植被、生态系统、物种多样性等重要生态环境因子进行了分析评价，指出该区属于生态环境脆弱带。马义娟和苏志珠（2002）依据野外调查和积累的资料对晋西北地区的环境特征与土地荒漠化类型作了初步研究。马治华等（2007）在全面调查内蒙古荒漠草原植被与环境因子的基础上，以植被、土壤、气象、人畜为评价因子，运用数学方法并结合遥感技术，对 2003—2005 年内蒙古荒漠草原的生态环境质量进行了定量评价，并提出荒漠草原生态环境评价指标体系。

戴新等（2007）运用 AHP 层次分析法，依据黄河三角洲湿地的生态环境结构、特征、社会发展现状和规划，筛选出形成和影响生态环境质量的三类 14 个主要特征因子作为评价指标进行等级化处理并确定其权重。

哈力木拉提等（2009）利用 Landsat-5TM 遥感影像解译的土地利用数据分析了新疆伊犁地区 2000—2005 年的土地利用变化，同时根据《生态环境状况评价技术规范（试行）》（HJ/T 192—2006），对该区域生态环境质量状况进行综合评价，对生态环境指标变化情况进行对比分析。

张建龙和吕新（2009）采用综合指数评价方法建立绿洲生态环境质量评价指标体系，通过遥感数据提取环境因子，运用 GIS 得出评价单元的生态环境质量综合指数，并以此为依据对石河子垦区绿洲生态环境质量进行了评价。

王晓峰等（2010）提取了研究区影响环境质量的 6 个因子图层数据，叠加形成一个综合环境指数图层数据，并将其划分为 4 个环境分区，对南水北调中线陕西水源区生态环境质量进行了客观评价。

王立辉等（2011）以遥感影像为主要数据源，选取水热条件、地形地貌、土地利用和土壤侵蚀等环境评价因子，建立生态环境质量综合评价模型，对丹江口库区的生态环境现状进行定量评价，结果表明：库区的自然生态环境现状整体一般偏好，达到良好标准的占 43.24%，较差及以下的占 10.06%。较好地段主要集中于河谷平坝，500~1 000 m 的中海拔地区生态环境质量差异较大，生态脆弱度高，库区中东部地区相对较好，北部和西部相对较差。

郭朝霞和刘孟利（2012）采用长时间多源遥感数据对塔里木河重要生态功能区土地利用变化和植被指数进行了分析，同时结合多年地面调查监测数据，系统分析了区域生态环境变化情况，并评价了近五年区域生态环境质量，结果表明，该区域生态环境质量略有下降，其中环境状况指标和植被覆盖率指数起主导作用。

5. 县域生态环境评价

近年来，许多学者在县域尺度上进行了生态环境质量的评价。有些直接采用《生态环境状况评价技术规范（试行）》（HJ/T 192—2006）规定的生态环境状况评价指标体系和计算方法，如陈丽华等（2006）以生物丰度指数、植被覆盖指数、水网密度指数、土地退化指数和污染负荷指数五个评价指标作为生态环境质量的分指数，采用综合指数法对该区域内各县区近年来的生态环境质量进行了综合评价；李莉和张华（2010）采用该方法，对奈曼旗 2000 年、2005 年实施退耕还林还草工程初期及 5 年后的生态环境质量进行定量分析和评价，结果表明，奈曼旗 2000 年、2005 年生态环境质量指数分别为 33.94 和 36.93，分别属于"较差"和"一般"，生态环境质量指数的变化幅度为 8.8%，实施退耕还林还草工程 5 年后，生态环境质量明显提高。

还有些学者根据当地情况研究建立了指标体系并进行了评价，如周铁军等（2006）以宁夏回族自治区盐池县为例，建立了毛乌素沙地县域尺度上的生态环境质量综合评价指标体系，应用层次分析法，对各指标进行了量化处理，全面评价了盐池县 1991—2000 年间的生态环境质量动态变化状况，并且对盐池县生态环境质量状况发展趋势进行了预测；曹长军和黄云（2007）以四川井研县为例，结合正在进行的乐山市新一轮土地利用规划修编的部分基础资料，阐述了层次分析法（AHP）在县域生态环境质量评价中的应用，结果表明，AHP 法可大大提高全值定量的理性成分，得到更加符合实际的成果；张杰等（2012）在建立四川省生态质量评价指标体系的基础上，将径向基函数（RBF）神经网络模型用于四川省 18 个地级市生态质量评价和区划，实现了评价结果的可视化与直观化；秦伟等（2007）根据陕西省吴起县自然、社会和经济等方面的特点，通过比较指标的使用频度、征询专家意见，建立了吴起县生态环境质量评价指标体系，应用层次分析法确定了指标的权重，在消除指标量纲的基础上，计算了吴起县 1995—2004 年的生态环境质量指数，从自然环境、社会环境、经济环境三方面对该县生态环境质量 10 年间的变化进行了定量评价与定性分析。

李丽和张海涛（2008）以生态环境质量指标体系作为神经网络的输入，以生态环境等级评分作为输出，基于 BP 人工神经网络，建立了具有 20 个隐含层节点、3 层网络的小城镇生态环境质量评价模型；以生态环境指标的各级评价标准作为模型的训练样本，以训练样本数量的 10% 以及各指标各等级的临界值、中间值作为检验样本，以研究区生态环境质量的实际监测值作为预测样本，利用 MATLAB 软件对 BP 人工神经网络进行训练，并对鄂州市杜山镇生态环境质量等级进行了模式识别。结果表明：利用 BP 人工神经网络方法对小城镇生态环境质量进行预测是可行、可靠的，它不仅能很好地评价区域生态环境质量，而且能够与区域生态环境的实际特征相结合。

刘海江等（2010）利用全国 31 个省（自治区、直辖市）2008 年的县域数据，按照《生态环境状况评价技术规范（试行）》（HJ/T 192—2006）的方法和指标，评价了全国县域尺度的生态环境质量状况，分析县域生态环境质量的空间分布格局。结果表明，我国县域生态环境质量以"良"和"一般"为主，占国土面积的72%；东部地区县域生态环境质量好于中西部地区，中部地区县域生态环境质量以"良"为主，西部地区则以"一般"为主；在空间分布格局上，各生态环境质量类型受气候、大的地形地貌影响明显，与重要的气候分界线、山脉分布具有很好的相关性。

刘瑞等（2012）建立了一种完全基于遥感数据的县级区域生态环境状况评价模型，由生物丰度指数、植被覆盖度指数、水资源密度指数、土壤侵蚀指数和人类活动指数5种评价指标组成，加权求和得到区域生态环境状况指数，定量化评价了研究区域的生态环境质量。

第二章　生态环境遥感监测技术及质量控制

第一节　生态环境遥感监测内涵

一、遥感监测

1. 遥感的基本概念

遥感技术是借助对电磁波敏感的仪器，在不与探测目标接触的情况下，记录目标物对电磁波的辐射、反射、散射等信息；并通过分析，揭示目标物特征、性质及其变化的综合探测技术。

遥感，顾名思义，就是从遥远的地方感知目标物，即远距离探测目标物的物性。传说中的"千里眼"、"顺风耳"就具有这样的能力。"遥"具有空间概念，从近地空间、外层空间甚至宇宙空间来获取目标物的空间信息。"感"指信息系统，包括信息获取和传输、信息加工处理、信息分析和可视化系统等。"目标物"，从狭义遥感看，指岩性、地层、构造、地貌、植被、矿产、能源、环境、灾害等实体和相关事件；从广义遥感来说，可以拓展到对地观测和星体的观测。"物性"，主要指物体对电磁辐射的特性，人们利用物体波谱特性差异达到识别物体的目的。

2. 遥感的发展历程

最早使用遥感一词的是 1960 年美国海军研究局的艾弗林·普鲁伊特。早期遥感以航空摄影技术为主，1972 年美国发射了第一颗陆地卫星，这就标志着航天遥感时代的开始。经过几十年的迅速发展，现在遥感技术已广泛应用于资源、环境、水文、气象、地质和地理等领域，成为一门实用的、先进的空间探测技术。

事实上，截至目前遥感学科的技术积累和酝酿已经历了几百年的历史和不同的发展阶段。

（1）萌芽阶段：包括两个时期，第一个时期是无记录地面遥感阶段（1608—1838 年），1608 年汉斯·李波尔赛制造了世界第一架望远镜；1609 年伽利略制作了放大三倍的科学望远镜并首次观测月球；1794 年气球首次升空侦察，为观测远距离目标开辟了先河，但望远镜观测不能把观测到的事物用图像的方式记录下来。第二个时期有记录地面遥感阶段（1839—1857 年），1839 年达盖尔发表了他和尼普斯拍摄的照片，第一次成功将拍摄事物记录在胶片上；1849 年法国人艾米·劳塞达特制定了摄影测量计划，成为有目的有记录的地面遥感发展阶段的标志。

（2）初期发展：以航空遥感为主（1858—1956 年），1858 年用系留气球拍摄了法国巴黎的鸟瞰像片（图 2.1）；1903 年飞机的发明是航空遥感的重要事件，1909 年有了第一张航空像片。一战期间（1914—1918 年）形成了独立的航空摄影测量学的学科体系。二战期间（1931—1945 年）彩色摄影、红外摄影、多光谱摄影、雷达技术、扫描技术以及运载工具和判读成图设备为现代遥感奠定了基础。

图 2.1　巴黎鸟瞰图

（3）现代遥感：1957 年前苏联发射了第一颗人造地球卫星；20 世纪 60 年代美国发射了 TIROS、ATS、ESSA 等气象卫星和载人宇宙飞船，1972 年发射了地球资源技术卫星 ERTS-1（后改名为 Landsat-1），塔载 MSS 传感器，分辨率 79 m，开创了陆地观测高分辨率卫星时代；1982 年 Landsat-4 发射，塔载 TM 传感器，分辨率提高到 30 m；1986 年法国发射 SPOT-1，塔载 PAN 和 XS 传感器，分辨率提高到 10 m；1999 年美国发射 IKNOS，空间分辨率提高到 1 m。2002 年法国 SPOT-5 卫星最高空间分辨率达到 2.5 m。2001 年发射的美国 Quickbirds 卫星全色波段分辨达到 0.61 m。

（4）中国遥感发展：20 世纪 50 年我国组建专业飞行队伍，开展了航空遥感拍摄和应用。1970 年 4 月 24 日第一颗人造地球卫星发射成功，1975 年 11 月 26 日返回式卫星发射成功，得到我国第一张卫星像片。1980 年代，我国遥感事业空前活跃，"六五"计划将遥感列入国家重点科技攻关项目；1988 年 9 月 7 日中国发射第一颗"风云 1 号"气象卫星。1999 年 10 月 14 日中国成功发射资源一号卫星；之后中国遥感事情进入快速发展期，启动了卫星、载人航天、探月等航天工程。2003 年发射了中巴资源卫星，是我国第一颗太阳同步极地轨道卫星，重复时间 26 天，最高空间分辨率达 19.5 m。2007 年中巴 02B 星发射成功，是我国第一个民用高分辨率卫星，最高分辨率 2.36 米；2008 年环境与减灾预报小卫星星座 HJ-1A、HJ-1B 发射成功，大大提高了中高分辨率影像的幅宽和时间分辨率；2011年资源 1 号 02C 卫星、2013 年资源三号卫星和高分一号卫星发射成功，对推动我国卫星工程水平，提高我国高分辨率数据自给率，具有重大意义。

3. 遥感的物理学内涵

电磁波是遥感的物理基础。按波长由短至长，电磁波可分为 γ-射线、X-射线、紫外线、可见光、红外线、微波和无线电波。遥感探测所使用的电磁波波段是从紫外线、可见光、红外线到微波的光谱段。太阳发出的光也是一种电磁波。太阳光从宇宙空间到达地球表面须穿过地球的大气层。太阳光在穿过大气层时，会受到大气层对太阳光的吸收和散射影响，能量发生衰减。但是大气层对太阳光的吸收和散射影响与太阳光的波长有很大相关性。通常把太阳光透过大气层时透过率较高的光谱段称为大气窗口。大气窗口的光谱段主要有：微波波段（300 MHz～1 GHz/0.8～2.5cm），热红外波段（8～14 μm），中红外波段（3.5～5.5 μm），近紫外、可见光和近红外波段（0.3～1.3 μm，1.5～1.8 μm）（图 2.2）。

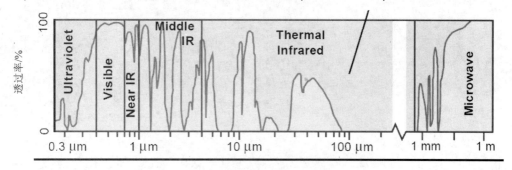

图 2.2　主要的大气窗口

地面上的任何物体（即目标物），如土地、水体、植被和人工构筑物等，在温度高于绝对零度（即 0 K=−273.15℃）的条件下，都具有反射、吸收、透射及辐射电磁波的特性。当太阳光从宇宙空间经大气层照射到地球表面时，地面物体就会对由太阳光产生选择性的反射和吸收。由于每一种物体的物理和化学特性以及入射光的波长不同，因此它们对入射光的反射率也不同。各种物体对入射光反射的规律叫做物体的反射光谱。

遥感图像是通过远距离探测记录的地球表面物体在不同的电磁波波段所反射或发射的能量的分布和时空变化的产物，遥感图像的灰度值反映了地物反射和发射电磁波的能力，遥感图像的灰度值与地物的成分、结构等以及遥感传感器的性质之间存在着某种内在联系，这种内在联系可以用函数关系表达，即遥感图像模式。

4. 遥感技术系统

遥感技术系统是实现遥感观测目的的方法论、设备和技术的总称。现已成为一个从地面到高空的多维、多层次的立体化观测系统。研究内容包括遥感数据获取、传输、处理、分析应用以及遥感物理的基础研究等方面。

遥感技术系统主要有：①遥感平台系统，即运载工具，包括各种飞机、卫星、火箭、气球、高塔、机动高架车等；②传感仪器系统，如各种主动式和被动式、成像式和非成像式、机载的和星载的传感器及其技术保障系统；③ 数据传输和接收系统，如卫星地面接收站、用于数据中继的通讯卫星等；④ 用于地面波谱测试和获取定位观测数据的各种地面台站网；⑤ 数据处理系统，用于对原始遥感数据进行转换、记录、校正、数据管理和分发；⑥ 分析应用系统，包括对遥感数据按某种应用目的进行处理、分析、判读、制图的一系列设备、技术和方法（图 2.3）。

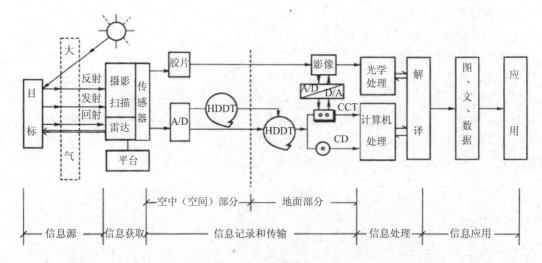

图 2.3　遥感技术系统示意图

5. 遥感技术类型划分

根据工作平台，遥感分为地面遥感、航空遥感（气球、飞机）、航天遥感（人造卫星、飞船、空间站、火箭）。地面遥感，即把传感器设置在地面平台上，如车载、船载、手提、固定或活动高架平台等；航空遥感，即把传感器设置在航空器上，如气球、航模、飞机及其他航空器等；航天遥感，即把传感器设置在航天器上，如人造卫星、宇宙飞船、外太空空间实验室等。

根据工作波段，遥感分为紫外遥感、可见光遥感、红外遥感、微波遥感和多波段遥感。紫外遥感，探测波段在 $0.3 \sim 0.38\ \mu m$ 之间；可见光遥感，探测波段在 $0.38 \sim 0.76\ \mu m$ 之间；红外遥感，探测波段在 $0.76 \sim 14\ \mu m$ 之间；微波遥感，探测波段在 $1\ mm \sim 1\ m$ 之间；多谱段遥感，利用几个不同的谱段同时对同一地物（或地区）进行遥感，从而获得与各谱段相对应的各种信息。将不同谱段的遥感信息加以组合，可以获取更多的有关物体的信息，有利于判别和分析。常用的多谱段遥感器有多谱段相机和多光谱扫描仪。

根据传感器接收电磁波的方式，遥感分为主动遥感（微波雷达）和被动遥感（航空航天、卫星）。主动式遥感，即由传感器主动地向被探测的目标物发射一定波长的电磁波，然后接受并记录从目标物反射回来的电磁波；被动式遥感，是传感器不向被探测的目标物发射电磁波，而是直接接受并记录目标物反射太阳辐射或目标物自身发射的电磁波。

根据记录电磁波的方式，遥感分为成像遥感和非成像遥感。成像方式遥感，即能获取遥感对象图像；非成像方式遥感，不能获取遥感对象图像，如扫描的辐射信号只能得到一些数据（曲线）而不能成像。

按成像方式遥感包括摄影遥感和扫描方式遥感。摄影遥感是以光学摄影进行的遥感；扫描方式遥感以扫描方式获取图像的遥感。

根据应用领域区分：环境遥感、大气遥感、资源遥感、海洋遥感、地质遥感、农业遥感、林业遥感等。遥感的应用领域十分广泛，最主要的应用有军事、地质矿产勘探、石油勘探、自然资源调查、地图测绘、环境保护、林业、农业、自然灾害动态监测、城市规划、铁路交通、沙漠治理、工程建设、气象预报等非常广泛的领域。

6. 遥感技术特征

遥感作为一门对地观测综合性技术，它的出现和发展满足了人们认识和探索自然界的客观需要，有着其他技术手段与之无法比拟的特点。

（1）空间同步性

遥感探测能在较短的时间内，从空中乃至宇宙空间对大范围地区进行观测。这些信息拓展了人们的视觉空间，为宏观地掌握地面事物的现状创造了极为有利的条件，同时也为研究自然现象和规律提供了宝贵的第一手资料。这种先进的技术手段与传统的手工作业相比是不可替代的。遥感航摄飞机飞行高度为 10 km 左右，陆地卫星的轨道高度达 910 km 左右，在很大程度上扩大了数据获取范围。例如，一张陆地卫星图像，其覆盖面积可达 3 万 km^2 以上。这种展示宏观景象的图像，对地球资源和环境的监测和分析极为重要。

（2）时相周期性

遥感获取信息的速度快，周期短。由于卫星围绕地球运转，从而能及时获取所经地区的各种自然现象的最新资料，以便更新原有资料，或根据新旧资料变化进行动态监测，这是人工实地测量和航空摄影测量无法比拟的。例如，陆地卫星每 16 天可覆盖地球一遍，NOAA 气象卫星单颗星每天能收到两次图像。Meteosat 每 30 分钟获得同一地区的图像。

遥感信息能动态反映地面事物的变化，遥感探测能周期性、重复地对同一地区进行观测，这有助于人们通过所获取的遥感数据，发现并动态地跟踪地球上许多事物的变化。同时，研究自然界的变化规律。尤其是在监视天气状况、自然灾害、环境污染甚至军事目标等方面，遥感的运用就显得格外重要。

（3）信息综合性

遥感探测所获取的是同一时段、覆盖大范围地区的遥感数据，这些数据综合地展现了地球上许多自然与人文现象，反映了各种事物的形态与分布，真实地体现了地质、地貌、土壤、植被、水文、人工构筑物等地物的特征，全面揭示了地理事物之间的关联性。并且这些数据在时间上具有相同的现势性。

遥感获取信息的手段多，信息量大。根据不同的任务，可选用不同波段和遥感仪器获取信息。例如可采用可见光探测物体，也可采用紫外线、红外线和微波探测物体。利用不同波段对物体不同的穿透性，还可获取地物内部信息。例如，地面深层、水的下层，冰层下的水体，沙漠下面的地物特性等。微波波段还可以全天候的工作。

（4）技术高效性

遥感获取信息受条件限制少。在地球上有很多地方，自然条件极为恶劣，人类难以到达，如沙漠、沼泽、高山峻岭等。采用不受地面条件限制的遥感技术，特别是航天遥感可方便及时地获取各种宝贵资料。

（5）应用广泛性

目前，遥感技术已广泛应用于农业、林业、地质、海洋、气象、水文、军事、环保等领域。在未来十年中，遥感技术将步入一个快速、及时和准确提供多种对地观测数据的新阶段。遥感图像的空间分辨率、光谱分辨率和时间分辨率都会有极大的提高。其应用领域随着空间技术发展，尤其是地理信息系统和全球定位系统技术的发展及相互渗透，将会越来越广泛。

（6）经济与社会高效益性

遥感技术工作效率高、成本低、一次成像多方受益的特点体现在以下几个方面：

① 遥感技术是基础地理信息重要获取手段。遥感影像是地球表面的"相片"，真实地展现了地球表面物体的形状、大小、颜色等信息。这比传统的地图更容易被大众接受，因此影像地图已经成为重要的地图种类之一。

② 遥感技术是获取地球资源信息的最佳手段。遥感影像上具有丰富的信息，多光谱数据的波谱分辨率越来越高，可以获取红光波段、黄光波段等。高光谱传感器也发展迅速，我国的环境小卫星也搭载了高光谱传感器。从遥感影像上可以获取包括植被信息、土壤墒情、水质参数、地表温度、海水温度、大气参数等丰富的信息。这些地球资源信息能在农业、林业、水利、海洋、环境等领域发挥重要作用。

③ 遥感信息为应急灾害提供第一手资料。遥感技术具有不接触目标情况获取信息的能力。在遭遇灾害的情况下，遥感影像使我们能够随时方便地获取灾害影响范围、程度等信息。在缺乏地图的地区，遥感影像甚至是我们能够获取的唯一信息。5·12 汶川地震中，遥感影像在灾情信息获取、救灾决策和灾后重建中发挥了重要作用。海地地震后就有多家航天机构的 20 余颗卫星参与了灾害评估工作。

7. 遥感技术发展趋势

未来遥感技术发展趋势主要体现以下几个方面：

（1）光谱域扩展。随着热红外成像、机载多极化合成孔径雷达、高分辨力表层穿透雷达和星载合成孔径雷达技术的日益成熟，遥感波谱域从最早的可见光向近红外、短波红外、热红外、微波方向发展，波谱域的扩展将进一步增加对各种物质反射、辐射波谱的特征峰值波长的宽域探测。

（2）时间分辨率提高。大、中、小卫星相互协同，高、中、低轨道相结合，在时间分辨率上从几小时到十几天不等，形成一个不同时间分辨率互补的系列。

（3）空间分辨率提高。随着高空间分辨率新型传感器的发展，遥感图像空间分辨率从 1 km、500 m、250 m、80 m、30 m、20 m、10 m、5 m 发展到 1 m，军事侦察卫星传感器可达到 15 cm 或者更高的分辨率。空间分辨率的提高，有利于分类精度的提高，但也增加了信息提取的工作量。

（4）光谱分辨率提高。高光谱遥感的发展，使得遥感波段宽度从早期的 0.4 μm（黑白摄影）、0.1 μm（多光谱扫描）到 5 nm（成像光谱仪），遥感器波段宽，遥感器波段宽度窄化，针对性更强，可以区别特定地物反射峰值波长的微小差异；同时，成像光谱仪等的应用，提高了地物光谱分辨率，有利于区别各类物质在不同波段的光谱响应特性。

（5）从 2D 到 3D 的测量。机载三维成像仪和干涉合成孔径雷达的发展和应用，将地面目标由二维测量为主发展到三维测量。

（6）高效图像处理技术。各种新型高效遥感图像处理方法和算法将用以解决海量遥感数据的处理、校正、融合和遥感信息可视化。

（7）遥感分析由定性到定量发展。遥感分析技术从"定性"向"定量"转变，定量遥感成为遥感应用发展的热点。

（8）智能化遥感信息提取技术。建立适用于遥感图像自动解译的专家系统，逐步实现遥感图像专题信息提取自动化。

8. 遥感影像的特征

遥感影像具有空间分辨率、时间分辨率、光谱分辨率和辐射分辨率四个特征。

（1）空间分辨率

空间分辨率（Spatial Resolution）又称地面分辨率。后者是针对地面而言，指可以识别的最小地面距离或最小目标物的大小。前者是针对遥感器或图像而言的，指图像上能够详细区分的最小单元的尺寸或大小，或指遥感器区分两个目标的最小角度或线性距离的度量。它们均反映对两个非常靠近的目标物的识别、区分能力。

（2）光谱分辨率

光谱分辨率（Spectral Resolution）指遥感器接受目标辐射时能分辨的最小波长间隔。间隔越小，分辨率越高。所选用的波段数量的多少、各波段的波长位置及波长间隔的大小，这三个因素共同决定光谱分辨率。

光谱分辨率越高，专题研究的针对性越强，对物体的识别精度越高，遥感应用分析的效果也就越好，而多波段的数据分析，可以改善识别和提取信息特征的概率和精度。但是，面对大量多波段信息以及其所提供的这些微小的差异，人们要直接地将它们与地物特征联系起来，综合解译是比较困难的。

（3）辐射分辨率

辐射分辨率（Radiant Resolution）指探测器的灵敏度——遥感器感测元件在接收光谱信号时能分辨的最小辐射度差，或指对两个不同辐射源的辐射量的分辨能力。一般用灰度的分级数表示，即最暗—最亮灰度值（亮度值）间分级的数目——量化级数。它对于目标识别是一个很有意义的元素。

（4）时间分辨率

时间分辨率（Temporal Resolution）是关于遥感影像间隔时间的一项性能指标。遥感探测器按一定的时间周期重复采集数据，这种重复周期，又称回归周期。它是由飞行器的轨道高度、轨道倾角、运行周期、轨道间隔、偏移系数等参数决定。这种重复观测的最小时间间隔称为时间分辨率。

9. 生态环境遥感监测

目前我国开展的生态环境遥感监测主要有以下几个方面。

（1）环境综合监测与评价

1991—2000 年间，中国科学院与西藏自治区气象局合作，完成了西藏"一江两河"中部流域地区环境动态遥感监测工作。在获得比较丰富、全面的航空遥感监测图片与行业调查数据资料的基础上，从土地利用、植被、土壤、水文、气候等方面，研究区域内的生态环境状况，做出了比较科学、客观的分析评价和描述。

"九五"期间，针对土地资源利用的变化与分析的需要，利用 1∶100 万和 1∶25 万 DEM 数据、AVHRR 数据和温度、降水等地面观测数据，构建了生态环境背景数据库，为土地利用数据的应用和综合分析提供了支持。

1998—2003 年，中日信息化合作项目"基于 RS 和 GIS 的环境监测、灾害监测信息系统"的环境监测与评价系统的建设研究，以湖北省为研究区，开展了基于遥感的省级区域环境遥感监测与综合评价工作。2000 年国家环保部门利用资源卫星数据，对我国西部 12 个省（自治区、直辖市）的生态环境现状进行了全面的调查和分析，为我国西部大开发的生态环境战略提供了最新的科学依据。以陆地卫星 TM 和 NOAA 卫星 NDVI 等数据为主要信息源，对影响生态环境质量的相关要素进行定性、定量分析，客观地对中国西部生态环境质量进行综合评价与描述，包括生态功能区域划、评价指标体系、评价标准与指标权重的确定、生态质量综合等部分。

（2）水土流失监测

水土流失是复杂的人文和地理过程，受到诸如降水、下垫面基底岩性、地形坡度、土地覆盖类型及管理方式等众多因素的影响。其调查方法主要有工程实验法、定性遥感法和基于地理信息系统（GIS）的遥感定量法。其中，基于 GIS 的遥感定量法是近年来随着遥感的迅速发展才出现的水土流失调查新方法。

20 世纪 80 年代中期，利用陆地卫星资料进行了土壤侵蚀分区、分类、分级制图，成图比例尺 1∶50 万，并制成 1∶400 万比例尺土壤侵蚀区划图。1999 年开始，水利部和中国科学院合作，利用资源卫星数据完成了全国土壤侵蚀数据库建设，完成了全国水蚀-风蚀交错区遥感调查工作，对于我国的水土流失情况有了全面了解。在实现全国土壤侵蚀动态监测与数据库快速更新能力等方面均有突破与创新，成果内容丰富，科学性、系统性、时效性强，对于我国生态建设与环境保护具有重要科学意义和应用价值，该项成果在宏观尺度和多类型土壤侵蚀综合调查方面达到了国际先进水平。基于此项成果，水利部于 2002 年 1 月 21 日水利部发布了《全国水土流失公告》。

（3）土地退化监测

在林业部门每五年开展的全国荒漠化土地遥感监测、荒漠化监测等工作中，以及相关的流域治理、湿地保护、生物多样性调查等工作中，遥感、GIS 等技术在各研究中均发挥着重要作用。

20 世纪 90 年代，在华北平原地区开展了基于陆地卫星 TM 数据的盐碱土分类研究。在土壤水分、土壤腐殖质含量、土壤氧化铁含量等方面开展了试验研究，利用 TM 的 7 个波段的影像数据对于盐碱土反射率特性的研究，以及植被指数、居民点分布、人口密度等空间化辅助数据指标，实现了盐碱土壤的细分类。

沙漠化严重阻碍了人类生存环境和区域经济可持续发展。位于我国北方农牧交错带的科尔沁沙地，环境脆弱，不合理的土地利用造成了沙漠化，风沙危害日趋严重。利用 TM 数据，分析沙漠化地区地物光谱特征差异，并结合实地调查资料，采用聚类与监督分类结合、图像纹理特征分析与分类、模糊聚类、改进最小距离分类等图像处理与分类方法，调查了我国土地的沙化情况，分类精度可以达到 75.5%～89.5%。

黄河上游地区的共和盆地处于半干旱草原和干旱荒漠草原的过渡带，生态环境极其脆弱，不合理的人类经济活动导致沙漠的强烈发展。在 GIS 技术支持下，利用陆地卫星 TM 遥感数据开展了动态监测。研究表明，在 GIS 技术支持下利用遥感数据开展沙漠化动态监测是定量研究沙漠化灾害的有效途径，实现了沙漠化土地的沙漠化程度分级（包括潜在沙漠化土地、正在发展中的沙漠化土地、强烈发展中的沙漠化土地及严重沙漠化土地等）。

2002 年末启动实施的生态安全相关要素遥感定量反演研究中，土地退化的遥感监测与相关要素遥感定量反演研究是重要组成部分。选择我国西北等土地退化相对显著的区域，从植被覆盖度、植被类型、生物量、土壤表层含水量、土壤盐碱化、土壤类型等方面进行研究，以期形成适用与大区域、相对快速的土地退化遥感监测与过程研究，特别侧重于高时间分辨率遥感技术的应用，从时空两个方面系统、全面了解、研究区域土地退化。

（4）土壤水分熵情监测

遥感技术的发展，使大面积土壤水分实时或准实时动态监测成为可能。特别是随着 GIS 与 RS 一体化的技术日益成熟，用 GIS 支持 RS 信息解译，用 RS 快速更新、补充 GIS 数据库，促进了土壤水分遥感监测精度的提高。

进入 20 世纪 80 年代后，遥感监测土壤水分的研究工作得到了迅速而全面的发展。其手段有地面遥感、航空遥感和卫星遥感；遥感波段有可见光、近红外、中红外、远红外、热红外波段和 L 波段、C 波段、X 波段等微波遥感波段。

1990 年以来，国外在土壤水分遥感监测方面又有了新的发展。在遥感手段上，除了仍有微波遥感的深入探讨外，气象卫星遥感也日益受到重视。基于作物层能量平衡等原理之上，并与遥感热惯量方法、作物缺水指数法相结合，进行土壤水分或干旱监测的研究日益完善。在监测尺度上，从一个特定地区、一个国家到全球范围；在监测方法上，由个例分析到统计应用，都有了模拟模型。

20 世纪 90 年代后，我国在土壤水分遥感监测理论方面的研究得到了深入，土壤含水量遥感模型及其应用研究也有所提高，利用 NOAA/AVHRR 资料进行土壤水分或干旱的宏观监测研究工作有了很大进展。隋洪智等通过简化能量平衡方程，直接使用卫星资料推算出表观热惯量（ATI）的值，根据此数据与土壤水分之间的相关性监测旱灾；田国良等依据土壤水分平衡及能量平衡的原理，结合冬小麦耗水规律，对冬小麦干旱遥感监测模型进行了研究，提出了一套利用 NOAA/AVHRR 遥感资料和实测土壤湿度资料监测冬小麦干旱的方法；陈维英等利用 NOAA 极轨气象卫星距平指数，对 1992 年特大干旱进行了监测应用研究；肖乾广等从土壤的热性质出发，在求解热传导方程的基础上引入了"遥感土壤水分最大信息层"概念，并以此理论建立了多时相的综合土壤湿度统计模型；刘培君等以土壤水分光谱法为基础，提出了"光学植被盖度"的概念，以 TM 数据为桥梁，建立了以 AVHRR1、AVHRR2 通道资料为基础的土壤水分遥感估测模型；陈怀亮通过采用遥感资料估算深层土壤水分、风速和土壤质地，进而研究了单时相遥感估算土壤水分的影响及其应用。

（5）生态环境灾害监测

联合国粮农组织在意大利建立的遥感与 GIS 中心，负责对欧洲和非洲的农作物生产的病虫害防治提供实时的监测。1973 年美国密西西比河严重泛滥灾害，1974 年北亚拉巴马州强龙卷风的受灾区范围和损害，都是利用陆地卫星获取的遥感资料进行评估，这对灾情预报、监测和采取对策减少灾害的破坏程度起了很大的作用。1998 年我国特大洪涝灾害期间，我国利用遥感技术进行了多次灾害过程监测，准确估算了受灾面积和灾害损失。2000 年 4 月西藏易贡滑坡及其次生洪水灾害发生过程中，中巴地球资源卫星 01 星资料发挥了极其重要的作用。我国的森林火灾、旱灾、沙尘暴灾害等，均利用了资源卫星数据开展灾情、发生区域、发展过程、灾害损失、孕灾环境等方面的研究与评价工作。

近年来，水利部门利用遥感技术开展了洪涝灾害的监测评估、水环境调查和生态需水量估算等工作。林业部门利用资源卫星遥感在荒漠化、林火、野生动物与野生植物、环境与湿地资源等监测中发挥了作用，现已建成了以北京卫星林火监测中心、昆明西南分中心和乌鲁木齐西北分中心为骨干的全国气象卫星林火信息监测网络。通过气象卫星图像的定标、定位处理，及时提取林火热点信息，确定林火发生地的环境、地类、林况和资源等内容，编制林火监测图像、林火势态图和报表，为林火扑救指挥提供决策依据，并赢得了宝贵的时间。同时，林业部门还应用 TM、SPOT 等遥感资料对森林病虫害、风灾进行了监测评估，提供数据和图件。

1983 年，水利部就利用陆地卫星的 TM 数据对三江平原挠力河的洪水进行监测，成功地获取了受淹面积和河道变化的信息。1984 年和 1985 年，用极轨气象卫星分别调查了发生在淮河和辽河的洪水。在水利部进行的防洪减灾工作中，利用遥感和地理信息系统技术建设完成的运行体系已得到了多年的实际应用。以气象卫星，星载 SAR 和机载 SAR，直升机以及地面水文、水位观测等，进行多平台监测，在宏观监测、灾情监测和紧急情况监测等方面发挥了重点作用，把从灾害发生时的遥感影像提取的现势水体与基础背景数据库中的水体叠加就可以进行洪涝灾害评估。

从"八五"开始，国家科技攻关项目组织了"我国重大自然灾害遥感监测评估"、"洪水灾害遥感监测评估技术"等研究，解决了洪涝灾害遥感监测评估的一系列关键技术，建设完成了"基于网络的洪涝灾情遥感速报系统"。其核心内容包括遥感图像预处理、洪涝灾情信息提取、灾害损失遥感评估和灾害速报信息发送等四部分，能够实现动态监测、农作物损失评估、防洪工程有效性分析、险工险段调查分析、城市洪灾监测、工业区生命线工程易损性评估、洪水蓄洪分洪必要性分析、防灾减灾监测建议、灾后重建功能分区规划等多项应用，该系统在 1998 年的我国特大洪涝灾害监测与损失评估、救灾减灾等工作中发挥了显著作用。

目前，利用遥感技术进行灾害监测的内容和手段得到了极大的发展。我国地域辽阔，自然地理环境和地质环境复杂，各种灾害频发，防灾、减灾、救灾一直是我国发展中非常重视的内容。除了水灾、火灾等相对成熟的遥感监测、评估外，在雪灾、旱灾、沙尘暴等气候灾害，水质污染、土地退化等资源环境灾害，泥石流、滑坡、地震等地质灾害，生物多样性损失、外部生物入侵、病虫害等生物灾害方面，也开展了一系列的研究。实践证明，卫星遥感在减轻灾害损失方面具有重要作用，特别是紧急救灾和灾后重建方面，卫星提供的灾情信息与其他常规手段相比具有更快速、客观、全面的优点。

（6）矿产资源开发区生态监测

在环境资源日趋增值的当今社会，加强对矿产资源开发生态环境效应监测与评价，一方面可以有利于促进矿区环境保护，同时也可以促使矿产资源开发者综合利用资源，杜绝和减少采富弃贫、单一利用的现象。而随着遥感与 GIS 技术的不断发展，利用遥感与 GIS 技术逐渐成为获取矿区环境数据、动态监测及评价的重要手段。目前，国内外应用遥感技术进行矿区生态环境动态监测的一般过程可以归纳如下：利用 TM、ETM、MSS、NOAA、SPOT、CBERS、SAR 等遥感数据，通过不同波段组合、主成分分析法（K-L 变换）、铁矿指数和归一化差异植被指数（NDVI）等的应用，采用目视解译或者监督分类方法，得到具有较高精度的分类结果图，最后对比分析不同时相分类结果图中的各类地物，定性分析矿区生态环境的动态变化。在这一领域，国内外专家学者做了大量的研究，也取得了丰富的成果。

在国外，早在 1990 年，Legg 利用遥感技术对地表采矿引起的环境问题和矿区土地复垦做了定性评价；Venkataraman 等于 1997 年综合遥感数据和有限的基础数据定性分析了矿区植被、土地利用、地表水、地下水和土质受矿产开发的影响程度；2002 年，Christian 和 Wolfgang 将遥感、地理信息系统和地下水模拟结合起来研究了地下采矿引起的地表变形、地下水变化和地表植被变化三者的关系。

在国内，郭达志等利用遥感技术和其他先进技术相结合的方法对晋城、铜川、开滦等矿区的大气、塌陷进行了调查分析，雷利卿等应用遥感技术对山东肥城矿区的污染植被和水体信息进行了遥感信息提取，探讨了适合矿区环境研究的遥感图像处理方法。陈华丽等利用 TM 数据对湖北大冶矿区进行了生态环境监测。田雨、李成名等利用 ARCVIEW 对兖州矿区的大气和塌陷土地进行了生态环境质量评价及其系统设计。杨忠义、白中科等对平朔安家岭矿生态区破坏阶段的土地利用/覆被变化进行研究。陈旭等利用美国陆地资源卫星提供的ＴＭ遥感信息，采用计算机分类、人机交互式分类和影像目视解译三种方法，分析了鞍山市矿产开发对土地、植被等生态环境的影响。

（7）生态环境保护遥感监测监管

进入 21 世纪以来，随着我国经济的快速增长，各项建设取得巨大成就，经济发展与资源环境的矛盾日趋尖锐，群众对环境污染问题反应强烈。自然环境先天不足、水土流失仍然严重、荒漠化面积呈扩大趋势、水资源紧缺且污染严重、森林覆盖率低且增长缓慢、生物多样性减少等诸多生态环境问题日益凸显，生态环境问题已成为制约经济和社会发展的重大问题。十余年间，我国发生了南方冰雪冻害、四川大地震、西南大旱、玉树地震等一系列重大自然灾害事件，特别是 2010 年，先后发生了西南地区大旱、玉树地震、南方洪涝、吉林松花江洪水、甘肃舟曲特大山洪泥石流等自然灾害，灾害频次达到十年来的高峰。

国家在生态环境保护方面也逐渐加强先后制定和出台了《全国生态环境保护纲要》（国发[2000]38 号）、《国务院关于落实科学发展观加强环境保护的决定》（国发[2005]39 号）、《国家环境保护"十一五"规划》（国发[2007]37 号）、《全国生态保护"十一五"规划》（环发[2006]158 号）、《国家重点生态功能保护区规划纲要》（环发[2007]165 号）、《全国生态功能区划》（环发[2008]35 号）、《全国生态脆弱区保护规划纲要》（环发[2008]92 号）、《全国主体功能区规划》（国发[2010]46 号）等一系列政策法规。十余年间，我国生态环境保护力度不断加大，先后实施了污染物排放总量控制、节能减排、以奖促治、流域综合治理等战略措施，启动了天然林保护工程、退耕还林还草工程、退田还湖工程。截至 2010 年，国家已批准建立 319 个国家级自然保护区、25 个重点生态功能区和 35 个生物多样性优先保护区等。通过生态环境保护，遏制生态环境破坏，减轻自然灾害的危害，促进自然资源的合理、科学利用，实现自然生态系统良性循环；维护国家生态环境安全，确保国民经济和社会的可持续发展。《全国主体功能区规划》旨在统筹谋划未来国土空间开发的战略格局，形成科学的国土空间开发导向。这些政策法规带来了全国生态环境遥感监测的重大转折和机遇，国家与区域尺度生态遥感调查、国家自然保护区、国家重要生态功能区、矿产资源开发区等国家重大生态监测与监管专项应运而生，环保部卫星中心也在这一时代要求下应运成建。

2000 年以来，中国环境监测总站组织全国环境监测部门，以 TM 影像为主，每年开展全国生态环境例行遥感监测工作，立足于国家"天地一体化"生态监管体系建设，形成国家开展宏观生态环境管理、定期开展生态监测评估的制度体系等，提高国家生态环境监管能力。2009 年，环境保护部联合财政部开启了国家重点生态功能区县域生态环境质量考核与绩效管理工作，生态遥感监测技术与数据成为财政转移支付额度评估的重要依据。

2011 年，环境保护部联合中国科学院以遥感调查为主，结合地面调查/核查工作，着眼于系统获取全国生态环境十年动态变化信息，全面掌握十年来全国生态系统分布、格局、质量、生态服务功能等变化特点和演变规律，研究提出新时期我国生态环境保护的对策。在全国尺度，以省域为基本分析单元，从宏观角度分析生态格局、质量、功能等基本现状及其变化；从土地退化、森林破坏和草地退化等方面分析存在的共性问题及其驱动力，提出宏观的生态监管对策建议。在省域尺度上，以县为基本分析单元，在全国分析基础上，重点针对各省的生态环境特点和主要生态问题进行调查和评估。根据《国务院关于加强环境保护重点工作的意见》和《国家环境保护"十二五"规划》要求，环境保护部要会同有关部门出台生态红线划定技术规范，在国家重要（重点）生态功能区、陆地和海洋生态环境敏感区、脆弱区等区域划定生态红线，并会同国家发展改革委、财政部等制定生态红线管制要求和环境经济政策，以促进当地政府保护生态环境，保障国家生态安全。生态遥感监测全时相的覆盖与动态把握成为生态红线制定的重要基础工作与支撑平台。

在当今新形势下，生态环境遥感监测发展方向是加强对地观测技术在国土空间监测管理中的运用，构建航天遥感、航空遥感和地面调查相结合的一体化对地观测体系，全面提升对国土空间数据的获取能力；以及在对国土空间进行全覆盖监测的基础上，重点对国家层面优化开发、重点开发、限制开发和禁止开发区域进行动态监测。

10. 生态环境遥感监测指标和分类系统

土地利用/覆被、植被覆盖、森林资源、草地资源、水土流失、土地退化等是比较常用的生态环境评价指标，在这些指标中，最直观最易判读且最能全面反映区域生态环境状况和成因的指标是土地利用/覆被，而且由土地利用/覆被指标中可得到许多其他的指标，因此生态环境遥感监测的首选指标是土地利用/覆被状况。

目前，国内土地利用/覆被的分类系统主要有两大类（表2.1），一是国土资源部门使用的土地分类系统。二是中国科学院进行全国土地利用遥感监测时使用的土地利用分类系统。国土资源部门使用的分类系统是以土地利用为主，适合土地调查，有些类型不适合遥感监测，中国科学院的土地利用分类系统中个别类别划分不合适。

表2.1 土地部门和中国科学院使用的土地利用分类体系

一级类	国土资源部分类二级类	科学院分类二级类
1 耕地	11 灌溉水田；12 望天田；13 水浇地；14 旱地；15 菜地	11 水田；12 旱地
2 园地	21 果园；22 桑园；23 茶园；24 橡胶园；25 其他园地	24 其他林地
3 林地	31 有林地；32 灌木林地；33 疏林地；34 未成林造林地	21 有林地；22 灌木林地；23 疏林地；24 其他林地
4 牧草地	41 天然草地；42 改良草地；43 人工草地	31 高覆盖草地；32 中覆盖草地；33 低覆盖草地
5 居民点及工矿用地	51 城镇；52 农村居民点；53 独立工矿；54 盐田；55 特殊用地	51 城镇用地；52 农村居民点；53 其他建设用地
6 交通用地	61 铁路；62 公路；63 农村道路；64 民用机场；65 港口和码头	53 其他建设用地
7 水域	71 河流水面；72 湖泊水面；73 水库水面；74 坑塘水面；75 苇地；76 滩涂；77 沟渠；78 水工建筑物；79 冰川及永久积雪	41 河渠；42 湖泊；43 水库坑塘；44 永久冰川雪地；45 滩涂；46 滩地
8 未利用地	81 荒草地；82 盐碱地；83 沼泽；84 沙地；85 裸土地；86 裸岩砾石地；87 田坎；88 其他	61 沙地；62 戈壁；63 盐碱地；64 沼泽地；65 裸土地；66 裸岩砾石地；67 其他

二、生态环境遥感监测流程

1. 遥感监测的基本流程

通常，生态环境遥感监测工作流程如下。

（1）遥感数据源筛选

根据研究目标、研究内容以及研究区域有针对性地选择合适的数据源，主要是选择卫星或传感器。多数情况下，选择还需要考虑经济因素。在生态环境研究中，目前可采用的光学传感器数据源较多，如 Landsat 的 TM 和 ETM+、SPOT、NOAA 的 AVHRR、Terra 的 MODIS、CBERS、环境卫星星座、ALOS、THEOS、HJ-1A、HJ-1B 等。

为了避免天气的不利影响，有些监测工作，如灾害监测等，通常需要应用雷达卫星的数据，目前常用的雷达卫星主要有 RADARSAT 等，对于空间精度要求很高的研究工作，如数字城市建设、大比例尺资源环境调查、考古等专项遥感监测等，还需要在空间分辨率方面提出严格要求，通常选择米级的遥感数据作为主要信息源，目前可以选择的米级数据包括 SPOT5、IRS、IKONOS、QuickBird、资源三号、GF-1 等。

（2）遥感数据时相选择

研究对象要求不同时间获取遥感数据，具体包括 2 个方面：在生态环境现状研究中，针对内容需要更清晰、全面反映地物信息的遥感数据，土地利用/覆盖研究一般以监测地表植被信息为主，因而多选择植被生长旺期获取的遥感数据。为了监测分析植被长势，以及区别特定植被类型，还会要求相邻时相的遥感数据。大区域作业要求相邻景之间具有最接近的时相。

生态环境动态监测与研究时，需要不同年度、相似季相的遥感数据进行对比分析；年内变化则选择不同季相的传感器遥感信息。

（3）几何纠正

几何纠正，是对遥感影像进行系统几何变形和非系统几何形变进行纠正，对于一般生态监测技术人员来说，只需进行非系统几何形变就可以了，即借助地物控制点，对影像进行地理坐标的校正和形变纠正。

（4）专题信息获取

遥感数据到专题信息的转化是遥感技术应用的必要过程。该过程主要可以归纳为人机交互和计算机辅助分类与提取及其混合应用，其中人机交互式的解译分类是可靠的方法。

（5）专题信息处理与集成

信息由获取到应用，需要进行必要的数据处理与集成才能实现，一般包括图形的输入输出、图形编辑、图形处理、面积平差和分类汇总等过程。

2. 全国生态环境监测与评价主要流程

全国生态环境监测与评价技术流程（图 2.4）包括卫星影像准备、影像几何纠正、影像解译、矢量数据处理、野外检核和分析编写报告 5 个阶段。

3. 生态环境监测地图投影与地理坐标系统

（1）地图投影

地图投影是利用一定数学方法则把地球表面的经、纬线转换到平面上的理论和方法。在地图学中，地图投影是指建立地表曲面和投影平面两个点集间的一一对应关系，即研究如何将地球曲面表示到地图平面上的方法和过程。地图投影的使用保证了空间信息从地理坐标变换为平面坐标后能够保持在地域上的联系和完整性。

（2）地图投影类型

地图投影的构成方法和地图投影变形性质是地图投影分类的两大标准，其中按照投影构成方法可将地图投影分为方位投影、圆锥投影、圆柱投影、伪圆锥投影、伪圆柱投影、伪方位投影、多圆锥投影等七种[图 2.5（A～G）]；按照投影变形性质地图投影分为等角投影、等积投影和任意投影三种。

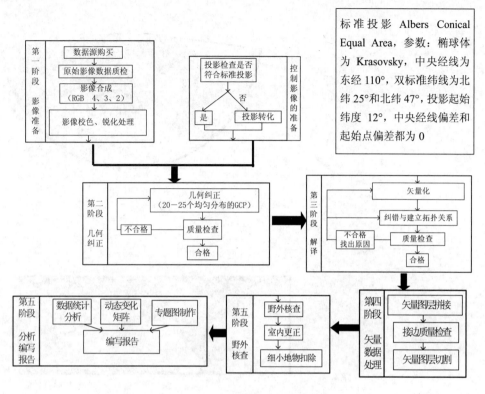

图2.4　生态环境遥感监测流程

A.圆锥投影：纬线投影为同心圆弧，经线投影为同心圆的直径，两经线间的夹角与相应经差成正比。

B.圆柱投影：纬线投影为平行直线，经线投影为与纬线垂直而且间距相等的平行直线，两经线间的距离与相应经差成正比。

C.方位投影：纬线投影为同心圆，经线投影为同心圆的直径，两经线间的夹角与相应经差成正比。在方位投影中，又可分为透视方位投影和非透视方位投影。

D.伪圆锥投影：纬线投影为同心圆弧，经线投影为对称与中央经线的曲线。

E.伪圆柱投影：纬线投影为平行直线，经线除中央经线投影为直线外，其余经线投影为对称与中央经线的曲线。

F.伪方位投影：纬线投影为同心圆，经线投影为交于纬线共同中心并对称于中央直经线的曲线。

G.多圆锥投影：纬线投影为同轴圆弧，其圆心位于投影成直线的中央经线上，其余经线投影为对称于中央经线的曲线。

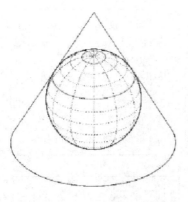

A 圆锥投影

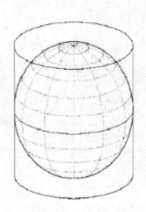
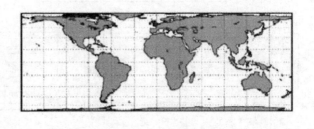

B 圆柱投影

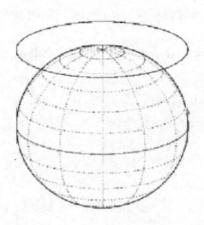
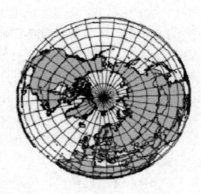

C 方位投影

$\phi_L=40°$

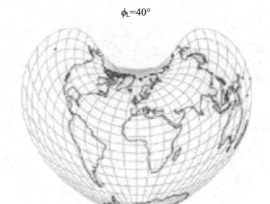

D　伪圆锥投影

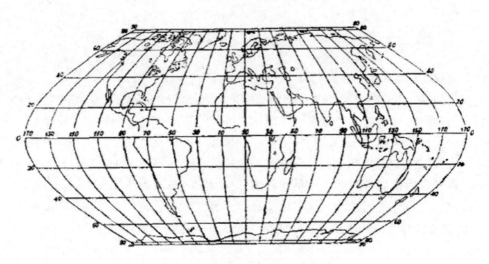

E　伪圆柱投影

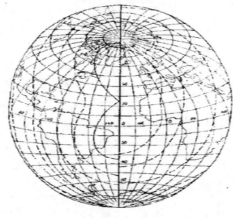

F　伪方位投影

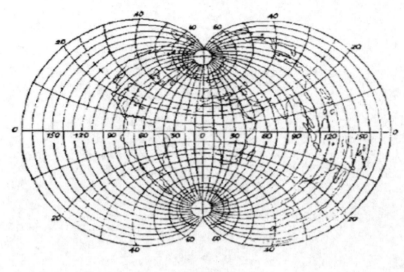

G 多圆锥投影

图2.5   地图投影类型

（3）地理坐标系统

地理坐标系，也称为真实世界的坐标系，是指用经纬度表示地面点位的球面坐标系。一个特定的地理坐标系由一个特定的椭球体和一种特定的地图投影构成（图2.6）。在大地测量学中，地理坐标系统中的经纬度有三种描述：即天文经纬度、大地经纬度和地心经纬度。① 天文经纬度。天文经纬度在地球上的定义为本初子午面与过观测点的子午面所夹得二面角，即指以地面某点铅垂线和地球自转轴为基准的经纬度；② 大地经纬线。即大地经度与大地纬度的合称，其以地球椭球面和法线为依据，在大地测量中得到广泛采用；③ 地心经纬度。是指参考椭球体面上的任意一点和椭球体中心连线与赤道面之间的夹角。

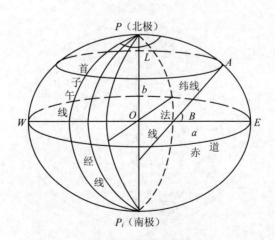

图2.6   地理坐标系统

（4）我国常用的三大坐标系

① 北京 54 坐标系。北京 54 坐标系由前苏联 1942 年普尔科沃坐标系演变而来的，坐标原点在前苏联的普尔科沃。该坐标系是一种参心大地坐标系，采用克拉索夫斯基（Krasovski）椭球参数，即长半轴：$a = 6\,378\,245$ m，扁率：$f = 1 : 298.3$，短半轴：$b = 6\,356\,863.018\,77$ m。

② 西安 80 坐标系。由于北京 54 坐标系只是普尔科沃坐标系的延伸，存在着许多的缺点和问题，因此 1980 年 4 月在西安召开的《全国天文大地网平差会议》上，讨论确定重新定位，建立我国新的坐标系，由此便产生了 1980 国家大地坐标系。1980 年国家大地坐标系采用地球椭球基本参数为 1975 年国际大地测量与地球物理联合会第十六届大会推荐的数据，即 IAG75 地球椭球体。该坐标系的大地原点设在我国中部的陕西省泾阳县永乐镇，位于西安市西北方向约 60 km，故称西安 80 坐标系，又简称西安大地原点。基准面采用青岛大港验潮站 1952—1979 年确定的黄海平均海水面（即 1985 国家高程基准）。西安 80 坐标系的三参数取值分别为：长半轴：$a = 6\,378\,140$ m，扁率：$f = 1 : 298.257\,221\,01$，短半轴：$b = 6\,356\,755$ m。

③ WGS-84 坐标系。WGS-84 坐标系（World Geodetic System）是一种国际上采用的地心坐标系。坐标原点为地球质心，其地心空间直角坐标系的 Z 轴指向国际时间局（BIH）1984.0 定义的协议极地（CTP）方向，X 轴指向 BIH1984.0 的协议子午面和 CTP 赤道的交点，Y 轴与 Z 轴、X 轴垂直构成右手坐标系，称为 1984 年世界大地坐标系。这是一个国际协议地球参考系统（ITRS），是目前国际上统一采用的大地坐标系。WGS-84 坐标系的三参数取值分别为：长半轴：$a = 6\,378\,137$ m，扁率：$f = 1 : 298.257\,223\,563$，短半轴：$b = 6\,356\,752.314$ m。

第二节 遥感影像选择

一、影像选择原则

1. 时相原则

我国生态监测时相一般北方地区选择生长季，即 5—9 月，南方地区由于生长季植被特别茂密，难以区分，以 11 月—次年 3 月影像为主。以 Landsat TM 影像的选择为例，按照 row 号分：row 号在（21～32），时相为 6—9 月；row 号在（33～40），时相要求在例年 5—10 月；row 号在（40～47），时相要求 10 月—次年 1 月；特殊地区青藏高原时相要求 6—9 月份。采用其他卫星数据时，其时相与相应 Landsat TM 保持一致。

如果条件允许的话，可以根据地物生长的季相特征，配合选择不同季相的影像对地物进行更准确的识别，例如利用水田和旱地播种和收获的时间不同，选择相应时相的影像进行区分。再如可以根据落叶林和常绿林的特征，选择冬季和夏季时的影像结合，可以很好地区分落叶林和常绿林。

2. 云量控制原则

单景影像平均云量小于 10%，但受人为干扰影响比较小的不易发生变化的区域，可适当放宽到 20%；同时受人为干扰影像比较大易发生变化的区域要求尽量没有云覆盖。

3. 经济原则

在满足生态环境遥感变化监测精度要求的情况下，尽量选择成本最低且影像质量较高的遥感数据。

二、生态遥感监测常用卫星

1. GeoEye-1

GeoEye-1 隶属美国 GeoEye 公司，于 2008 年 9 月 6 日发射，有全色和多光谱两类传感器，其在美国境内的分辨率可达 0.4 m。GeoEye-1 卫星参数见表 2.2。

表 2.2　GeoEye-1 卫星基本信息

项目	参数
发射时间	2008 年 9 月 6 日
轨道形式	太阳同步卫星
轨道高度	684 km
轨道倾角	98°
飞行周期	98 min（绕地球一周）
运行速度	7.5 km/s
赤道通过时间	上午 10:30
航带拍摄宽度	15.2 km
重访频率	2.8 d
空间分辨率	全色影像：0.41 m
	多光谱影像：1.65 m
辐射分辨率	11 bits/pixel
覆盖范围	按需
波段数	4
波长范围/μm	蓝：0.45～0.51
	绿：0.51～0.58
	红：0.655～0.690
	近红外：0.78～0.92

2. IKONOS

IKONOS 卫星是美国 GeoEye 公司所发展的商用高分辨率光学卫星，于 1999 年 9 月 24 日发射，其影像信息可达军用规格。IKONOS 卫星参数见表 2.3。

表 2.3　IKONOS 卫星基本信息

项目	参数
发射时间	1999 年 9 月 24 日
轨道形式	太阳同步卫星
轨道高度	681 km
轨道倾角	98.1°
飞行周期	98 min（绕地球一周）
运行速度	7 km/s
赤道通过时间	10:30
卫星扫描宽度	11 km
重访频率	1 m 分辨率：2.9 d 1.5 m 分辨率：1.6 d
空间分辨率	全色：1 m 多光谱：4 m
辐射分辨率	11 bits/pixel
覆盖范围	按需
波段数	4
波长范围/μm	蓝：0.45～0.53 绿：0.52～0.61 红：0.64～0.72 近红外：0.77～0.88

3. QuickBird

QuickBird 捷鸟卫星为美国 DigitalGlobe 公司所拥有的商用高分辨率光学卫星，于 2001 年 10 月 18 日在美国 Vandenberg 空军基地发射，是全球首颗提供 1 m 以下分辨的商用光学卫星。QuickBird 捷鸟卫星的卫星影像包括全色态影像（Panchromatic）、多光谱影像（Multi-Spectral）和彩色合成影像（Pan-sharpened），最高分辨率达 0.61 m。QuickBird 卫星参数见表 2.4。

表 2.4　QuickBird 卫星基本信息表

项目	参数
发射时间	2001 年 10 月 18 日
轨道形式	太阳同步卫星
轨道高度	450 km
轨道倾角	98°
飞行周期	98 min（绕地球一周）
运行速度	7.5 km/s
赤道通过时间	10:30

项目	参数
航带拍摄宽度	15.2 km
重访频率	1～6 d
空间分辨率	全色影像：0.61 m
辐射分辨率	多光谱影像：2.44 m
	11 bits/pixel
覆盖范围	按需
波段数	5
波长范围/μm	全光谱波段：0.53～0.93
	蓝：0.45～0.52
	绿：0.51～0.60
	红：0.64～0.70
	近红外：0.76～0.86

4. FORMOSAT-2

FORMOSAT-2，即福尔摩沙卫星二号，是台湾首颗自主卫星，于 2004 年 5 月 21 日在美国西南边 Vandenberg 发射，其每日可以对同一地区进行拍摄，具有极区观测能量，提供环境监控、国土规划、土地管理及实时灾害的紧急救灾等多个领域进行应用。FORMOSAT-2卫星基本信息见表 2.5。

表 2.5　FORMOSAT-2 卫星基本信息表

项目	参数
发射时间	2004 年 5 月 21 日
轨道形式	太阳同步卫星
轨道高度	891 km
重量	760 kg 左右
航带拍摄宽度	24 km
拍摄能力	8 min/轨道
空间分辨率	全色：2 m
	多光谱：8 m
波段数	5
波长范围/μm	全光谱段：0.52～0.82
	蓝：0.45～0.52
	绿：0.52～0.60
	红：0.63～0.69
	近红外：0.76～0.90

5. OrbView-2

OrbView-2 由美国 GeoEye 公司于 1997 年 8 月发射，主要用于收集全球土地和海洋表面的多光谱影像，其单幅影像面积可覆盖地表 1 500×2 800 km² 面积的范围，且提供 8 个波段的影像信息，可持续的使用在研究全球的碳平衡和全球性暖化方面，数据也可广泛用于农业、海军操作、环境监测以及科学研究等领域。OrbView-2 卫星基本信息见表 2.6。

表 2.6　OrbView-2 卫星基本信息表

项目	参数
发射时间	1997 年 8 月
轨道形式	太阳同步卫星
轨道高度	705 km
重访频率	每日
赤道通过时间	12:20
航带拍摄宽度	2 800 km
空间分辨率	1.13 km
波段数	8
波长范围/nm	402～422
	433～453
	480～500
	500～520
	660～680
	745～785
	845～885

6. ASTER

ASTER 于 1999 年 12 月发射，它是 Terra 卫星上唯一可以获取高分辨率影像的多波段传感器，可以进行立体观测拍摄，可以获取地球表面温度、辐射性、反射性和高度起伏的形貌等信息，还可以制作数值地形模型数据。ASTER 影像包括 14 个波段信息，像幅宽度为 60 km×60 km。ASTER 波普范围见表 2.7。

表 2.7　ASTER 波普范围

影像类别	波段	波谱值/μm	空间分辨率/m
可见光近红外光	1	0.52～0.60	15
	2	0.63～0.69	15
	3N	0.76～0.86	15
	3B	0.76～0.86	15

影像类别	波段	波谱值/μm	空间分辨率/m
短波红外光	4	1.60～1.70	30
	5	2.145～2.185	30
	6	2.185～2.225	30
	7	2.235～2.285	30
	8	2.239 5～2.365	30
	9	2.360～2.430	30
热红外光	10	8.125～8.475	90
	11	8.475～8.825	90
	12	8.925～9.275	90
	13	10.25～10.95	90
	14	10.95～11.65	90

7. IRS 系列

Cartosat-1 号卫星，又名 IRS-P5，是印度政府于 2005 年 5 月 5 日发射的遥感制图卫星，它搭载有两个分辨率为 2.5 m 的全色传感器，连续推扫，形成同轨立体像对，数据主要用于地形图制图、高程建模、地籍制图以及资源调查等。Cartosat-1 卫星参数见表 2.8。

表 2.8 Cartosat-1 卫星基本信息表

项目	参数
发射时间	2005 年 5 月 5 日
轨道形式	太阳同步卫星
轨道高度	618 km
轨道倾角	97.87°
飞行周期	97 min（绕地球一周）
赤道通过时间	10:30
像幅宽度	前视：29.42 km
	后视：26.24 km
重访频率	约 5 d
空间分辨率	2.54 m
覆盖范围	全球

8. CBERS-1

CBERS-1 中巴资源卫星，由中国与巴西合作研制，并于 1999 年 10 月 14 日发射，是我国的第一颗数字传输型资源卫星，星上搭载有 CCD 传感器、IRMSS 红外扫描仪和广角成像仪，能够提供从 20 m 到 256 m 分辨率的 11 个波段不同幅宽的遥感数据。CBERS-1 卫星参数见表 2.9。

表 2.9　CBERS-1 卫星基本信息表

项目		参数
发射时间		1999 年 10 月 14 日
轨道形式		太阳同步卫星
轨道高度		778 km
轨道倾角		98.5°
赤道通过时间		10:30
像幅宽度		185 km
重访频率		26 d
空间分辨率		B1～B5：19.5 m
		B6～B8：77.8 m
		B9：156 m
		B10～B11：256 m
波段数		11
波长范围	CCD 相机/μm	B1：0.45～0.52
		B2：0.52～0.59
		B3：0.63～0.69
		B4：0.77～0.89
		B5：0.51～0.73
	红外光谱扫描仪/μm	B6：0.50～1.10
		B7：1.55～1.75
		B8：2.08～2.35
		B9：10.4～12.5
	广角成像仪/μm	B10：0.63～0.69
		B11：0.77～0.89
覆盖范围		全球

9. SPOT 系列卫星

SPOT 卫星是法国空间研究中心（CNES）研制的一种地球观测卫星系列，从 1986 年发射以来，先后共有 5 颗卫星，已经接收、存档超过 7 百万幅全球卫星数据，提供了准确、丰富、可靠的地理信息源。SPOT 系列卫星上有两套 HRV（High Resolution Visible）传感器，具多内光谱态以及全色态两种能力。SPOT 卫星参数见表 2.10。

表 2.10　SPOT 卫星基本信息表

项目		参数			
卫星名称	SPOT-1	SPOT-2	SPOT-3	SPOT-4	SPOT-5
世代	第一代卫星			第二代卫星	
停用时间	1993 年	仍在运行	1997 年	仍在运行	仍在运行
轨道形式	太阳同步				
轨道高度	平均 832 km				
倾角	93.7°	98.7°			
速度	7.4 kps				
飞行周期	101.4 min（绕地球一周）				
赤道通过时间	10:30				
重访周期	26 d				
观察仪器	CCD s	CCD	CCD	HRVIR	HRG、HRS
遥感波段	1 个全色波段，3 个多光谱波段			1 个全色波段；3 个多光谱波段；1 个短波红外波段	1 个全色波段；3 个多光谱波段；1 个短波红外波段
波谱范围/μm	P：0.50~0.73 B1：0.50~0.59 B2：0.61~0.68 B3：0.78~0.89			M：0.61~0.68 B1：0.50~0.59 B2：0.61~0.68 B3：0.78~0.89 B4：1.58~1.75	P：0.50~0.73 B1：0.50~0.59 B2：0.61~0.68 B3：0.78~0.89
分辨率 全色波段/m	10	10	10	10	2.5、5
分辨率 多光谱/m	20	20	20	10、20	10、20

10. LandSat 系列卫星

是美国 NASA 实施的陆地卫星观测计划，1972 年以来已发射了 8 颗卫生，第一代为试验型地球资源卫星（Landsat 1、Landsat 2、Landsat 3），这三颗卫星上装有返速光导摄像机和光谱扫描仪 MSS，波段个数分别有 3 个和 4 个，空间分辨率为 80 m。20 世纪 80 年代，第二代试验型陆地资源卫星（Landsat 4、Landsat 5）发射成功，卫星上添加了 TM 专题绘图仪，空间分辨率提高为 30 m（除第六波段 120 m 分辨率外）。90 年代，美国又分别发射了第三代陆地资源卫星（Landsat 6，Landsat 7），Landsat 7 添加了增强型专题绘图仪 ETM+，添加了一个 15 m 分辨率的全色波段，2013 年 2 月 11 日，第八颗 LandSat 卫星在加州范登堡空军基地发射，该卫星携带了 OLI（运营性陆地成像仪）和 TIRS（热红外传感器）。OLI 传感器有 9 个波段，与 ETM+相比增加了 2 个波段，TIRS 有两个热红外波段，分辨率为 120 m。LandSat 卫星参数见表 2.11 和表 2.12。

表 2.11 LandSat 卫星基本信息表

项目	参数							
	Landsat1	Landsat2	Landsat3	Landsat4	Landsat5	Landsat6	Landsat7	Landsat8
发射时间	1972.7.23	1975.1.22	1978.3.5	1982.7.16	1984.3.1	1993.10.5	1999.4.15	2013.2.11
轨道高度	920 km	920 km	920 km	705 km	705 km	发射失败	705 km	705 km
倾角	99.125°	99.125°	99.12°	98.22°	98.22°	98.22°	98.2°	98.2°
赤道通过时间	8:50am	9:03am	6:31am	9:45am	9:30am	10:00am	10:00am	10:00am
重访周期/d	18	18	18	16	16	16	16	16
扫幅宽度/km	185	185	185	185	185	185	185×170	185×170
波段数	3	4	4	7	7	8	8	9
传感器	MSS	MSS	MSS	MSS、TM	MSS、TM	ETM+	ETM+	OLI 和 TIRS

表 2.12 LandSat 卫星影像波谱信息表

传感器类型	波长范围/μm	分辨率/m
MSS	B1：0.5～0.6	78
	B2：0.6～0.7	78
	B3：0.7～0.8	78
	B4：0.8～1.1	78
TM	B1：0.45～0.53	30
	B2：0.52～0.60	30
	B3：0.63～0.69	30
	B4：0.76～0.90	30
	B5：1.55～1.75	30
	B6：10.40～12.50	>120
ETM+	B1：0.45～0.515	30
	B2：0.525～0.605	30
	B3：0.63～0.690	30
	B4：0.75～0.90	30
	B5：1.55～1.75	30
	B6：10.40～12.50	60
	B7：2.09～2.35	30
	B8：0.52～0.90	15
OLI	B1：0.43～0.45	30
	B2：0.45～0.51	30
	B3：0.53～0.59	30
	B4：0.64～0.67	30
	B5：0.85～0.88	30
	B6：1.57～1.65	30
	B7：2.11～2.29	30
	B8：0.50～0.68	15
	B9：0.50～0.68	30
TIRS	B10：10.60～11.19	100
	B11：11.50～12.51	100

三、影像选择

生态环境监测的空间尺度不同，需要采用空间分辨率不同的遥感影像。例如：全球性的酸雨、二氧化碳温室效应、海面升降等，主要利用静止气象卫星图像；江河流域范围的水土流失、沙化和绿化、灾情、林火等，可兼用气象卫星和陆地卫星图像；局部地区的，诸如保护区、工厂污染、海湾赤潮、地震灾情等，可兼用卫星与航空遥感图像。

在利用遥感进行生态环境监测方面，遥感数据源的选择并不是单一的，而是就其实用、经济、精度等方面综合考虑后进行选择。可以是一种遥感数据源，也可是两种或者两种以上数据源的结合使用。在进行全球或是全国生态环境监测时，从经济角度考虑，MODIS数据足够满足监测需要，而在进行流域或是局部地区监测时，低分辨率的遥感影像很难满足工作需要，这时就需要高分辨率的遥感图像，像 TM/ETM+遥感数据，甚至局部要选用SPOT、IKONOS 或是 QuickBird 等。

1. 遥感数据类型选择

根据研究内容和目的有针对性地选择合适的信息源，主要是对卫星或传感器的选择。多数情况下，还需要考虑经济因素。

在一般的资源环境研究中，以采用光学系统为主的传感器采集的遥感信息较多，如Landsat 的 TM 和 ETM+、SPOT、NOVAA 的 AVHRR、Terra 的 MODIS、HJ 星、CBERS的 CCD 等。

为了避免天气的不利影响，有些研究工作，如灾害监测等，需要应用雷达卫星的数据，目前常用的数据主要有 Envisat、RADARSAT 等。

对于空间精度要求很高的研究工作，如数字城市建设、大比例尺资源环境调查、考古等专题遥感监测等，需要较高的空间分辨率，通常选择米级或厘米级的遥感数据作为主要信息源，目前可以选择的米级数据包括 SOPT5、IRS、IKONOS、QuickBird 等。

针对全国生态环境遥感监测要求，不同尺度的遥感数据收集可以参考如下说明。

低分辨率卫星影像收集：以 MODIS 为主，覆盖全国全年数据。数据类型主要为 250 m分辨率的 16 天合成的 NDVI 数据（MOD13Q1）。

中分辨率卫星影像收集：中分辨率遥感卫星数据，范围为覆盖全国。目前常用的有Landsat TM/ETM 数据、HJ-1 卫星 CCD 数据、CB-02B 和 CB-02C、资源三号，数据有缺失的地区以同等分辨率同一时相的数据作为补充。

中高分辨率卫星影像收集：中高分辨率数据，以 SPOT 52.5 m 全色和 10 m 多光谱数据为主，辅助以 ALOS、RapidEye、福卫-2、CBERS-02B-HR 等数据。范围为覆盖国家级自然保护区和部分重要生态功能区，约 500 万 km^2。

高分辨率卫星影像收集：以 QuickBird、IKONOS 数据为主，辅助以 GeoEye-1、WorldView-1、WorldView-2 等数据。按需要订购，范围为覆盖重要点位。

雷达数据收集：以 EnviSat-ASAR、ERS-1/2 数据为主，辅助以 RadarSat-1、RadarSat-2、JERS 等数据。范围为覆盖全国。

遥感数据需求如表 2.13 所示。

表 2.13　当前遥感数据源参数比较

分辨率类型及其卫星	时相（年/月）	覆盖范围（行政区划/经纬度/矢量）	面积统计（景数/km²）	产品类型	产品级别	建议数据
低分辨率数据（≤250 m）TERRA/AQUA（MODIS）	每16天合成数据	全国		多光谱（250 m/500 m/1 km）NDVI/EVI/NPP/LAIA13 植被指数 8天合成反射率产品	辐射校正几何校正	
中分辨率数据（10～30 m）HJ-1、Landsat TM/ETM、CBERS、IRS-P6、ASTER	每年4—10月	全国	Landsat 全国约550景 HJ-1 全国约200景	30 m 多光谱	正射校正	2000年、2005年采用 Landsat 数据 2010年采用 HJ-1 数据
中高分辨率数据（1 m～10 m）SPOT-4、SPOT-5、ALOS、RapidEye、IRS-P5（全色）、IRS-P6、福卫-2、Kompsat-2、EROS-B（全色）、ZY-1 02C、ZY-3，GF-1	每年4—10月	全国经纬度交叉点	全国960幅，约9.6万 km²	2.5 m 全色 10 m 多光谱	正射校正	SPOT-5 ALOS
	每年4—10月	七大流域	约436.57万 km²			
		城市建成区	约9 000 km²			
	每年8月	各省重要矿区 各省重要生态功能区	按需			
	每年8月	319个国家级自然保护区	92.67万 km²			
高分辨率数据 IKONOS、QuickBird、GeoEye-1、OrbView-3、WorldView-1、WorldView-2、EROS-B	按需	按需	按需	按需	按需	按需
雷达数据 EnviSat-ASAR、ERS-1/2、RadarSat-1、RadarSat-2、JERS	每年5—8月	全国	960万 km²	30 m HH/VV/HV 多极化数据	Level 1B 产品	数据延续性比较好分辨率较高
其他（航片等）	按需	按需	按需	按需	按需	按需

2. 遥感数据时相选择

不同研究对象要求不同时间获取遥感数据，具体包括以下两个方面。

（1）在资源环境现状研究中，针对内容需要更清晰、全面反映研究对象的遥感数据，土地利用和土地覆盖研究一般更多地要了解地表植被的信息，因而多选择植被生长旺期的遥感数据。为了了解植被的变化，以及在某些区域和植被类型间提高分类精度，还会要求相邻时相的遥感数据。大区域作业要求相邻景之间具有最接近的时相。

（2）资源环境动态变化的遥感监测与研究，年际变化通常需要不同年度、相近似的季相的遥感数据进行对比分析；年内变化则选择不同季节的时间序列的同种遥感信息。

第三节　影像几何纠正

一、原始影像导入

原始影像一般都有固定的存储格式，常用的有 BSQ、BIL 和 BIP，因此许多遥感软件都有固定的模块对影像进行导入。

1. TM 原始影像导入

（1）单波段二进制影像数据输入

在 ERDAS 图标面板工具条中，点击打开"Import/Export"对话框，如图 2.7 所示。并做如下的选择：

- 选择数据输入操作：Import。
- 选择数据输入类型（Type）为普通二进制（Generic Binary），媒介类型（Media）为文件（File）。
- 确定输入文件路径及文件名（Input File）：Band1.dat。
- 确定输出文件路径及文件名（Output File）：Band1.img。
- OK
- 打开"Import Generic Binary Data"对话框。

在"Import Generic Binary Data"对话框中定义下列参数：

- 数据格式（Data Format）：BSQ
- 数据类型（Data Type）：Unsigned 8 Bit
- 数据文件行数（Row）：5 728（一般在影像头文件信息中查找得出）
- 数据文件列数（Cols）：6 920（一般在影像头文件信息中查找得出）
- 文件波段数量（Bands）：1
- 保存参数设置（Save Option）：*.gen
- OK 退出 Save Option File。
- OK 执行输入操作。

其间出现进程状态条，待进程状态条结束后，点 OK 完成数据输入。

重复上述过程，可依此将多波段数据全部输入，转换为 IMG 文件。

（2）多波段数据影像数据输入

在 ERDAS 图标面板工具条中，点击打开输入输出对话框，如图 2.7 示。并做如下的选择：

- 选择数据输入操作：Import。

- 选择数据输入类型（Type）为 TM Landsat EOSAT Fast Format；媒介类型（Media）为文件 File。
- 确定输入文件路径及文件名（Input File）：Band1.dat。
- 确定输出文件路径及文件名（Output File）：传感器名称+轨道号（6 位）+日期（8 位）.img。
- OK，将多波段数据全部输入、多波段合成、转换为*.img 文件。

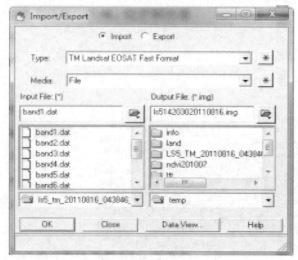

图 2.7　ERDAS 数据导入模块

2. TIFF 格式原始影像导入

为了影像处理与分析，需要将单波段 TIFF 文件组合为一个多波段影像文件。

第一步：在 ERDAS 图标面板工具条中，点击 Interpreter/Utilities/Layer Stack-Layer Selection and Stacking 的对话框。

第二步：在 Layer Selection and Stacking 对话框中，依此选择并加载（Add）单波段 TIFF 影像：

- 输入单波段影像文件（Input File：*.TIFF）：band1.TIFF—Add
- 输入单波段影像文件（Input File：*.TIFF）：band2.TIFF—Add
- ……
- 输入组合多波段影像文件（Output File：*.img）：传感器名称+轨道号（6 位）+日期（8 位）.img
- 点击 OK 执行并完成波段组合。

二、影像校色和锐化

1. 影像校色

影像校色即遥感影像灰度增强，是一种点处理方法，主要为突出像元之间的反差（或称对比度），所以也称"反差增强"、"反差扩展"或"灰度拉伸"等。

目前，几乎所有遥感影像都没有利用遥感器的全部敏感范围，各种地物目标影像的灰度值往往局限在一个比较狭小的灰度范围内，使得影像看起来不鲜明清晰，许多地物目标和细节彼此相互遮掩，难于辨认。通过灰度拉伸处理，扩大影像灰度值动态变化范围，可增加影像像元之间的灰度对比度，因此有助于提高影像的可解译性。

常用的灰度拉伸方法有线性拉伸、分段线性拉伸及非线性拉伸（又称特殊拉伸）等。

第一步：在 view 中打开多波段合成好的影像

第二步：在 view 中根据影像大小定制 AOI，稍微略大于影像。如图 2.8（a）所示

第三步：影像线性拉伸

raster—contrast—general contrast，如图 2.8（b）所示。

method：standard deviation（Gaussian、linear），都可以试试，选择效果好的方法就行。

standard deviations：2；Gaussian：默认；linear：根据预览调整 slope 和 shift 参数 apply

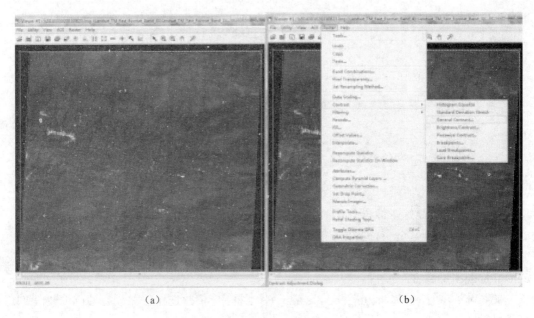

(a)   (b)

图 2.8　　图像拉伸模块窗口

先用高斯拉伸，一般效果都比较好。分段线性拉伸及非线性拉伸在点击 breakpts 下设置。

还可以在 PHOTOSHOP 等图形处理软件下进行色彩调整，注意在这些软件应用前，将影像的头文件保存好，色彩调整完成后，将影像的头文件重新写入。

2. 影像锐化

遥感系统成像过程中可能产生的"模糊"作用，常使遥感影像上某些用户感兴趣的线性形迹、纹理与地物边界等信息显示得不够清晰，不易识别。通过单个像元灰度值调整的处理方法较难奏效；需采用邻域处理方法来分析、比较和调整像元与其周围相邻像元间的对比度关系，影像才能得到增强，也就是说需要采用滤波增强技术处理。

影像滤波增强处理实质上就是运用滤波技术增强影像的某些空间频率特征，以改善地物目标与邻域或背景之间的灰度反差。例如通过滤波增强高频信息抑制低频信息，就能突出像元灰度值变化较大较快的边缘、线条或纹理等细节，反过来如果通过滤波增强低频信

息抑制高频信息，则将平滑影像细节保留并突出较均匀连片的主体影像。

滤波增强分空间域滤波和频率域滤波两种。前者在影像的空间变量内进行局部运算，使用空间二维卷积方法，特点是运算简单、易于实现，但有时精度较差，容易过度增强，使影像产生不协调的感觉；后者使用富氏分析等方法，通过修饰原影像的富氏变换实现，特点是计算量大，但比较直观，精度比较高，影像视觉效果好。

第一步：在 view 中打开多波段合成好的影像

第二步：在 view 中根据影像大小定制 AOI，略大于影像。如图 2.8 所示。

第三步：影像锐化

raster—filtering—sharpen，如图 2.8（b）所示。

还可以在 PHOTOSHOP 等图形处理软件下进行重新聚集操作，注意在这些软件应用前，将影像的头文件保存好，色彩调整完成后，将影像的头文件重新写入。

三、几何纠正

图像的几何校正需要根据图像的几何变形的性质、可用的校正数据、图像的应用目的确定合适的几何纠正方法。

1．几何校正基础知识

几何校正是处理由传感器性能差异引起的系统畸变和由运载工具姿态变化（偏航、俯仰、滚动）和目标物特征引起非系统畸变的过程。

系统畸变：

- 比例尺畸变，可通过比例尺系数计算校正；
- 歪斜畸变，可经一次方程式变换加以改正；
- 中心移动畸变，可经平行移动改正；
- 扫描非线性畸变，必须获得每条扫描线校正数据才能改正；
- 辐射状畸变，经 2 次方程式变换即可校正；
- 正交扭曲畸变，经 3 次以上方程式变换才可加以改正。

非系统畸变：

- 因倾斜引起的投影畸变，可用投影变换加以校正；
- 因高度变化引起的比例尺不一致，可用比例尺系数加以改正；
- 由目标物引起的畸变，如地形起伏引起的畸变，需要逐点校正；
- 因地球曲率引起的畸变，则需经 2 次以上高次方程式变换才能加以改正。

卫星影像被地面站接收下来后，都要经过一系列的处理，根据处理的级别可以分为 0 级、1 级、2 级、3 级……

从卫星上接收下来，未经任何处理的影像称为 0 级影像。1 级影像也称 Level 1 产品，即辐射校正产品，是经过辐射校正，但没有经过系统几何校正的产品数据，将卫星下行扫描行数据反转后按标称位置排列。2 级影像也称 Level 2，即经过辐射校正和系统几何校正的产品数据，并将校正后的图像数据映射到指定的地图投影坐标下，其几何纠正主要是纠正由于卫星轨道等引起的系统形变，因此 Level 2 产品也称为系统校正产品，在地势起伏小的区域，Landsat 7 系统校正产品的几何精度可以达到 250 m 以内，Landsat 5 系统校正产品的几何精度取决于预测星历数据的精度。3 级数据是经过辐射校正和几何校正的产品数据，同时采用地面控制点改进产品的几何精度。Level 3 产品也称为几何精校正产品，几何精校正产品的几何精度取决于地面控制点的精度。4 级数据也称 Level 4，经过辐射校正、几何校正和几何精校正的产品数据，采用数字高程模型（DEM）纠正地势起伏造成的视差变形。Level 4 产品也称为高程校正产品，高程校正产品的几何精度取决于地面控制点的可用性和 DEM 数据的分辨率。

由于经费限制和精度要求不同，普通用户从地面站获得的一般是 2 级数据，用户拿到数据到要根据需要对影像进行几何精校正和正射校正。

2. 在 ERDAS 中进行几何校正的方法与步骤

（1）手工校正方法

第 1 步：打开并显示影像文件

在 Viewer#1 中打开需要校正的 Landsat TM 影像：input.img，在 Viewerr#2 中打开作为地理参考的校正过的影像或地图：Reference.img。

第 2 步：启动几何校正模块

① 在 Viewer#1 中单击 Raster；

② 选择 Geometric Correction，选择多项式几何校正模型（Polynomial）；

③ 在打开的 Polynomial Model Properies 对话框中设置 Polynomial Order（多项式次数）为 1 次，即默认值；

④ 在打开的 GCP Tool Reference Setup 确定参考点的来源，即 Existing Viewer，点击 OK；

⑤ 出现 Viewer Selection Instructions 对话框，利用鼠标点击 Viewer#2，出现 Reference Map Projection 对话框，点击 OK，进入几何校正的工作窗口。

第 3 步：启动控制点工具。

① 选择视窗采点模式 Exising Viewer；

② 确定后打开 Viewer Selection Instruction 指示器；

③ 在作为地理参考的影像 panAtlanta.img 中点击左键，打开 Reference Map Information 提示框，显示参考影像的投影信息；

④ 确定表后面控制点工具被启动，进入控制点采集状态。

第 4 步：采集控制点

在影像几何校正过程中，采集控制点是一项非常重要的工作，在 GCP 工具对话框中点 select GCP 图标，进行 GCP 选择状态。分别在 view#1 和 view#2 中寻找明显地物特征点，如公路交叉点、山峰等作为 GCP。不断重复上述步骤，采集若干 GCP。要求 GCP 要均匀分布，不少于 25 个（值得注意的是一定要保存好 GCP 点，GCP 点分待纠影像的点和控制影像的点，要分别命名，且每年均要保存以做备用和调整）。

控制点选择的原则：

● 控制点要以不易变化的地理标志物为主，如道路交叉口、山体裸岩等，对于水体、农田、村庄等这些容易变化的地理标志最好不要选取；

● 控制点的选择与控制影像和待纠影像的特点有关，例如影像时相特征、季相、光谱特征、分辨率等；
● 控制点分布要均匀，一开始四个控制点最好分布在一幅影像的四角；
● 一幅影像控制点个数在 20～25 个左右，并且均匀分布。

第 5 步：影像重采样（注意重采样时像元的大小要与原始影像的相同）。

（2）自动校正方法

第 1 步：打开 AUTOSYNC 模块

AUTOSYNC—AUTOSYNC workstation—create a new project

Project file：输入影像轨道号

Resample—Resample settilng—specified beblow：设置采样像元大小

Default output directory：设置默认保存目录

Default output file name suffix：设置输出文件后缀，可不填

Generate summary report：采样统计报告，输入影像轨道号

OK

第 2 步：打开待校正和控制影像

Input images—右键—add Input image：选择待校正影像

Reference images—右键—add Reference image：选择控制影像

第 3 步：参数设置

APM 页设置：

Input layer to use：选择待校正影像波段

Reference layer to use：选择控制影像波段

这两个尽量保证是同波段。

Advanced settings—勾选 "use manual tie points for initial connection between images"，
如图 2.9 所示（很重要，一定要选）。

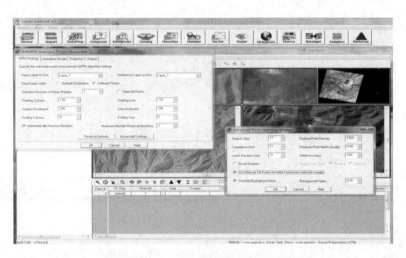

图 2.9　ERDAS 自动校正参数设置窗口

Geometric moddel 页设置

Output Geometric model type：polynomial

RMS Threshold：默认

projection 页设置：

选择 same as Reference image

output 页设置：

output images：路径\传感器名称+轨道号（6位）+日期（8位）.img

OK

第 4 步：自动采集 GCP

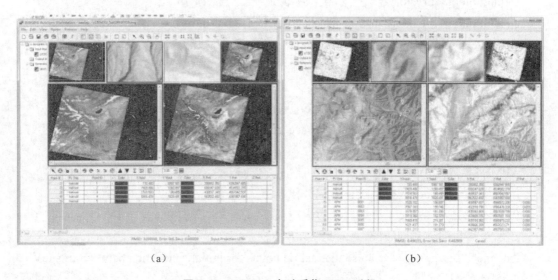

（a）   （b）

图 2.10　ERDAS 自动采集 GCP 过程

先手工采集 3-4 个 GCP 点，一定要准，采集方法同手工校正 GCP 采集，点均匀分布于 4 个角，如图 2.10（a）所示。

自动采集 GCP，得结果如图 2.10（b）所示。

自动采集完成后，随机选几个配准点看一下准确度，总体偏差要求小于 0.5。

第 5 步：校正重采样，图 2.11。

图 2.11　运行校正重采样按钮

影像的几何校正，建议采用自动校正方法，一是工作量低，二是校正精度高，尤其是对地形起伏大的影像。地形起伏大的影像建议 RMS Threshold 设为 5。

四、质量检查

1. 手工校正影像质量检查

一般常用的方法是在一个窗口中同时打开控制影像和重采样后的影像，放大到像元级，选择多个区域，查看两幅影像重合程度，寻找两张影像上都具有的相同的明显标准物，如道路、桥梁，评估重采样影像与控制影像的误差是否达到预定的精度要求。

全国环境监测与评价有两种实现途径：一是在 ArcMap 中，通过 EFFECTS 中的 Swipe 工具实现；二是在 ERDAS 中，通过 Utility 中的 Swipe 工作实现（图 2.12）。

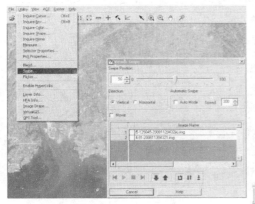

（a）ERDAS 中的 SWIPE　　　　　　（b）ARCMAP 中的 SWIPE

图 2.12　ArcMap 与 ERDAS 中的 SWIPE 模块调用

质量检查时要注意：一是每景影像在全景范围内均匀抽样检查，最少选择 16 处（图 2.13），遇有山区地貌类型抽样点要加倍；二是每处检查点均要放大到像元级，选择明显标志物分别评估 X 和 Y 向误差（图 2.14）。

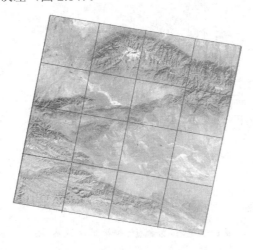

图 2.13　质量检查点分布示意

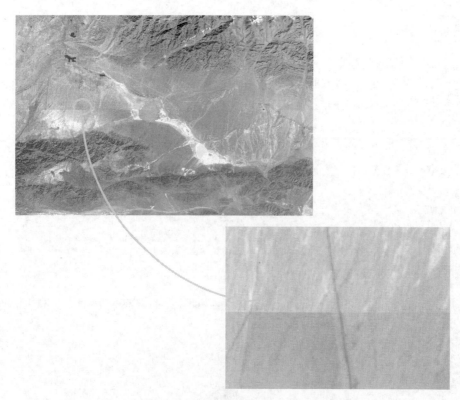

图 2.14　质量检查不同放大比例的效果图

2. 自动校正影像质量检查

校正重采样后，校正后的影像自动叠加到控制影像的窗口，不显示 GCP 点，点击 views Swipe，结果如图 2.15 所示。

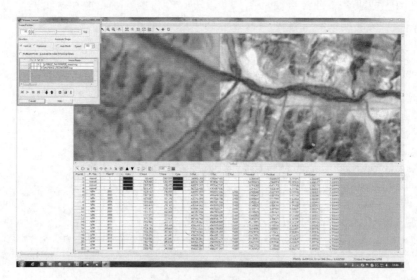

图 2.15　自动校正结果

放大到像元级，在全景影像上均匀选择至少 16 个区域（同前），查看两幅影像重合程度，评估每个检查区域的误差均要小于一个像元。

五、影像镶嵌

在遥感影像处理中经常会遇到将多幅影像拼接到一起才能完整的覆盖研究区，这就需要我们在遥感影像预处理过程中进行拼接处理。

ERDAS 软件中遥感影像拼接处理的方法与步骤如下（以将三张 TM 影像拼接为例）：

（1）启动影像拼接工具，在 ERDAS 图标面板工具条中，点击 Dataprep/Datapreparation/Mosaicc Images — 打开 Mosaic Tool 视窗。

（2）加载 Mosaic 影像，在 Mosaic Tool 视窗菜单条中，Edit/Add images — 打开 Add Images forMosaic 对话框。依次加载窗拼接的影像。

（3）在 Mosaic Tool 视窗工具条中，点击 set Input Mode 图标，进入设置影像模式的状态，利用所提供的编辑工具，进行影像叠置组合调查。

（4）影像匹配设置，点击 Edit /Image Matching — 点击 Matching options 对话框，设置匹配方法：Overlap Areas。

（5）在 Mosaic Tool 视窗菜单条中，点击 Edit/set Overlap Function — 打开 set Overlap Function 对话框。

（6）设置以下参数：

● 设置相交关系（Intersection Method）：No Cutline Exists。

● 设置重叠影像元灰度值计算（select Function）：Average。

● Apply — close 完成。

（7）运行 Mosaic 工具。在 Mosaic Tool 视窗菜单条中，点击 Process/Run Mosaic — 打开 RunMosaic 对话框。

确定输出文件名：mosaic.img

确定输出影像区域：ALL

OK 进行影像拼接。

六、分幅裁剪

在实际工作中，经常需要根据研究区大小对影像进行分幅裁剪（Subset image），ERDAS 软件中影像分幅裁剪包括两种类型：规则分幅裁剪（Rectangle Subset）和不规则分幅裁剪（Polygon Subset）。

1. 规则分幅裁剪

规则分幅裁剪是指裁剪影像的边界范围是一个矩形，通过左上角和右下角两点的坐标，就可确定影像的裁剪位置具体操作如下：

在 ERDAS 图标面板菜单条单击 Main/Data Preparation/Subset Image 命令，打开 Subset 对话框。或在 ERDAS 图标面板工具条单击 Data Prep 图标/Subset 命令，打开 Subset 对话框。

在 Subset 对话框中设置下列参数：

① 输入文件名称（Input File）：Lanier.img.

② 输出文件名称（Output File）：Lanier-sub.img.

③ 坐标类型（Coordinate Type）：File

④ 确定裁剪范围（Subset Definition），在 ULX 和 ULY（左上角点坐标）、URX 和 URY（右下角点坐标）微调框中分别输入需要的数值。

⑤ 输出数据类型（Output Data Type）：Unsigned 8 Bit。

⑥ 输出文件类型（Output Layer TyPe）：Continuous。

⑦ 输出统计忽略零值，选中 Ignore Zero In Output Stats 复选框。

⑧ 输出像元波段（Select Layers）为 2：5（表示选择 2、3、4、5 这 4 个波段）。

⑨ 单击 OK 按钮（关闭 Subset Image 对话框，执行影像裁剪）。

2. 不规则分幅裁剪（Polygon Subset）

不规则裁剪是指裁剪影像的边界是任意多边形，不能通过左上角和右下角两点的坐标确定影像的裁剪位置，而且必须是一个完整的闭合多边形区域，可以是一个 AOI 多边形，也可以是 ArcInfo 的一个 Polygon Coverage 或者 Shapefile Plolygon，针对不同的情况采用不同裁剪过程。

以下以 AOI 多边形裁剪为例进行详细介绍。

首先在窗口中打开需要裁剪的影像，并应用 AOI 工具绘制多边形 AOI，或者打开已有的 Polygon Coverage 或者 Shapefile Plolygon，选中其中的一个多边形拷贝生成 AOI。然后将多边形 AOI 保存在文件中（*.aoi），也可以暂时不退出窗口将影像与 AOI 多边形保留在窗口中，第三，在 ERDAS 图表面板菜单条单击 Main/Data Preparation/Subset Image 命令，打开 Subset 对话框；或者在 ERDAS 图表面板菜单条单击 Data Prep 图标，打开 Data Preparation 对话框。

在 Subset 对话框中设置下列参数：

① 输入文件名称（Input File）：Lanier.img.

② 输出文件名称（Output File）：Lanier-sub.img.

③ 单击 AOI 按钮确定裁剪范围。

④ 打开 Choose AOI 对话框。

⑤ 在 Choose AOI 对话框中确定 AOI 的来源（AOI Source）：File（或 Viewer）。

⑥ 如果选择了文件（File），则进一步确定 AOI 文件；否则，直接进入下一步。

⑦ 输出数据类型（Output Data Type）：Unsigned 8 Bit.

⑧ 输出像元波段（Select Layers）：2：5（表示选择 2、3、4、5 这 4 个波段）。

⑨ 单击 OK 按钮（关闭 Subset Image 对话框，执行影像裁剪）。

七、影像融合

影像融合是对不同空间分辨率遥感影像的融合处理，使处理后的遥感影像既具有较高的空间分辨率，又具有多光谱特性，从而达到影像增强的目的，主要步骤如下：

1. 影像几何校正

得到校正后的两幅影像进行校正质量检查，满足精度要求。

2.　进行分辨率融合

点击 Main—Image Intereter—Spatial Enhancement—Resolution Merge 命令，打开 Resolution Merge 对话框。

在 Resotution Merge 对话框中，需要设置下列参数：

① 确定并找到高分辨率输入文件（High Resolution Input File）。

② 确定并找到多光谱输入文件（Multispectral Input File）。

③ 定义输出文件（OutPut File）。

④ 选择融合方法（Method）。

⑤ 选择重采样方法。

⑥ 选择输出数据。

⑦ 选择波段输出。

3.　融合方法

（1）主成分变换法（principle component）

它是建立在影像统计特征上的多维线性变换，具有方差信息浓缩和数据压缩的作用，可以更准确地揭示多波段数据结构内部的遥感信息，常常以高分辨率数据替代多波段数据变换以后的第一组成分来达到融合目的。具体过程：首先对输入的多波段遥感数据进行主成分变换；然后以高空间分辨率遥感数据替代变换以后的第一组成分，再进行主成分逆变换，生成具有高空间分辨率的多波段融合影像。

（2）乘积方法（mutiplicative）

它是应用最基本的乘积组合算法直接对两种空间分辨率的遥感数据，即把多波段影像中的任意一个波段值与高分辨遥感数据的乘积赋给融合以后的波段数值。

（3）比值方法（brovey transform）

是把多波段影像中的红、蓝、绿波段的数值占三波段和的比率与高分辨率遥感数据的乘积赋给融合后各波段影像的红、蓝、绿波段数值上。

（4）融合前后比较和不同融合法之间比较

主成分变换法的效果最差，乘积方法和比值方法效果相对较好。

颜色上主成分变换法都变浅色了很多；乘积方法的颜色基本与原彩色图颜色一致；比值方法在颜色上虽然不明显，但是仔细看对比原彩色图，可以发现颜色深的地方变浅了，颜色浅的地方变深了，有一种颜色调和、中和的感觉。

第四节　遥感解译

一、解译方法及软件

1.　遥感解译方法

遥感解译是从遥感影像上获取目标地物信息的过程。即根据各专业的要求，运用解译标志和实践经验与知识，从遥感影像上识别目标，定性、定量地提取出目标的分布、结构、功能等有关信息，并把它们表示在地理底图上的过程。例如，土地利用现状解译，是在影像上先识别土地利用类型，然后在图上测算各类土地面积和空间分布。目前遥感解译主要有两种方法：一是遥感图像目视解译，二是遥感图像计算机解译。

（1）遥感图像目视解译

遥感图像目视解译是指通过目标地物的识别特征包括色、形和位来判断地物类型和分布，并进一步确定面积等属性。色指目标地物在遥感影像上的颜色，包括色调（tone）、颜色（color）和阴影（shadow）。形指目标地物在遥感影像上的形状，包括形状（shape）、纹理（texture）、大小（size）等。位指目标地物在遥感影像上的空间位置，包括目标地物分布的空间位置（site）、图型（pattern）和相关布局（association）等。

目视解译方法有以下几种：

① 直接判读法：使用的直接判读标志（色调、色彩、大小、形状、阴影、纹理、图案等），直接确定目标地物的属性和范围。

② 对比分析法：包括同类地物对比分析、空间对比分析、时相动态对比法等。

③ 信息复合法：利用透明专题图或透明地形图与遥感图像复合，根据专题图或者地形图提供的多种辅助信息，识别遥感图像上目标地物的方法。

④ 综合推理法：综合考虑遥感图像多种解译特征，结合生活常识，分析、推断某种目标地物的方法。

（2）遥感图像计算机解译

遥感数字图像的计算机解译以遥感数字图像为研究对象，在计算机系统支持下，综合运用地学分析、遥感图像处理、地理信息系统、模式识别与人工智能技术，实现地学专题信息的智能化获取。

遥感图形包括多种信息，由像素和亮度值表示。具有便于计算机处理与分析、图像信息损失少、抽象性强等特点。

同种地物在相同的条件下，应具有相同的或相似的光谱特征和空间信息特征，即同类地物像元的特征向量将集群在同一特征空间区域。常用的遥感图形的计算机分类主要有监督分类和非监督分类。

监督分类法就是选择具有代表性的训练场作为样本。根据已知训练区提供的样本，通过选择特征参数，建立判别函数，据此对样本像元进行分类。其关键是选择样区、训练样本、建立判别函数。常见监督分类的方法包括最小距离法、多级分割分类法等。

非监督分类法就是事先不知道类别特征，主要根据所有像元彼此之间的相似度大小进行归类合并（将相似度大的像元归为一类）的方法。

监督分类与非监督分类根本区别在于是否选取样区、类别的意义在分类前是否已知。监督分类主要依据训练场地的选择（数量、代表性、数目），非监督分类主要依据遥感图像光谱统计特性。

2. 遥感解译软件

目前常用的遥感解译软件主要有 ERDAS、ENVI、ArcGIS 和 eCognition 等。

（1）ERDAS

ERDAS IMAGINE 是美国 ERDAS 公司开发的遥感图像处理系统。它以先进的图像处理技术，友好、灵活的用户界面和操作方式，面向广阔应用领域的产品模块，服务于不同层次用户的模型开发工具以及高度的 RS/GIS（遥感图像处理和地理信息系统）集成功能，为遥感及相关应用领域的用户提供了内容丰富而功能强大的图像处理工具，代表了遥感图像处理系统未来的发展趋势。该软件功能强大，在该行业中是最好的一款软件。

ERDAS IMAGINE 产品套件：它是一个用于影像制图、影像可视化、影像处理和高级遥感技术的完整的产品套件。

*ERDAS IMAGINE 扩展模块：ERDAS IMAGINE 是以模块化的方式提供给用户的，用户可根据自己的应用要求、资金情况合理地选择不同功能模块及其不同组合，对系统进行剪裁，充分利用软硬件资源，并最大限度地满足用户的专业应用要求。

*ArcGIS Extensions：它为 ArcGIS 用户提供了一个使用方便的地理影像分析和处理功能的扩展模块。

LPS（Leica Photogrammetry Suite）——徕卡遥感及摄影测量系统是各种数字化摄影测量工作站所适用的软件系列产品。为地球空间影像的广泛应用提供了精密和面向生产的摄影测量工具。LPS 可以处理多种航天、航空传感器的多种格式影像，包括黑/白、彩色和最高至 16bits 的多光谱等各类数字影像。LPS（line of sight）可以提供从原始像片到通视分析各种摄影测量的需求，它为影像、地面控制、定向及 GPS 数据、矢量和处理影像等提供广泛的应用选择，因而操作灵活简便。LPS 可以提供上百种坐标系及地图投影的选择，以满足用户的不同需求。

（2）ENVI

ENVI（The Environment for Visualizing Images）是一套功能齐全的遥感图像处理系统，是处理、分析并显示多光谱数据、高光谱数据和雷达数据的高级工具。ENVI 包含齐全的遥感影像处理功能：常规处理、几何校正、定标、多光谱分析、高光谱分析、雷达分析、地形地貌分析、矢量应用、神经网络分析、区域分析、GPS 联接、正射影像图生成、三维图像生成、丰富的可供二次开发调用的函数库、制图、数据输入/输出等功能，组成了图像处理软件中非常全面的系统。

ENVI 对于要处理的图像波段数没有限制，可以处理国际主流的卫星格式，如 Landsat 7、IKONOS、SPOT、RADARSAT、NASA、NOAA、EROS 和 TERRA，并具有接受未来所有传感器的信息扩展端口。

强大的多光谱影像处理功能。ENVI 能够充分提取图像信息，具备全套完整的遥感影像处理工具，能够进行文件处理、图像增强、掩膜、预处理、图像计算和统计，完整的分类及后处理工具及图像变换和滤波工具、图像镶嵌、融合等功能。ENVI 遥感影像处理软件具有丰富完备的投影软件包，可支持各种投影类型。同时，ENVI 还创造性地将一些高光谱数据处理方法用于多光谱影像处理，可更有效地进行知识分类、土地利用动态监测。

更便捷地集成栅格和矢量数据的功能。ENVI 包含所有基本的遥感影像处理功能，如：校正、定标、波段运算、分类、对比增强、滤波、变换、边缘检测及制图输出功能，并可以加注汉字。ENVI 具有对遥感影像进行配准和正射校正的功能，可以给影像添加地图投影，并与各种 GIS 数据套合。ENVI 的矢量工具可以进行屏幕数字化、栅格和矢量叠合，建立新的矢量层、编辑点、线、多边形数据，缓冲区分析，创建并编辑属性，及进行相关矢量层的属性查询。

ENVI 的集成雷达分析工具可以快速处理雷达数据。用 ENVI 完整的集成式雷达分析工具可以快速处理雷达 SAR 数据，提取 CEOS 信息并浏览 RADARSAT 和 ERS-1 数据。用天线阵列校正、斜距校正、自适应滤波等功能提高数据的利用率。纹理分析功能还可以分段分析 SAR 数据。ENVI 还可以处理极化雷达数据，用户可以从 SIR-C 和 AIRSAR 压缩数据中选择极化和工作频率，用户还可以浏览和比较感兴趣区的极化信号，并创建幅度图像和相位图像。

地形分析工具。ENVI 具有三维地形可视分析及动画飞行功能，能按用户制定路径飞行，并能将动画序列输出为 MPEG 文件格式，便于用户演示成果。

（3）ArcGIS

ArcGIS 是专业的地理信息系统软件，其产品线为用户提供一个可伸缩的，全面的 GIS 平台。ArcObjects 包含了大量的可编程组件，从细粒度的对象（例如，单个的几何对象）到粗粒度的对象（例如与现有 ArcMap 文档交互的地图对象）涉及面极广，这些对象为开发者集成了全面的 GIS 功能。每一个使用 ArcObjects 建成的 ArcGIS 产品都为开发者提供了一个应用开发的容器，包括桌面 GIS（ArcGIS Desktop），嵌入式 GIS（ArcGIS Engine）以及服务端 GIS（ArcGIS Server）。

ArcGIS Desktop 是一系列整合的应用程序的总称，包括 ArcCatalog、ArcMap、ArcGlobe、ArcToolbox 和 Model Builder。通过协调一致地调和应用和界面，可以实现任何从简单到复杂的 GIS 任务，包括制图、地理分析、数据编辑、数据管理、可视化和空间处理，以下略述其各项功能：ArcMap 是 ArcGIS Desktop 中一个最主要的应用程序，具有基于地图作业的所有功能，包括制图、地图分析和编辑。它是生态监测中最常用的遥感解译和数据处理软件之一。

ArcCatalog 应用模块的主要功能是组织和管理所有的 GIS 信息，如地图、数据集、模型、metadata、服务等。它的功能主要有浏览和查找地理信息、记录、查看和管理 metadata。定义、输入和输出 geodatabase 结构和设计，在局域网和广域网上搜索和查找 GIS 数据，管理 ArcGIS Server。

ArcGlobe 是 ArcGIS Desktop 系统中 3D 分析扩展模块中的一部分，提供了全球地理信息的连续、多分辨率的交互式浏览功能。像 ArcMap 一样，ArcGlobe 也是使用 GIS 数据层，显示 geodatabase 和所有支持的 GIS 数据格式中的信息。

嵌入到 ArcGIS Desktop 各项程序环境中的 ArcToolbox 和 ModelBuilder，具有空间处理和空间分析的功能，其所包括的工具有：数据管理、数据转换、Coverage 的处理、矢量分析、地理编码、统计分析等。

ModelBuilder 为设计和实现空间处理模型的用户（包括工具、脚本和数据）提供了一个图形化的建模框架，让流程图的设计更为方便，能让你和你组织内外的人共享你的方法和流程。

（4）eCognition

eCognition 是德国 Definiens 公司开发的全球第一个面向对象的影像分析软件，它模拟人类大脑的认知过程，从不同的尺度和周围对象的关系把握认知目标，是计算机高速处理和人类认知原理的完美结合，兼顾了速度和精度。eCognition 是进行影像纹理分析的专业产品，它可以将复杂的影像数据转化为空间地理信息，常用于航片等高分辨率遥感影像解译。

传统面向像素的解算模式将像元孤立化分析，解译精度较低且斑点噪声难以消除。面向对象的影像分析解译软件是利用影像分割技术把影像分解成具有一定相似特征的像元的集合——影像对象，影像对象和像元相比，具有多元特征如颜色、大小、形状、匀质性等特点。eCognition 用于遥感影像解译时需要解译者熟悉地物解译标志和分类模型及算法，对解译者专业要求较高。

二、现状解译

1. 遥感解译一般程序

（1）准备阶段：收集工作区的卫星图像，必要时可作影像增强处理。还要收集和研究有关的基本资料和图件，并了解该区的自然地理和人文地理概况，然后制定具体工作计划。

（2）分类：根据工作和研究需要建立遥感解译的分类体系，分类体系建立的原则有三个，一是综合性和代表性相结合的原则，生态环境是一个由自然-社会生态因素组成的复杂综合体，组成因子众多，各因子之间相互作用、相互联系。因此，选取的指标要尽可能地反映生态系统的各个方面。同时，目前遥感监测技术和能力的限制，不可能监测所有的生态环境因子，只能从中选择最具有代表性、最能反映生态环境本质特征的指标。二是层次性原则，生态环境系统具有尺度性、等级性，国家、区域和景观级的生态环境各具有不同的特征，生态问题的反映指标也不一样。因此，不同等级的生态系统应该监测不同的指标，这样才能更好地监测和评估各级生态环境的状况、问题和变化规律。三是可稳定获取原则，本研究制定的监测指标体系是从环境遥感监测业务化运行的角度出发，要为生态管理和决策提供信息。因此，监测指标必需能够遥感监测，并且获得的信息要切实可靠，可连续长期进行监测。

（3）建立解译标志阶段：根据各种遥感图像，进行反复对比和综合分析，并与实际资料、实地地物对照、验证，建立各种地物在不同遥感图像上的解译标志。

（4）初步解译阶段：根据各种遥感图像的直接、间接解译标志，按从左到右，从上到下的顺序进行判读，对遥感影像进行粗判，此时得出的结果为初判图层。

（5）野外验证阶段：选择一些重点地段做地面调查，采集标本、样品，绘制剖面，补充、修改解译标志，检验各种类型的界线。着重解决疑难和重要类型的判读准确度，其他地区只作少量抽样调查。

（6）修正解译图层和编写报告阶段：根据野外验证结果和影像，对初判图层进行全面详细的修正，首先是对核查点位所在图斑的修改，然后根据核查点位得出的区域各生态类型特征对整个初判图层进行修正，最后正式成图。根据任务要求和解译成果，编写总结报告，并对影像解译的情况和经验作必要说明。

2. 解译标志的建立

遥感影像解译标志也称判读要素，它能直接反映判别地物信息的影像特征，解译者利用这些标志在图像上识别地物或现象的性质、类型或状况，因此它对于遥感影像数据的人机交互式解译意义重大。建立遥感影像解译标志可以提高遥感影像数据用于基础地理信息数据采集的精度、准确性和客观性。

我国幅员辽阔,地貌和气候差异很大,根据地貌、气候条件将全国划分为不同类型地貌样区,在简单型地貌样区建立各种基础地理信息要素的解译标志,有利于用正确的方法确定采集范围。对于某些特殊地理信息要素,可建立专门解译标志。在建立遥感信息模型时,可把这些属性添加到逻辑运算内。建立解译标志时所采用影像的季节应避免植被覆盖度高的夏季,避免使用积雪较多、云层遮盖或烟雾影响较大的数据。有时候需要根据基础地理信息数据要求选择遥感影像波段组合顺序及与全色波段进行融合。在对数据进行增强处理时,要避免引起信息损失。

在影像上选择解译标志区的要求是:范围适中以便反映该类地貌的典型特征,尽可能多地包含该类地貌中的各种基础地理信息要素类且影像质量好。标志区的选取完成后,寻找标志区内包含的所有基础地理信息要素类,然后选择各典型图斑作采集标志,再去实地进行野外校验,对不合理的部分进行修改,直到与实地相符为止。同时拍摄该图斑地面实地照片,以便于影像和实际地面要素建立关联,表达遥感影像解译标志的真实性和直观性,加深解译技术人员对解译标志的理解。

遥感影像解译标志的建立有利于解译者对遥感信息做出正确判断和采集,这对于用人机交互方式从遥感影像上采集基础地理信息数据是十分必要的,尤其是在作业区范围很大、作业人员知识背景差异也很大且外业踏勘不足的情况下,可以使作业人员迅速适应解译区的自然地理环境和解译采集要求。但是人机交互式解译毕竟无法对大量卫星遥感数据进行快速处理,这就需要建立较为完善的遥感信息解译模型,以便于用计算机对遥感信息进行解译和采集。遥感影像解译标志是遥感信息模型建立的前提和基础,有了较为准确的遥感信息解译标志,才能建立较为实用的遥感信息模型。

各地物类型的解译标志众多,不同地物解译标志不同,同种地物不同时期、不同分布地域解译标志也不同。要求影像解译人员应对解译区域十分熟悉,从已知地点、地物通过影像色彩、色调、纹理、空间位置、地物组合特征等信息来判别未知区域地物类型。

全国生态遥感监测与评价人机交互判读分析采用 96-B02-01-02 专题组成果,以区域特点、遥感信息源的季相特点为基础,分土地利用类型及其所处的不同地貌部位、不同的植被类型进行整理,具体见表 2.14 至表 2.23。

3. 生态监测土地利用类型特征及编码

根据《生态环境状况评价技术规范(试行)》(HJ/T 192-2006),全国生态监测遥感解译的指标用土地利用/覆盖分类系统,采用全国二级分类系统(表 2.24):一级分为 6 类,主要根据土地的自然生态和利用属性;二级分为 25 个类型,主要根据土地经营特点、利用方式和覆盖特征;耕地根据地形特征进行了三级划分,即进一步划分为平原、丘陵、山区和坡度大于 25°的耕地。

表2.14 中国东北地区（辽宁、吉林、黑龙江、内蒙古东部）陆地卫星TM假彩色数据土地资源信息提取标志

类型		代号	空间分布位置	作物植被	影像特征 形态	影像特征 色调	影像特征 纹理	备注
耕地	水田	111	主要分布在山区沟谷、陡坡地带	种植水稻为主	几何特征较为明显，田块均呈条带状分布	深绿色、近黑色（春）、粉红色（夏）	影像纹理较均一	在夏秋季节的卫星影像上呈粉红色，夏初影像呈浅蓝色，深绿或近黑色，收割后影像以绿为主，橙绿相同
		112	主要分布在丘陵区河流或沟谷两侧		几何特征明显，田块较小而呈条带状	深绿色、近黑色（春）、粉红色（夏）	影像纹理较均一	
		113	主要分布在滨海平原、河流冲积与洪积平原，以及山区河谷平原		几何形状明显，边界清晰。田块较大，有渠道灌溉设施。多呈大面积分布	深绿色、浅蓝色（春）、粉红色与橙色相间（夏）（收割后）	影像纹理较均一	
		114	无					
	旱地	121	主要分布在山区、坡地	以种植玉米、小麦、大豆、杂粮为主	沿山脚低缓坡不规则条带状分布，边界不清楚	影像色调多样，一般为浅绿色、浅灰色或红色	影像结构粗糙	
		122	主要分布在丘陵缓坡地带		几何特征不规则，田块界线不清楚，但易与其他类区别	影像色调多样，一般为浅绿色、浅灰色或浅红色	影像结构粗糙	
		123	主要分布在河流冲洪积、滨海平原台地、山前平原		地块边界清晰，几何特征规则，呈大面积分布	影像色调多样，浅灰色、褐色（春）、红色或浅红色（收割后）（夏）	纹理明显，有条形纹理，有田块形状，可见农田防护林网格	
		124	无					
林地	有林地	21	不同地貌区域都有分布以大小兴安岭、长白山等山地为主		受地形控制边界自然，呈不规则形状	深红色、暗红色、色调均匀	有绒状纹理	山区林地有阴影
	灌木林地	22	主要分布在丘陵区河谷两侧		受地形控制边界自然，呈不规则形状	浅红色、色调均匀	影像结构较粗糙	其中，园地呈浅红色，迹地呈灰黑色或橙黄色，黄色调为主
	疏林地	23	主要分布在山区、丘陵地带		受地形控制边界自然，呈不规则形状	红色、浅红色、色调杂乱	影像结构细腻	
	其他林地	24	山地、平原、丘陵均有分布		几何特征明显，边界规则呈块状、不规则面状，边界清晰	影像色调多样	影像结构不一	

类型		代号	空间分布位置	作物植被	影像特征 形态	影像特征 色调	影像特征 纹理	备注
草地	高覆盖度草地	31	主要分布在吉林省及黑龙江省西部低洼地或平地，山地丘陵的阳坡及顶部也有分布		面状、条带状、块状、边界清晰	红色、黄色、褐色、绿色	影像结构较均一、边界清晰，无纹理	
	中覆盖度草地	32	主要分布在本区西部低洼地及山地丘陵的阳坡或顶部		面状、条带状、块状、边界清晰	黄色、褐色、绿色或白色	影像结构较均一	
	低覆盖度草地	33	山地丘陵阳坡及顶部，主要分布在辽西山地，西部低洼地也有分布		不规则斑块	不均匀浅绿及黄色	影像结构较均一	
水域	河流	41	主要分布在平原及山区沟谷		几何特征明显，自然弯曲或局部明显平直，边界明显	深蓝、蓝、浅蓝色	影像结构均一	
	湖泊	42	主要分布平原		几何特征明显，呈现自然形态	深蓝、蓝、浅蓝色	影像结构均一	
	水库、坑塘	43	主要分布平原、丘陵区的耕地周围		几何特征明显，有人工塑造痕迹	深蓝、蓝、浅蓝色	影像结构均一	
	冰川积雪	44	无				—	
	海涂	45	沿海潮间带		沿海岸线呈不规则带状分布	浅绿色、灰白色	影像结构均	
	滩地	46	沿河流两侧或湖泊周围		沿河湖呈条带状或片状分布	灰白、白色、黄白色	影像结构比较均	
城乡居民点和工矿用地	城镇用地	51	主要分布于平原、沿海及山间谷地		几何形状特征明显、边界清晰	青灰色或杂色栅格状斑点	影像结构粗糙	
	农村居民用地	52	各地貌类型区均有分布		几何形状特征明显、边界清晰	青色、灰色、杂有其他色调	影像结构粗糙	
	工交建设用地	53	主要分布在城镇及经济发达区周围或交通沿线		边界清晰	灰色或杂色调不均	影像结构较粗糙	

类型	代号	空间分布位置	作物植被	影像特征 形态	影像特征 色调	影像特征 纹理	备注
未利用土地	61	主要在湖积平原西部风沙区		逐渐过渡，边界不清晰	浅绿色	影像结构比较均匀	
	62	无					
	63	主要分布在本区西部低洼地		边界较清晰	白色，夹蓝或红色斑点	影像结构粗糙	
	64	主要分布在河流沿岸及沿海的低洼地及沿海		几何形状明显，边界清楚	红色，紫色，黑色	影像结构细腻	
	65	主要分布在丘陵、平原及居民点附近		边界清楚	白色或黑色色调不均	比较均一	
	66	主要分布在山顶或山脚		边界清楚	白色或黑色色调不均	比较均一	
	67	无					

表 2.15　中国西北地区（陕西、甘肃、宁夏、青海）陆地卫星 TM 假彩色数据土地资源信息提取标志

类型	代号	空间分布位置	作物植被	影像特征 形态	影像特征 色调	影像特征 纹理	备注
耕地 水田	111	主要分布在山区（秦岭）山间河谷盆谷合地或滩地上（有较好的灌溉条件）	水稻，玉米，小麦，大豆，土豆	以条带状或块状分布，地类界线较清晰，地块较小	主要呈现暗红、红、鲜红、浅蓝色，此类耕地农作物长势较好	影像质地细腻，均匀	大多数分布在河流上游，但海拔在 2 000 m 以下
	112	分布在河丘陵（陕北，安康）河谷容谷合地或滩地上（有较好的灌溉条件）	以水稻，小麦，玉米，胡麻，油菜为主	以条带状分布，地块较小	有作物生长现出的地块呈现出暗红，红，鲜红，淡蓝，无农作物生长现呈现灰白色	影像质地陆地现出颜色有较大差异	由于不同作物间种植和生长期不同而形成的
	113	主要分布在河流冲积平原（宁夏黄灌平原），盆地（汉中盆地），河谷川地（陕北芦河、榆林河川内）	水稻（一年一季，与小麦套作年轮作），小麦（与玉米套种），玉米，西瓜，蔬菜为主	以块状分布，小界清楚，地块整齐，水系发达，灌溉条件为好	由于自然条件较好，水系发达、光照及热量充足等），主基调为红，暗红，鲜红，黑灰和淡蓝色（因作物生长期面不同呈现出的高低及叶面不同差异的颜色差异）	影像纹理较细腻，但颜色不均匀，作物间差异地块较大	在水稻育秧期稻秧苗呈现为鲜红色，未插秧地块呈现为暗秧灰色
	114	无					

类型	代号	空间分布位置	作物植被	影像特征			备注
				形态	色调	纹理	
耕地	121	主要分布在山区，海拔在4 000 m以下的山坡（缓坡、陡坡台地等）及山前山腰、陡坡台地带上	小麦、玉米、青稞、大麦、油菜、土豆等	影像的几何特征不规则，地块有大有小，但很分散，地类界线明显	此种耕地一般为一季，色调为主，粉红和淡蓝（耕种）。没有种植的田块呈灰白色	影像质地较粗糙，纹理不均匀	在山间缓坡、山脚土层较厚处开垦。青海西部地块较大，其他地区较小
	122	主要分布在丘陵区（陕、甘、宁、青海有）。一般状况下地块分布在丘陵的缓坡以及梁、卯之上。	小麦、玉米、高粱、谷子等	几何特征属于不规则，地块较大、连片，界限明显或局部有条状形态	影像色调呈现出红、淡红、粉红、灰白及白色。因种植期或种植地块有些呈白色或白色	影像纹理粗糙，不同地区不同色差很大	这类耕地多以梯田、卯地、梯田为主，缺天吃饭
	123	主要分布在盆地山前带，河流冲积、洪积或湖积平原（水源短缺灌溉条件较差）	小麦、玉米、高粱、谷子、糜子、大豆、油菜、土豆等	影像的几何特征规则，地块大，排列整齐，地类界线明显	影像色调较为丰富，呈现出红、鲜红、粉红、灰白色等颜色。没种植地块呈白色或白色	影像纹理较粗糙，但地类间色差很明显	此类耕地大多数分部在山间川内，但水源短缺
	124	主要分布在山区（秦岭沿沟谷陡坡上），坡度一般都大于25°（属于陡坡挂坡地），应退耕还林	玉米、大豆等	图斑几何形状不规则，地块较小分散，地类界线明显	影像色调以红、淡红、淡为主。未种植地时红、淡红呈灰或灰白色	影像纹理较粗糙	实地测算坡度多数大于25°，分布在秦岭山谷合坡上
林地（有林地）	21	主要分布在较高山（海拔4 000 m以下）或中山坡地、谷地两坡、山顶、平原等。在青海南山、祁连山、六盘山及秦岭山等均有	青海云杉、松、杨、柳、沙枣、梧桐等	影像上可以看出乔木林的生长主要受地形、海拔、水分、土壤限制。形状不太规则，但与其他地类同条件影响越大，边界润清晰	影像色调暗红（阔叶林）、鲜红（针叶林或幼林）红色越深，受坡度、水分等条件影响越大	从单一林种来看色调较均匀，影像纹理都很细腻理细腻	山区基本沿等高线山色分布较有规律，其他无规律
林地（灌木林地）	22	主要分布在较高的山区（4 500 m以下），多数分布在山谷及沙地	高山杜鹃、高山柳、山柳、红柳、柠条、梭梭等	高山灌木基本沿等高线，其他地段生长在色，低地地中、但形状不规则	呈红、鲜红、粉红和暗红色，因坡向、地段、土壤、水分等原因，色差较大	影像纹理细腻清晰，在同一色调中差异不大	多数分布在山地里其他地段较少

类型		代号	空间分布位置	作物植被	影像特征			备注
					形态	色调	纹理	
林地	疏林地	23	主要分布在山区、丘陵、平原及山前丘陵坡、地，绿洲边缘及戈壁、沙壤质（壤质、砾质）边缘	杨、柳、沙槐、沙枣、沙拐枣、沙柳等	一般生长在丘陵坡、地，绿洲边缘及戈壁、沙块较小、分布比较分散	影像呈红、鲜红、粉红色。以小块状或呈星点状分布	影像纹理较细，但在相同色系中差异较大	一般生长在自然环境较差地区
	其他林地	24	主要分布在绿洲边，路边及农村居民点周围	梧桐、河杨、柳及各种果树等	大多数以线状、格状、点状和片状分布	以红、鲜红和粉红色的线、格状、点状为主	从影像纹理上看比较紊乱，不规则	在田间、河堤和公路旁均有分布
草地	高覆盖度草地	31	一般分布在山区（缓坡）、丘陵（陡坡）及河间滩地、戈壁、沙地丘间等	高草、冰草、芦苇、针茅、盐爪爪、骆驼蓬等	形态各异，连片分布，地类边界明显，多在水分条件较浓的地方	以鲜红、红、淡红、粉红为主色调，红色越鲜好，红色越浓	影像质底较细腻，纹理清晰、颜色均一，不同地类间的色差明显	西北地区此类草地大多分布在海拔2 500 m以上
	中覆盖度草地	32	主要生长在较干燥地方（戈壁低洼地和沙地丘间地等）	苦豆子、骆驼刺、大针茅等	形态不规则，基本生长在土层较厚易积水的地段	颜色以红、淡红、粉红色调。一般生长在相对缺水的地段	影像质底较细腻，颜色均一，不同地类间色差较明显	以旱生植被为主
	低覆盖度草地	33	主要生长在较干燥地方（黄土丘陵上和沙地边缘）	骆驼刺、红砂、骆驼刺、盐爪爪、鸡爪芦苇刺等	形态不规则，丘陵及土层薄，易积水地段	以粉红、淡红为主色调，一般生长在相对较旱的地段	影像质底较细，地类间颜色差别较大	多以旱生植被和盐碱植被为主
水域	河渠	41	主要分布在平原、川间耕地及山间沟谷。黄河、渭河、黑河、美丽渠		几何形状明显，河弯曲不定、支干渠相对较直	影像呈现深蓝色、蓝色或淡蓝色	影像质底较细腻，纹理清晰、颜色均匀	渠道在宁夏黄灌区
	湖泊	42	主要分布在青海省及其他地区的山间低地和沙丘间低地内。青海湖、茶卡湖和沙湖等		几何形状较明显，呈现出自然形态	深蓝、淡蓝和蓝白色	影像质底较细腻，纹理清晰、颜色均匀	西北地区以高原湖泊为主，其他湖泊较少
	水库、坑塘	43	主要分布在平原、川间河谷内，周围有居民地和耕地。双塔水库、鸳鸯池水库、刘家峡水库等		几何形状较明显，人工建造痕迹明显（大坝）	深蓝、蓝、浓蓝色，但颜色均匀	影像质底较细腻，色调均匀	沿黄河、渭河等边有许多养鱼塘

类　型		代号	空间分布位置	作物植被	影　像　特　征			备　注
					形　态	色　调	纹　理	
水域	冰川积雪	44	主要分布在（海拔4 000 m以上）高山顶部。七一冰川及祁连山常年积雪		它的几何特征沿等高线	影像呈现白色	影像质底较细腻、色调均一	此类主要分布在青海和甘肃
	海涂	45	无					
	滩地	46	基本分布在河流两侧及河心岛上。黄河、清河、榆林河、芦河、大同河、湟水河等		呈现不规则的条带或片状	影像颜色呈现灰、白色及灰白色	影像颜色较均匀	在不同地区河滩本底也不同（沙质、砾质、壤质）
城乡居民点和工矿用地	城镇用地	51	主要分布在平原、山区盆地、黄土塬、黄土坡及沟谷台地		几何特征明显，形状多样，边界清晰	影响为灰、灰白、白色	影像纹理较粗糙、边界清晰	因城市较多不全部列出
	农村居民用地	52	主要分布在绿洲、耕地及路边（在黄土地区的塬面、坡上都有）。芦草沟、山根村、水车湾村		几何特征明显，较规则	灰及灰白色	影像纹理较粗糙，显得较乱	一般在居民地周围有四旁林
	工交建设用地	53	一般分布在城镇和交通较发达的地区。汝箕沟煤矿、兰化、兰州炼油厂等		几何特征明显，较规则	黑灰、灰和灰白色	影像质地、纹理较粗糙	煤矿在影像上呈黑色
未利用土地	沙地	61	大多分布在河流两侧、河拐湾及山前外围。滕格里沙漠、毛乌素沙地等		几何特征明显，边界明显	呈灰黄、灰和灰白色	影像质地较细	青海有很多沙爬山的景观
	戈壁	62	主要分布在风蚀较强有沙源物质输送的山前带。河西走廊二百里戈壁等		几何特征不明显，边界清晰	影像呈灰和灰白色	影像质地纹理较细	地类块较大
	盐碱地	63	主要分布在相对较低易积水及干湖泊及湖泊边沿。民勤盐碱湖及青海湖边等		几何特征明显，边界清晰	影像呈红、灰、灰白色	影像质地纹理较细，颜色均匀	红色是积水处有植被

类型	代号	空间分布位置	作物植被	影像特征 形态	影像特征 色调	影像特征 纹理	备注
未利用土地	64 沼泽地	主要分布在相对较易低积水地段。格尔木北及宁夏沙湖周围		几何特征不明显，也不规则	影像呈鲜红、浓红及黑灰色	影像质地较细但不均匀	主要有淤泥。沿有植被
	65 裸土地	主要分布在较干旱地区（山间陡坡、丘陵、戈壁）。定西等地貌、卵地均均有分布		地类边界线不规则	影像呈白色	影像质地较细、均匀	戈壁上分布在干旱少土处
	66 裸岩	主要分布在极高度干旱山区（风大、少雨）。格尔木东及河西走廊两山		地类边界线明显但不规则	影像呈灰白色	影像质地较细但不均匀	以风化岩石为主
	67 其他	主要分布在海拔在4 000 m以上，冻融形成的裸露岩石。昆仑山、唐古拉山、祁连山等		地类边界线明显但不规则	影像呈深灰和白色	影像质地纹理较细但不规则	此类主要分布在海拔较高的山区

表2.16 中国西北地区（新疆维吾尔自治区）陆地卫星 TM 假彩色数据土地资源信息提取标志

类型	代号	空间分布位置	作物植被	影像特征 形态	影像特征 色调	影像特征 纹理	备注
耕地	11 水田	分布于冲积扇中下部、洼地、河流两侧低阶地或水库附近。主要在米泉、阿克苏及南疆南部的河流两岸	水稻	明显的四边形规则排列，呈格状和条带状、灌溉方便，渠系成网	红色、深红色、鲜亮、深暗、色调饱和	平滑细腻	
	12 旱地	绝大部分分布于绿洲地带，界线较明显，有些分布于低山丘陵地区的宽阔河谷中，坡旱地主要分布于东疆北部及北疆东部	包括粮、棉、油等作物，济作物构杞子、啤酒花、瓜等	大块明显的四边形，有引渠或无引渠的较规则状	色调多样、多边以红色为主，又有灰白、浅蓝等、饱和程度不一	平滑、腻，细	

类型	代号	空间分布位置	作物植被	影像特征 形态	影像特征 色调	影像特征 纹理	备注
林地 有林地	21	大部分在塔里木河、伊犁河、额尔齐斯河两岸（河谷林）及天山、阿勒太山地林（在海拔1700 m以上，阴坡为云杉和阿勒太山地松主）	河岸为杨、榆、胡杨；山	呈不规则的条带状和片状	深暗红色及暗红色、深暗、灰暗	较粗糙，有立体感	
林地 灌木林地	22	中低山阴坡、平原及荒漠地带广泛分布，山地为各种灌木矮林、平原及荒漠地带主要是红柳等		呈不规则的条带状和片状，外缘不很明显	深红色、红色、较暗红色	较粗糙，但立体感不强	
林地 疏林地	23	分布于水分条件较好的山地、小阴坡、河谷、冲积扇、老河道等地区	植物种类同有林地	呈不规则的条带状和片状，外缘不明显	深红色、浅暗与深灰	较粗糙，立体感强	
林地 其他林地	24	多在绿洲农区，特别在南疆、农村居民点周围多果园、和田、吐鲁番、伊犁的霍城等一些山沟内有野果林，有待开发，只作为有林地	各种树木，苗圃，果树包括葡萄等	较明显的四边形和多边形，多有渠道相同	暗红色、浓暗、色调较饱和	影像结构粗糙，有立体感	
草地 高覆盖度草地	31	主要分布于中高山地及河流沟谷附近，包括高山亚高山草甸、河谷沼泽化草甸等	各种中生湿生草本	大小不一、无固定形状、大多呈片状、带状，一般连片分布	暗红或红色、鲜红明亮、色彩、色调较饱和	平滑细致，有立体感	
草地 中覆盖度草地	32	山地、平原及河流沟谷边均有分布；山地主要在中低部，水分条件稍好的平原沟谷地带	中生旱生草本	带状，面状连片出现	红色及浅红色、明亮与灰暗	平滑细致，略有立体感	
草地 低覆盖度草地	33	分布较广，主要在低山、山前平原地区及沙地边缘	旱生草本	不规则的大连片分布	浅黄绿色、淡红色、较明亮	平滑中带有粗糙感	

类型		代号	空间分布位置	作物植被	形态	影像特征		备注
						色调	纹理	
水域	河渠	41	河流渠道分布较广		线形不规则则条带状	深蓝色、蓝色、鲜亮	均匀	
	湖泊	42	分布较广，高、低海拔均有，地势相对低注		不规则的面状、大小不一	浅蓝及深蓝色、鲜艳明亮、色调和饱和	平滑细致	
	水库、坑塘	43	一般分布于河流出山口，河流汇集处及农区绿洲的中上部		不规则的面状、下游一般有规则平直的边形（水库水坝）	深蓝色和蓝色、鲜艳明亮、色调和饱和	平滑细致	
	冰川积雪	44	海拔较高（3400 m 以上）的高山顶部及高山脊附近		依就地势，呈片状和面状	浅蓝色、白色、明亮	平滑细腻	
	海涂	45	无					
	滩地	46	湖泊、河流外围，低阶地的下部	几无植被	条带状、扇状	浅蓝、蓝、暗红绿、明亮到灰暗	平滑絮状	
城乡居民点和工矿用地	城镇用地	51	基本分布于绿洲地区、地势开阔，交通线密集地区		属中大型人工建筑区、形状不定、多是面状、片状	蓝灰色、蓝黑色、暗红色、灰暗	较粗糙、见格状斑点	
	农村居民点	52	遍布绿洲、山区、交通沿线等地	多林木包围	面状、片状等相对较规则的形状	灰白、红色、暗红色、较明亮	粗糙网格	
	工矿和交通用地	53	盐厂分布在湖泊边有盐池皮；工厂居民区；机场跑道明显；油田钻井呈深色调点状密集成片，之间有辐射状道路相同，多在盆地边缘		形状规则、较为清晰、大小不一	灰白、蓝灰、浅红、明亮	细致、顺序较好	
未利用土地	沙地	61	主要分布在两大盆地中部、伊犁地区西部伊犁河北岸、吐鲁番鄯善等地。北疆沙漠多为固定沙丘，南疆多为流动沙丘	沙漠间植物主要是红柳，老河道上有零星胡杨	大片状、面状	土黄色、黄绿色、浅蓝色、明亮	坎坷不平，有立体感	

类型		代号	空间分布位置	作物植被	影像特征			备注
					形态	色调	纹理	
未利用土地	戈壁	62	主要分布在山前与绿洲之间,与沙漠之间,多为冲洪积扇	植被很少,主要是极干旱品种,如高属等	大面积片状	灰色、蓝灰色,鲜亮	较为平细,多浅色线状冲沟	
	盐碱地	63	地势低平,分布较广,大部分在沙漠边缘冲洪积扇下部	稀少的耐盐碱类植物	条带状、面状、片状	白色、灰白色,明亮	絮状、较为平滑	
	沼泽地	64	河流两侧、湖边积水处及冲洪积扇下缘	水生植物为主,如芦苇	不规则的片状、面状	深蓝、黑红色,暗浓、不明亮	絮状、较粗糙	
	裸土地	65	分布于山前丘陵、冲积扇、戈壁等地,地势较平坦开阔,离河湖较远	极少的各种旱生植物	不规则的片状、条带状	白色调,明亮	平展光滑	
	裸岩石砾地	66	多为低山山体、高山顶部,极干旱的剥蚀残山等	几无植被	片状、条带状	青灰色、浅绿色,鲜亮	凹凸不平、立体感强	
	其他	67	指高寒荒漠苔原,分布在高海拔寒荒苔原、高原接近永久积雪和冰川区域	稀少的高寒苔藓地衣类	片状、条带状	暗黄绿色,灰暗	平滑细致	

表2.17 中国西南地区（四川、重庆、云南、贵州）陆地卫星 TM 假彩色数据土地资源信息提取标志

类型	代号	空间分布位置	作物植被	影像特征			备注
				形态	色调	纹理	
耕地·水田	111	山区狭窄河谷及河流两侧25°以下和高程2 600 m以下水热条件较好的缓坡上、阶地、台地上	水稻（一年一季）	几何特征明显，田块小，沿等高线走向分布，垂直面状、面状条带，界限较清晰	山区水田大多一年一季水稻，秧苗恢复期至成熟期红色；蓄水期和翻耕后分别为湖蓝和青色	影像结构均匀细腻	1. 水田影像结构均一细腻和旱地影像纹理粗糙是区分两者的重要标志。
	112	主要分布在丘陵地区狭窄河流冲积谷地、阶地和河谷两侧	水稻、小麦和油菜（四川、重庆）	几何特征明显，因受地形限制，田块较小且呈条带状分布	有作物生长的田块呈粉红色，长势好覆盖度高的色深，反之则浅；蓄水期为湖蓝，翻耕田呈青色	影像结构均匀细腻	
	113	主要分布在河流冲积、洪积、湖积平原（坝）、山间盆地、溶蚀盆地和大的冲积扇上	景洪以北水稻、小麦、玉米、甘蔗，以南水稻、西瓜	几何特征明显，田块大，连片，排列整齐，边界清晰，往往有灌溉水系	由于海拔低、光、热、水条件好，水田利用率高，常年有作物生长，基调为粉红，作物不同和生长期不同，呈现深浅的差异	影像结构均匀细腻	2. 市场经济的驱动，有的水田被开挖成水产养殖塘，有的改植果树，甚至有些地方有撂荒现象
	114	分布在水热条件较好、土层较厚的2 600 m以下25°以上的陡坡上	2 100 m以上水稻；低海拔水稻、小麦、玉米	几何特征明显，垂直梯状、水平条带状，地块小，界限明显	蓄水、插秧及秧苗恢复期，水稻收完为湖蓝、浅湖蓝、不同生长期，色调为粉红，并由浅向深过渡；甘蔗不同生长期呈由浅渐深的粉红色	影像结构均匀细腻	
旱地	121	主要分布在山区缓坡带，3 800 m以下山脚、山腰和垭口部位分布最多，山顶部位分布较少	玉米、薯类、荞麦	几何特征不规则，地块小，而分散。多呈块状、条带状，界限较明显	大多一年一季，有作物生长的地块呈粉红色，少有鲜红；无作物生长和幼苗刚出土地块呈亮青、灰白和亮白色	影像结构粗糙	1. 长江上游实施生态环境保护的防护林工程多年，种草植树，部分陡坡旱地退耕，由于时间不长，树木尚未长大，给陡坡有林地、草地和有林地的判读带来一定困难。

类型		代号	空间分布位置	作物植被	影像特征			备注
					形态	色调	纹理	
耕地	旱地	122	分布在丘陵缓坡处，各部位均有，主要集中在山腰以下	小麦、油菜、玉米、甘蔗	几何特征不规划，田块较大，低丘旱地往往连片，中、深丘则少连片、分散，界限较明显	有作物生长的地块呈粉红，少有鲜红及暗红色；无作物的幼苗刚出土的地块呈青、灰白和亮白色	影像结构粗糙	2. 在一些地区（如云南景洪市和元江县）大面积的陡坡旱地改植橡胶园或芒果园，且大都还是幼树，仍呈旱地景观，容易造成误判
		123	分布在河流冲积、洪积、湖积平原（场）和山间盆地、溶蚀盆地和大的冲积扇上，主要集中在城镇附近和缺水、略有起伏状地区	小麦、油菜、甘蔗、蔬菜、玉米	几何特征较规则，地块较大、排列整齐、边界清晰	影像色调丰富，有作物生长的地块呈粉红、鲜红；无作物生长的地块呈亮青色、亮褐色和亮白色（此类耕地利用率高，很少闲置不用）	影像结构比较粗糙	
		124	主要分布在山区，深丘25°以上的陡坡上，多集中在人口密度较大和森林植被遭到严重破坏的地区	农作物种类多，主要有玉米、小麦、油菜、甘蔗、薯类、荞麦	几何形状不规则，地块小而分散，边界较明显	影像色调丰富多样，有作物生长的地块一般呈粉红、鲜红到暗红；无作物、土壤裸露部分，由于土壤类型不同则呈亮白色和亮青色	影像结构粗糙	
林地	有林地	21	主要分布在山区3800m以下和丘陵区的顶部、腰部，干热河谷的阴坡，川西、滇西两侧		受地形、高程和人类活动影响，高山区森林成片的地方森林成片，形状较不规则而在低中山区林地边界弯曲，形状不规则，常常针阔混交林、灌木混杂	针叶林深红（偏紫），针阔混交林暗红，阔叶林浅暗红；中、幼林区成熟林色调精淡，覆盖度越高，树龄越长，色随之加深，饱和度越高	单一林种细腻，混交林细腻但不均匀	林地中幼林和覆盖度高的灌木（高、中灌）在色调上不易区分
	灌木林地	22	主要分布在山区（海拔一般4000m以下）和丘陵地区，一般在山区阴坡阳坡和干热河谷阴坡		受地形、高程控制，边界圆滑，自然破坏的受人类活动影响，形状不规则	覆盖度高、中、低灌色呈一般呈浅红色，调由深到浅、色调浅，但差异异大，但差异较均匀	覆盖度高结构细腻，覆盖度低结构粗糙	

类 型	代号	空间分布位置	作物植被	影 像 特 征			备 注
				形 态	色 调	纹 理	
林 地 疏林地	23	主要分布在山区和丘陵地带，自然林被严重破坏的地区，居民点周围地区		受地形控制、边界有一定的规律性，较圆滑，受人类活动影响，形状不规划，块状、条带状居多	浅红色，色调杂乱无章；疏林一般与草、灌共生，色调界限不清晰	林、草覆盖度高结构一较细腻，反之结构粗糙	
其他林地	24	平原，丘陵，山区均有分布，但山区受高程影响，一般分布在山腰以下		几何特征明显，形态较规则，在平原呈方形和长方形，在丘陵呈弧形带状和椭圆状，山区则呈块状、条带状，边界较清晰，但不易和林灌分开	影像色调多样，果园一般呈紫红，暗红和红色，茶园呈暗红色或紫红色，苗圃呈橘红色或红色，胶园呈灰黑色，迹地呈青色	结构粗糙，大片中龄以上果园、茶园地有格网纹理	
草 地 高覆盖度草地	31	主要在山区，特别是森林砍伐严重，复植率低的地区，人口密度较小，农事活动不太剧烈的丘陵区，干热河谷的阴坡，退耕还草坡地		形状受地形和人类活动的影响，连片但形状不规则，边界清晰	枯萎期的草地呈黄褐色或浅黄色，局部有微红色斑点（灌丛），生长期为浅红，茂盛期红色，如有高草有的呈鲜红色	影像结构较均一	四川盆地几乎无草地，仅有点状、条带状零星分布，草地多分布在盆周山地和川西高原；云南草地多分布在元江一元谋干热河谷后两侧和滇西侧和滇中，贵州除黔东北地区外，其余地区分布广泛
中覆盖度草地	32	主要分布在干热河谷两侧阴坡，喀斯特地区土质一般的缓坡		受地形、水、热、土壤条伴限制，形状多样，通常呈块状、面状和条带状；边界较清晰	枯萎期呈黄褐色和黄白色，生长期呈浅红，茂盛期暗红	影像结构较均一	
低覆盖度草地	33	主要分布在干热河谷两侧阴坡土层薄和部分基岩裸露的坡地，喀斯特地区部分基岩裸露的陡坡、陡坡面上，陡坡垦殖，水土流失严重的弃耕地上		不规则斑块，大小不一，散乱分布，界限不明显	枯草期黄白或灰白色，部分青灰色	影像结构较均匀，局部粗糙	

类型		代号	空间分布位置	作物植被	影像特征			备注
					形态	色调	纹理	
水域	河渠	41	主要分布于平原和山丘沟谷		几何特征明显，自然弯曲或局部平直，均匀流畅，边界清晰	深蓝、蓝色或浅蓝，色调均匀	结构均一，纹理细腻	
	湖泊	42	主要分布在平原和山丘的接合部（如滇池、邛海、洱海）和山山区		几何特征明显，呈现自然形态，局部被人类改造	深蓝、蓝色，色调均匀	纹理细腻（湖泊水体遭污染部分除外）	
	水库、坑塘	43	主要分布在平原（坝）、丘陵区耕地和居民地周围		几何特征明显，人类建造特征突出	深蓝、蓝色或浅蓝，色调均匀	结构均一，纹理细腻	
	冰川积雪	44	分布在极高山顶部，川西和滇西北地区		形状沿等高线延伸闭合，界限明显	全白	影像结构均一	
	海涂	45	无					
	滩地	46	分布在河流两侧和江心洲周围		沿河流呈现不规则条带状，江心洲周围呈环带状	灰白色或亮白色	影像结构均一	
城乡居民点和工矿用地	城镇用地	51	主要分布在平原（坝）及山区盆地、江、河两岸		几何特征明显，形状多样，边界清晰	青灰色、灰白色、白色，色调杂乱	影像结构粗糙	
	农村居民用地	52	低中海拔各地貌类型均有分布		几何特征明显，边界明显	灰色或灰白，色调较杂乱	影像结构粗糙	
	工矿和交通用地	53	主要分布在城镇经济发达地区和交通沿线		几何特征明显，边界清晰	灰白色、白色，色调较均匀	影像结构较粗糙	

类型		代号	空间分布位置	作物植被	影像特征			备注
					形态	色调	纹理	
未利用土地	沙地	61	主要分布在河流两侧河流拐弯处		依附于河流流形状，几何特征明显，边界清晰	白色，色调不均匀	影像结构粗糙	
	戈壁	62	无					
	盐碱地	63	无					
	沼泽地	64	主要分布在川西高原		纯天然形成，形状自然，连片，界限明显	色调深青，间有红色色斑点	影像结构粗糙	
	裸土地	65	主要分布在喀斯特地区，山区陡坡		形状多样，边界清晰	灰白色，色调不均一	影像结构较均匀	
	裸岩	66	主要分布于高山顶部和悬崖		形状不规划，边界清晰	灰白色，同有白色，色调不均一	结构较粗糙	
	其他	67	无					

表 2.18　中国华中地区（湖南、湖北、江西）陆地卫星 TM 假彩色数据土地资源信息提取标志

类型		代号	空间分布位置	作物植被	影像特征			备注
					形态	色调	纹理	
耕地	水田	111	主要分布在山区河流或沟谷两侧	种植水稻、油菜、小麦为主	几何特征较为明显，田块成块状或呈带状分布	以浅青色、深红色为主，色调均匀	影纹结构均一	在夏秋季节与顶势稍高之大平原的卫星影像上颜色为鲜红色，在秋冬季节与游注地则为浅青色
		112	主要分布在山地、丘陵区河流沿岸或沟谷两侧		几何特征明显，田块呈条带状	鲜红、浅青色为主，色调均匀	影纹结构均一	
		113	主要分布在宽阔的湖积、冲积与洪积平原，以及山区河谷平原，地势较低，起伏微缓		几何特征明显，边界清晰，田块较大，呈规则则整齐面状，可见较多的田坎和渠系设施	以鲜红色、浅蓝灰色为主，兼有浅灰灰白，色调均匀	影纹结构均一	
		114	主要分布在山区坡地带，地形坡度大于 25°，梯田		几何特征明显，田块较小，呈小块状	主要是浅青色，色调较均匀	影纹结构比较均一	

类型		代号	空间分布位置	作物植被	形态	影像特征		备注
						色调	纹理	
耕地	旱地	121	主要分布在山地、丘陵地带，地形起伏大，多为坡耕地	种植小麦、棉花、豆类、甘蔗、玉米、薯类及部分果类为主	几何特征不规则，边界模糊，田块较小，呈块状	影像色调多样，一般为浅红色、亮白色	影像结构粗糙，混杂有零星的异色色斑点	1. 秋季的坡地影像呈灰白色，平原区和春夏季节的影像则呈浅红、红褐色 2. 新翻耕之地与新未成造易混
		122	主要分布在山地、丘陵地带，地形起伏比较大。多为坡耕地		几何特征不规则，坡地边界模糊，田块呈块状	影像色调多样，一般为亮白色、浅红色	影像结构粗糙，混杂有零星的异色色斑点	
		123	主要分布在湖积、冲积平原，冲积平原，地势较高，起伏微缓		几何特征较规则，呈较大的块状，地块边界清晰	影像色调多样，一般为红褐色、亮白色	影像结构较粗糙	
		124	分布在山区的陡坡耕地，地形坡度大于25°		几何特征不规则，田块小，呈小块状	多为亮白色	影像结构粗糙	
林地	有林地	21	平原、丘陵、山地均有分布	松、杉为主，阔叶林、竹林次之	边界十分清晰，呈不规则块状，在山地呈大面积块状	深红色、暗红色、色调均匀，间有阴影	影像结构粗糙，但色调均匀	其中，园地圃等呈紫红色、暗红色、迹地呈灰黑或深青色调
	灌木林地	22	主要分布在丘陵坡或河谷两侧		边界较清晰呈不规则块状	亮红色为主，色调均匀，间有阴影	影像结构较为细腻，呈线毛状	
	疏林地	23	主要分布在山区、丘陵地带		边界清晰呈不规则块状	浅红色、色调杂乱	影像结构粗糙	
	其他林地	24	平原、丘陵、山区均有分布		几何特征明显，边界清晰，呈块状、不规则面状	以深红、棕红色为主，间有阴影	影像结构粗糙，大片园地有格网纹理	
草地	高覆盖度草地	31	主要分布在山区丘陵山体的阳坡顶部		分布受地形影响，呈不规则块块状	浅（暗）灰白为主，局部有浅红色阴影	影像结构较均一，边界清晰，略呈毛状	高大或茂密的草被覆盖区与灌木从的影像无明显差别
	中覆盖度草地	32	主要分布在山体阳坡及顶部；撂荒三年以上的耕地		面状、条带状、块状、边界清晰	同有浅灰白色、间有阴影	影像结构较均一，略呈线状	
	低覆盖度草地	33	丘陵、山地分布极少		不规则斑块	黄白或灰白、灰色	影像结构较均一	

类型		代号	空间分布位置	作物植被	影像特征			备注
					形态	色调	纹理	
水域	河渠	41	主要分布平原、山区的沟谷		几何特征明显，自然弯曲或局部明显平直，边界清晰	蓝色，色调均匀	影像结构均一	
	湖泊	42	主要分布平原、山区的低洼地区		几何特征明显，呈现自然的团块状，但湖尾形态多样。边界自然清晰	深蓝色或浅蓝色，色调均匀	影像结构均一	滩地面积及其利用方式因影像的时相而有很大不同
	水库、坑塘	43	主要分布于平原、丘陵区的河谷（含河流）或耕地之中		几何特征明显，有拦水坝等工程造痕迹，形态多样。边界自然清晰	深蓝色或浅蓝色，色调均匀	影像结构均一	
	冰川积雪	44	无					
	海涂	45	无					
	滩地	46	主要分布于河、湖、库沿岸		几何形状随所沿的水域类型而变化，边界自然清晰	亮白色，色调均匀	影像结构均一	
城乡居民点和工矿用地	城镇用地	51	主要分布于平原、大河及大湖沿岸及山间盆地		几何形状特征明显，边界清晰	青灰色、杂有其他地类处色调紊乱	影像结构粗糙	
	农村居民点	52	各地貌类型区均有分布		几何边界清晰，多呈块状，但沿水渠分布者呈条带状	灰色或浅灰红、色调较紊乱	影像结构粗糙	居民用地四周有面积不等的树林
	工交建设用地	53	主要分布在经济发达城镇周边开发区、富矿区或交通沿线		几何形状特征明显、边界清晰	亮灰白色、色调较均匀	影像结构较粗糙	
未利用土地	沙地	61	无					
	戈壁	62	无					
	盐碱地	63	无					
	沼泽地	64	主要分布湖库四周的低湿地、生长有较茂密的芦苇、野菰、莲及其他湿生或水生植被		几何特征明显、形状多样，边界清晰	鲜红色，色调均匀	影像结构均一、边界清晰，呈绒毛状	个别的裸土地与无植被的旱地有相似的影像特征，易混淆

类型		代号	空间分布位置	作物植被	影像特征			备注
					形态	色调	纹理	
未利用土地	裸土地	65	主要分布在山丘顶部、平原区城镇或居民点附近		边界比较清晰	灰白色，色调均匀	影像结构较粗糙	
	裸岩	66	主要分布在山丘顶部和急陡坡部位		边界比较清晰	浅灰白色，色调均匀	影像结构较粗糙	
	其他	67	无					

表2.19　中国华东地区（江苏、安徽543波段合成、上海432波段合成）陆地卫星TM假彩色数据土地资源信息提取标志

类型		代号	空间分布位置	作物植被	影像特征			备注
					形态	色调	纹理	
耕地	水田	111	主要分布于江苏、安徽山区的沟谷中	冬春种小麦，夏秋种水稻	呈细条带状、与丘陵山地的林灌草界线明显	江苏、安徽543合成影像上颜色或紫色或为紫色或灰白色	影像结构均匀细腻	
		112	分布于江苏、安徽丘陵地区的河流冲积谷地和阶地上	冬春种小麦、油菜，夏秋水稻为主	呈上尖下宽条带状，田块较小	江苏、安徽543合成影像上颜色为紫色、灰白色，在江苏省的图像上为绿色	影像结构均匀细腻	
		113	大面积分布于苏南、苏北和皖北平原、皖南山间平原上，亦有大面积分布。在上海市分布于冲积平原上	冬春种小麦、油菜，夏秋种水稻和西瓜、棉花、莲藕、茭白等	大面积片状，田块大、排列较为整齐，沟渠纵横其间	江苏、安徽543合成影像上颜色为绿色，皖南山间平原上的水田呈红色。上海市432合成上色调为标红色和青灰色	影像结构均匀细腻	
		114	无					

类型	代号	空间分布位置	作物植被	影像特征 形态	影像特征 色调	影像特征 纹理	备注
耕地　旱地	121	主要分布于江苏、安徽山区的缓坡地上	冬春种小麦,夏秋种玉米、红薯	呈不规则细小面状,田块小而零散	543 合成影像上颜色呈黄或灰白色	影像结构粗糙	
	122	位于江苏、安徽丘陵山区的坡麓上,起伏较缓的丘陵有较大面积的丘陵旱地分布	小麦、玉米、山芋、蔬菜	呈现不规则几何形状,地块较大,亦有小块零星分布于丘陵坡麓	543 合成影像上色调丰富,颜色为玫瑰、浅黄褐或灰白色	影像结构粗糙	
	123	主要分布于皖北和苏北滨海平原以及城镇和上海市周围,居民点附近亦有零星分布	江苏、安徽小麦、玉米、棉花、油菜和蔬菜。上海主要为蔬菜地	江苏、安徽呈大面积片状,几何形状规则,田块较大。上海城镇与水季田界线不明显。而居民点附近的旱地是零星分布大,不规则小块面状,边界比较明显	江苏、安徽 543 合成影像上城镇周围的蔬菜地颜色呈蓝绿色,其他主要呈绿、灰褐。上海市 432 合成影像上颜色为肉红色	影像结构比较细腻	
	124	无					
林地　有林地	21	主要分布在丘陵山地上,居民点附近和河流旁亦有小面积分布	江苏、安徽针叶林,针阔混交林为优势种群,山凹和山坡有较大面积毛竹林地分布	边界呈不规则圆弧状,江苏、安徽山区有大面积分布,而平原上则是零星分布的人工林地呈长条带状	江苏、安徽 543 合成影像上呈绿色。上海市 432 合成影像上颜色呈鲜红色	影像结构细腻均一	
灌木林地	22	主要分布在江苏、安徽丘陵山地上		边界呈不规则圆弧状	543 合成影像上颜色呈黄、黄绿色或灰黄色	影像结构比较细腻	
疏林地	23	主要分布于江苏、安徽丘陵山地的山坡和山顶以及陵丘上,总体分布较少		呈不规则面状	543 合成影像上颜色呈黄和黄绿色	影像结构比较细腻	

类型		代号	空间分布位置	作物植被	影像特征			备注
					形态	色调	纹理	
林地	其他林地	24	在江苏、安徽主要分布于丘陵山地的坡麓和山前平原上，苏北平原及黄河一带亦有分布。上海主要分布在崇明岛、长兴岛、横沙岛和奉贤县	江苏主要有茶、橘、桃和苹果，安徽主要有茶、苹果、梨和枣。上海主要为橘和桃	呈不规则面状。在上海市边界呈不规则圆弧状	543合成影像上色彩较为丰富，有桃红色、粉红色、黄色、黄绿色。432合成影像灰黄色和灰黄色。432合成影像上顶色呈鲜红色	543合成影像上影像结构比较粗糙，432合成影像上影像结构细腻均一	
草地	高覆盖度草地	31	主要分布于丘陵山地顶部和江河湖海边		呈不规则面状，界线明显	江苏、安徽543合成影像上山顶草地呈黄和黄褐色，在江河湖海边的呈粉红色、黄褐和暗绿色。上海市432合成影像上图像颜色呈棕红色	影像结构细腻均一	
	中覆盖度草地	32	无					
	低覆盖度草地	33	无					
水域	河渠	41	主要分布于平原和安徽丘陵山地沟谷		呈不规则条带状，边界非常清晰	两种合成影像上均呈黑色和蓝色	影像结构细腻均一	
	湖泊	42	主要分布在平原地区		呈不规则自然形态，边界非常清晰	两种合成影像上均呈黑色和蓝色	影像结构细腻均一	
	水库、坑塘	43	分布范围较广，水库主要分布在江苏、安徽丘陵山地地区，坑塘则主要分布在平原地区。上海以坑塘为主		水库一侧有明显的直边（为拦水坝），鱼塘有明显的格网状纹理。坑塘呈不规则面状	两种合成影像上均呈黑色和蓝色	影像结构细腻均一，鱼塘有明显的格网状纹理	
	冰川积雪	44	无					

类型		代号	空间分布位置	作物植被	影像特征			备注
					形态	影像色调	纹理	
水域	海涂	45	主要分布于苏北滨海边上的沙质和泥质滩涂。上海分布于滨海地区		呈宽条带状延展，边界明显	543 合成影像上沙质海涂呈紫灰色，泥质海涂呈蓝绿色。432 合成影像上呈蓝色或黄褐色	影像结构比较均匀	
	滩地	46	主要位于江河湖畔和江心洲上		呈不规则条带状和小块状，边界比较明显	543 合成影像上呈粉红、灰褐色。432 合成影像上呈黄褐色	影像结构比较均一	
城乡居民点和工矿用地	城镇用地	51	主要分布在平原，山间平原和江河两岸		呈不规则面状，边界明显	543 合成影像上颜色为品红色、紫色和灰黄色。432 合成影像上颜色为灰白色、天蓝色或墨绿色	影像结构粗糙	
	农村居民用地	52	各地貌类型区均有分布。上海市分布在平原地区		呈不规则面状，边界明显	543 合成影像上呈品红色。432 合成影像上呈灰白或灰色	影像结构粗糙	
	工交建设用地	53	主要分布在城镇周边地区，盐场分布在海滨地区		主要呈不规则面状，盐场几何形状规则，呈矩形，边界明显	543 合成影像上为灰白色，盐场图像颜色呈蓝色。432 合成影像上颜色为灰白色	影像结构粗糙	
未利用土地	沙地	61	无					
	戈壁	62	无					
	盐碱地	63	无					
	沼泽地	64	无					
	裸土地	65	无					
	裸岩	66	主要位于江苏、安徽丘陵山地顶部，分布极少		呈不规则面状，边界明显	543 合成影像上颜色为灰白色	影像结构比较粗糙	
	其他	67	无					

表 2.20　中国华东地区（浙江、福建、台湾）陆地卫星 TM 假彩色数据土地资源信息提取标志

类 型		代号	空间分布位置	作物植被	影像特征			备 注
					形　态	色　调	纹　理	
耕地	水田	111	山地		呈细条状或枝状	淡黄红、淡粉红（依图像拉伸程度不同，颜色稍有变化）	一般来说色彩均一，但向山脚延伸时，特别是在梯田位置时，色彩会有一些变化	
		112	丘陵间谷地或者低丘坡上		呈稍宽条状或小块状	淡黄红、淡粉红（依图像拉伸程度不同，颜色稍有变化），向丘坡延伸时，图斑色彩不大一致	色彩较为均一	
		113	大河流冲积平原，山间或丘间平原		宽条状分布或大块状、片状分布，在部分地区构成基本图斑	淡粉红为主，往往杂有淡蓝或淡紫等颜色的细碎斑点	有的地方具有细沟渠	
		114	陡坡		形状窄小	粉红为主		
	旱地	121	山顶平地		窄小、细碎	粉红色为主		
		122	低丘坡面或坡顶		块状分布	粉红色为主，较少有蓝色斑点	图斑内色彩不均一，细看可以分辨阴阳坡面	
		123	地势稍高，灌溉不足		大块状分布	粉红色偏其他颜色，与周围水田的颜色有差异	图斑内色彩比较均一，较少有蓝色斑点	
		124	陡坡		窄小、细碎	粉红为主，图斑内基本无蓝色斑点		

类型		代号	空间分布位置	作物植被	影像特征			备注
					形态	色调	纹理	
林地	有林地	21	山顶、山坡、丘顶		在浙江和福建两省往往构成基本的大图斑	深绿、暗绿或浅绿，不同拉伸程度会造成颜色有些差别	图斑内阴阳坡明显，色彩不太均一	
	灌木林地	22	山顶、山坡			黄绿或亮绿，显著区别于有林地，纹理与有林地比较接近		
	疏林地	23	山坡、丘坡			浓绿或粉红色中杂绿色或者深绿图斑	颜色往往不均匀，呈混乱杂色	
	其他林地	24	山坡下部，有时在平原上有大量分布		小块状分布，但在福建南部平原上有时呈大片状分布	平原中淡绿色，丘顶上淡绿色或者紫红色（火烧迹地），颜色与周围水田的差异非常显著		
草地	高覆盖度草地	31	山顶		条状分布，特别是常常近似等高线分布	浓黄绿	图斑颜色均匀	
	中覆盖度草地	32	山坡			颜色偏红，常与林地伴生	颜色较为均匀	
	低覆盖度草地	33	山坡			颜色红偏紫，周围常常是林地	颜色较为均匀	
水域	河渠	41			细长	深蓝		
	湖泊	42			块状	深蓝		
	水库、抗塘	43			人工修建，常有大坝，有些具有网格状塘基			
	冰川积雪	44	无					
	海涂	45	海滨			紫灰	颜色均匀	
	滩地	46	河滨			紫灰	颜色均匀	

类型		代号	空间分布位置	作物植被	影像特征			备注
					形态	色调	纹理	
城乡居民点工矿用地	城镇用地	51	平坦河谷		有道路可辨，或呈马赛克	紫灰为主		
	农村居民点	52	平坦河谷、山脚			紫灰为主	颜色较为均匀	
	工交建设用地	53	山脚、坡顶					
未利用土地	沙地	61	无					
	戈壁	62	无					
	盐碱地	63	无					
	沼泽地	64	无					
	裸土地	65	土山顶、丘顶		山顶至山坡连续分布	红色偏紫色		
	裸岩	66	石山顶		山顶至山坡连续分布	红色偏紫色		
	其他	67	无					

表 2.21　中国华南地区（广东、广西、海南）陆地卫星 TM 假彩色数据土地资源信息提取标志

类型		代号	空间分布位置	作物植被	影像特征			备注
					形态	色调	纹理	
耕地	水田	111	主要分布在山区河流或谷两侧	种植水稻为主	几何特征较为明显，田块较小呈带状均呈条带状分布	深青色、浅青色、深红色、色调均匀	影像结构均一细腻	在夏秋季节的卫星影像上颜色为深红色
		112	主要分布在丘陵区河谷两侧沟流或		几何特征明显，田块较小而呈条带状	深青色、浅青色、深红色、色调均匀	影像结构均一细腻	
		113	主要分布在海积、湖积、河流冲积与洪冲积平原，以及山区河谷平原		几何特征明显，边界清晰。田块较大，呈规则整齐面状，有渠系设施	深青色、浅青色、深红色、色调均匀	影纹结构均一细腻	在秋冬季节的卫星影像上颜色为青色
		114	无					

类型	代号	空间分布位置	作物植被	影像特征			备 注
				形 态	色 调	纹 理	
耕地 旱地	121	主要分布在山区缓坡地带	种植甘蔗、玉米、薯类、蔬菜为主	沿山脚低缓坡带状不规则分布，边界较模糊	影像色调多样，一般为褐、青、亮白色	影像结构粗糙	秋季后期由于大田均已翻耕，卫星影像上颜色呈现深绿色或灰绿色
	122	主要分布在丘陵缓坡地带		几何特征不规则，边界自然圆滑，边界模糊	影像色调多样，一般为褐、青、亮白色	影像结构粗糙	
	123	主要分布在海积、湖积、河流冲积与洪冲积平原，地势略有起伏		几何特征较规则，呈较大的斑状，地块边界清晰	影像色调多样，一般为褐、青、亮白色	影像结构粗糙，内部有红色颗粒状纹理结构	
	124	主要分布在山区陡坡地带，地形坡度大于25°		同其他旱地	同其他旱地	同其他旱地	
林地 有林地	21	不同地貌区域均有分布		受地形控制边界自然圆滑，呈不规则形状	深红色、暗红色，色调均匀	影像结构均一细腻	
灌木林地	22	主要分布在丘陵及山区阳坡或河谷两侧		受地形控制边界自然圆滑，呈不规则形状	浅红色，色调均匀	影像结构较粗糙	其中，园地、苗圃等呈红色、暗红色，迹地呈灰黑色或深青色调
疏林地	23	主要分布在山区、丘陵地带		受地形控制边界自然圆滑，呈不规则形状	浅红色，色调杂乱	影像结构较细腻	
其他林地	24	平原、丘陵、山区均有分布		几何特征明显，呈块状、不规则面状，边界规则边界清晰	影像色调多样	影像结构粗糙，大片园地有格网纹理	
草地 高覆盖度草地	31	主要分布山区丘陵山体的阳坡顶部		分布受地形影响	黄或浅黄色，局部有微红斑点	影像结构较均一，边界清晰	
中覆盖度草地	32	主要分布海积沙堤及山体阳坡及顶部，撂荒三年以上的耕地		面状、条带状、块状，边界清晰	不均匀黄白色	影像结构较均一	
低覆盖度草地	33	丘陵、山地或沿海局部较干旱区，分布极少		不规则斑块	黄白或灰白色、青灰色	较均一	部分呈—

类型		代号	空间分布位置	作物植被	影像特征			备注
					形态	色调	纹理	
水	河渠	41	主要分布平原、山区沟谷		几何特征明显，自然弯曲或局部明显平直，边界清晰	深蓝或浅蓝色，色调均匀	影像结构均一	
	湖泊	42	主要分布山区		几何特征明显，呈现自然形态	深蓝或浅蓝色，色调均匀	影像结构均一	
	水库、坑塘	43	主要分布平原、丘陵地的耕地周围		几何特征明显，有人工塑造痕迹	深蓝或浅蓝色，色调均匀	影像结构均一	
	冰川积雪	44	无					
	海涂	45	沿海潮间带		沿海岸线呈不规则条状带分布	灰白色或白色	影像结构比较均一	
	滩地	46	河流两侧或湖泊周围		沿河流或湖岸呈条带状分布	灰白色或白色	影像结构比较均一	
城乡居民点和工矿用地	城镇用地	51	主要分布于平原、沿海区及山区盆地		几何形状特征明显，边界清晰	青灰色，杂有其他地类处色彩素乱	影像结构粗糙	
	农村居民点	52	低海拔各地貌类型区均有分布		几何形状特征明显，边界清晰	灰白色或灰红、色调较素乱	影像结构粗糙	
	工交建设用地	53	主要分布在城镇经济发达周边地区或交通沿线		几何形状特征明显，边界清晰	灰白色，色调较均匀	影像结构较粗糙	
未利用土地	沙地	61	主要分布海积平原及海积沙堤		边界清晰	白色，色调均匀	影像结构粗糙	
	戈壁	62	无					
	盐碱地	63	无					
	沼泽地	64	无					
	裸土地	65	主要分布丘陵、平原区城镇或居民点附近		边界比较清晰	不均有灰白色	比较均一	
	裸岩	66	主要分布在山体顶部		边界清晰	灰白色	比较均一	
	其他	67	无					

表 2.22 中国华北地区（河北、河南、山西、内蒙、北京、天津）陆地卫星 TM 假彩色数据土地资源信息提取标志

类型		代号	空间分布位置	作物植被	形态	影像特征 色调	纹理	备注
耕地	水田	111	主要分布在山区河流或沟谷两侧，分布极少	水稻为主	几何特征较明显，田块均呈条状带分布	深青色、深红色、色调均一	影像结构均一细腻	在夏秋季节的影像上颜色为深红色，秋冬季节的影像上颜色为青色
		112	主要分布在丘陵区河流和沟谷两侧，分布极少	水稻为主	几何特征明显，田块较小且呈条带状	浅青色、深红色、色调均一	影像结构均一细腻	
		113	主要分布在海积、冲积平原，以及山区河谷平原	水稻为主	几何特征明显，边界清晰，田块较大，呈规则则整齐面状	深青色、浅青色、深红色、色调均匀	影像结构均一细腻	
		114	无					
	旱地	121	主要分布在山区缓坡地带	种植小麦、玉米、薯类、蔬菜类为主	沿山脚低缓坡不规则条带状分布，边界较模糊	色调多样，一般为褐色、青色、红白色	影像结构粗糙	秋季后期由于大田均已翻耕，在卫星影像上呈现深绿色
		122	主要分布在丘陵缓坡地带		几何特征不规则，边界自然圆滑目模糊	色调多样，一般为褐色、青色、红白色	影像结构粗糙	
		123	主要分布在海积、湖积、冲积与洪积冲积平原		几何特征较规则，呈较大的斑块状，地块边界清晰	色调多样，一般为褐色、青色、浅蓝绿色、红白色	影像结构比较均一，内部有红色颗粒状纹理结构	
		124	主要分布在山区陡坡地带，分布极少		几何形状不规则，边界较清晰	黄白色	影像结构粗糙	
林地	有林地	21	不同地貌类型区域均有分布		受地形控制边界自然圆滑，呈不规则形状	深红色、暗红色、深青灰色、色调较均匀	影像结构较粗糙	其中细碎园地、苗圃等呈紫红色、暗红色，迹地呈灰黑色色调
	灌木林地	22	主要分布在山区阳坡和河谷两侧		受地形控制边界自然圆滑，呈不规则形状	浅红色、浅褐红色、色调均匀	结构较粗糙	
	疏林地	23	主要分布在山区		边界较模糊，呈不规则形状	浅红色、色调杂乱	影像结构较粗糙	

类型		代号	空间分布位置	影像特征				备注
				作物植被	形态	色调	纹理	
林地	其他林地	24	平原、丘陵、山区均有分布		几何特征明显、边界呈规则块状，不规则则面状，边界清晰	影像色调多样	影像结构粗糙，大片园地有格网纹理	
草地	高覆盖度草地	31	主要分布于山地、丘陵的阳坡顶部和坝上高原		面状、条带状	暗红色、深青色	结构均一、边界清晰	
	中覆盖度草地	32	主要分布在山地和丘陵阳坡		面状、条带状	黄白色、褐红色	结构均一、边界清晰	
	低覆盖度草地	33	主要分布在丘陵和山地阴坡，分布较少		不规则斑块	黄白或灰白、部分青灰色	结构较均一	
水域	河渠	41	主要分布于平原和山丘沟谷		几何特征明显，自然弯曲或局部平直，边界清晰	蓝色或青色、色调均匀	影像结构均一	
	湖泊	42	主要分布在蒙古区草原		几何特征明显，形态自然	深蓝、浅蓝、色调均匀	影像结构均一	
	水库、坑塘	43	主要分布在平原地带和山区沟谷		几何特征明显，有人工塑造痕迹	深蓝、浅蓝、色调均匀	影像结构均一	
	冰川积雪	44	无					
	海涂	45	沿海潮间带		沿海岸线呈不规则条状带分布	灰白、白色	影像结构比较均一	
	滩地	46	河流两侧或水库、湖泊、坑塘周围		呈条带状或块状分布	灰白或绿白	结构比较均一	
城乡居民点及工矿用地	城镇用地	51	主要分布在平原及山区沟谷地带		几何形状明显、边界清晰	青灰、夹杂有其他地类处色调杂乱	结构粗糙	
	农村居民用地	52	各地貌类型区均有分布		几何形状明显、边界清晰	灰色、灰红、灰蓝、色调杂乱	结构粗糙	
	工矿和交通用地	53	主要分布在城镇周边地带和交通沿线		几何形状明显、边界清晰	灰白色、蓝白色、色调较均匀	结构较粗糙	

类型		代号	空间分布位置	作物植被	影像特征			备注
					形态	色调	纹理	
未利用土地	沙地	61	主要分布在海积平原、海积沙堤和坝上高原		边界清晰	白色、灰白色	结构均一	
	戈壁	62	无					
	盐碱地	63	主要分布在沿海平原、蒙古草原湖泊及水库周围		边界较清晰	灰白、褐白、青蓝色	结构均一	
	沼泽	64	主要分布在草原的湖泊、坑塘周围和黄河沿海平原		边界清晰	暗红色、深青色	结构较粗糙	
	裸土地	65	主要分布在丘陵、平原区城镇或居民点附近		边界较清晰	黄白色、灰白色	比较均一	
	裸岩	66	主要分布在山体顶部		边界清晰	深青色、灰白色	纹理较粗	
	其他	67	无					

表2.23 中国华北地区（山东省）陆地卫星TM假彩色数据土地资源信息提取标志

类型		代号	空间分布位置	作物植被	影像特征			备注
					形态	色调	纹理	
耕地	水田	11	分布于洼地、河流两侧低阶地或水库附近。主要分布于南四湖周围和黄河滩区	水稻	明显的四边形规则排列，呈格状和条带状、灌溉方便，渠系成网	红色、深红色、鲜亮、深暗、色调饱和	平滑细腻	
	旱地	12	绝大部分分布于山地丘陵地带，界线较明显，有些分布于低山丘陵地区的宽阔河谷中，坡旱地主要分布于鲁东和鲁中	各种旱作物，包括粮、棉、油、蔬菜以及经济作物等	大块连片，明显的四边形，多边形，有引渠或无引渠的较规则状	色调多样，主要以红色为主，又有灰白、浅红、浅蓝等，鲜亮，饱和程度不一	平滑细腻	

类型		代号	空间分布位置	作物植被	影像特征			备注
					形态	色调	纹理	
林地	有林地	21	大多分布于鲁东和鲁中;其他天然林分布于常年有水的河流两岸(以阔叶林为主)	河谷平原林木主要是暖温带阔叶林;山地林主要是针阔混交林	呈不规则的条带状和片状	深红色及红色,深暗,灰暗	较粗糙,有立体感	
	灌木林地	22	中低山阳坡、平原及河谷地带广泛分布	山地及水分条件较好地带为各种灌木矮林	呈不规则的条带和片状,外缘不很明显	深红色,暗红色	较粗糙,但立体感不强	
	疏林地	23	分布于水分条件较好的山地小阴坡、河谷、冲积扇、老河道等地区	植物种类同有林地	呈不规则的条带和片状,外缘不明显	深红色,浅暗与深水	较粗糙,但立体感不强	
	其他林地	24	多分布于农区中,特别在农村居民点周围多果园	苗圃,果树	较明显的四边形,多有渠道相同	暗红色,浓暗,色调较饱和	粗糙,立体感	
草地	高覆盖度草地	31	主要分布于中高山地及河谷附近,包括高山亚高山草甸、河谷沼泽化草甸等	各种中生、湿生草本	大小不一,无固定形状,大多呈片状,连片分布	暗红或暗红色,明亮,色彩饱和	平滑,细致,无立体感	
	中覆盖度草地	32	山地、平原及河流河谷均有分布:山地中低部,水分条件稍好的平原、沟谷等	中生、旱生草本	不规则的片状与条带状,连片分布,大小不一	红色及浅红色	平滑,细致,略有立体感	
	低覆盖度草地	33	分布较广,主要在低山、山前平原地区及山地边缘	旱生草本	不规则的连片分布	浅黄绿色,淡红色,较明亮	平滑中带有粗糙感	
水域	河渠	41	分布较广,主要指水渠道、的河流渠宽的线状水域		不规则条带状	深蓝色,蓝色,鲜亮	平滑细腻	
	湖泊	42	分布较广,高低海拔均有,地势相对低洼		不规则的片状、面状,大小不一	浅蓝及深蓝色,色鲜艳明亮,调和	平滑细致	

类型		代号	空间分布位置	作物植被	影像特征 形态	影像特征 色调	影像特征 纹理	备注
水域	水库、坑塘	43	一般分布于河流出山口、河流汇集处等		不规则的片状、面状、大小不一，水库下缘有规则平直的边形（水库大坝）	深蓝色和蓝色，鲜艳明亮、色调饱和	平滑细致	
水域	冰川积雪	44	无		条带状、扇状	白色或灰白色	平滑、线状	
水域	海涂	45	海洋周围		条带状、扇状		平滑、线絮状	
水域	滩地	46	湖泊河流周边，并伴河流两岸，低阶地的下部			浅蓝色、蓝色、暗绿色	较粗糙，斑点小格状	
城乡居民点及工矿用地	城镇用地	51	基本分布于平原地区，地势开阔，交通线密集		属中大型人工建筑区，形状不定，多是面状、片状	蓝灰色、蓝黑色、暗红色、灰暗	较粗糙栅网格状	
城乡居民点及工矿用地	农村居民用地	52	遍布平原、山区、交通沿线等地		较小的聚居区，面状较规则的形状	灰白、红色、暗红色、较明亮	细致	
城乡居民点及工矿用地	工矿和交通用地	53	盐场分布近海；机场地势开阔，跑道调明显；油田钻井呈深色调点状集成片，之间有辐射状道路相同		形状规则，较为清晰，大小不一	灰白、蓝灰、浅红、明亮		
未利用土地	沙地	61	主要分布在黄河以西地区和沿海地区	季节性风沙区，植被较好，多为固定沙丘	大片状、面状	土黄色、黄绿色、浅蓝色、明亮	坑坷不平，有立体感	
未利用土地	戈壁	62	无					
未利用土地	盐碱地	63	地势低平，分布较广，大部分分布在冲洪积扇下部	夏季可种植作物，冬春返碱	条带状、面状、片状	白色、灰白色、明亮	絮状、较为平滑	
未利用土地	沼泽地	64	河流两侧湖积水处及冲洪积扇下缘	以水生植物为主，如芦苇	不规则的片状、面状	深蓝、黑红色、暗淡、不明亮	絮状、较粗糙	

类型		代号	空间分布位置	作物植被	形态	色调	纹理	备注
未利用土地	裸土地	65	无					
	裸岩	66	多在低山山体、高山顶部	几无植被	片状、条带状	青灰色、浅绿色、鲜亮	凹凸不平、立体感强	
	其他	67	主要分布在无人的海岛地区	植被稀少	片状、条带状	暗黄绿色、灰暗	平滑细致	

（影像特征包含：形态、色调、纹理）

表 2.24 土地利用遥感解译分类系统

一级分类	一级编码	二级分类	二级编码	三级分类	三级编码	含义
耕地	1					指种植农作物的土地，包括熟耕地、新开荒地、休闲地、轮歇地、草田轮作地；以种植农作物为主的农果、农桑、农林用地；耕种三年以上的滩地和海涂
		水田	11	山区水田	111	指有水源保证和灌溉设施，在一般年景正常灌溉，用以种植水稻、莲藕等水生作物的耕地，包括实行水稻和旱地作物轮种的耕地
				丘陵水田	112	
				平原水田	113	
				大于25°坡地水田	114	
		旱地	12	山区旱地	121	指无灌溉水源及设施，靠天然降水生长作物的耕地；有水源和浇灌设施，在一般年景下能正常灌溉的旱作物耕地；以种菜为主的耕地；正常轮作的休闲地和轮歇地
				丘陵旱地	122	
				平原旱地	123	
				大于25°坡地旱地	124	

一级分类	一级编码	二级分类	二级编码	三级分类	三级编码	含义
林地	2	有林地	21			指生长乔木、灌木、竹类以及沿海红树林地等林业用地
		灌木林	22			指郁闭度>30%的天然和人工林。包括用材林、经济林、防护林等成片林地
		疏林地	23			指郁闭度>40%、高度在2m以下的矮林地和灌丛林地
		其他林地	24			指疏林地（郁闭度为10%~30%）
草地	3	高覆盖度草地	31			未成林造林地、迹地、苗圃及各类园地（果园、桑园、茶园、热作林园地等）
						指以生长草本植物为主，覆盖度在5%以上的各类草地，包括以牧为主的灌丛草地和郁闭度在10%以下的疏林草地
						指覆盖度>50%的天然草地、改良草地和割草地。此类草地一般水分条件较好，草被生长茂密
		中覆盖度草地	32			指覆盖度在20%~50%的天然草地，此类草地一般水分不足，草被较稀疏
		低覆盖度草地	33			指覆盖度在5%~20%的天然草地，此类草地水分缺乏，草被稀疏，牧业利用条件差
水域	4	河渠	41			指天然陆地水域和水利设施用地
						指天然形成或人工开挖河流及主干渠常年水位以下的土地。人工渠包括堤岸
		湖泊	42			指天然形成的积水区常年水位以下的土地
		水库、坑塘	43			指人工修建的蓄水区常年水位以下的土地
		冰川和永久积雪地	44			指常年被冰川和积雪覆盖的土地
		海涂	45			指沿海大潮高潮位与低潮位之间的潮浸地带
		滩地	46			指河、湖水域平水期水位与洪水期水位之间的土地
城乡、工矿、居民用地	5	城镇用地	51			指城乡居民点及其以外的工矿、交通等用地
						指大城市、中等城市、小城市及县镇以上的建成区用地
		农村居民点用地	52			指镇以下的居民点用地
		工交建设用地	53			指独立于各级居民点以外的厂矿、大型工业区、油田、盐场、采石场等用地，以及交通道路、机场、码头及特殊用地

一级分类	一级编码	二级分类	二级编码	三级分类	三级编码	含义
未利用土地	6					目前还未利用的土地，包括难利用的土地
		沙地	61			指地表为沙覆盖、植被覆盖度在5%以下的土地，包括沙漠，不包括水系中的沙滩
		戈壁	62			指地表以碎石为主、植被覆盖度在5%以下的土地
		盐碱地	63			地表盐碱聚集，植被稀少，只能生长强耐盐碱植物的土地
		沼泽地	64			指地势平坦低洼、排水不畅、长期潮湿、季节性积水或常年积水，表层生长湿生植物的土地
		裸土地	65			指地表土质覆盖，植被覆盖度在5%以下的土地
		裸岩石砾地	66			指地表为岩石或石砾，其覆盖面积>50%的土地
		其他未利用地	67			指其他未利用土地，包括高寒荒漠、苔原等

4. 基准年份解译

（1）解译技术要求

判读提取目标地物的最小单元：按照全国统一标准，面状地类应大于 4×4 个像元（120 m×120 m），线状地物图斑短边宽度最小为 2 个像元，长边最小为 6 个像元；屏幕解译线划描迹精度为两个像元点，并且保持圆润。

判读精度要求：各图斑要素的判读精度具体如下：一级分类＞90%，二级分类＞85%，三级分类＞80%。

其他要求：解译图层最终为 ArcInfo cov 格式、多边形全部为闭合曲线；没有出头的 Dangle 点；断线尽量少；利用 Clean/Build 建立拓扑关系，容限值为 10；多边形没有多标识点或无标识点的现象；没有邻斑同码、一斑多码、异常码（非分类系统编码和动态变化码）等；具有多边形拓扑关系。

（2）利用 ArcGIS 中的 MAP 窗口实现土地利用遥感解译

在 ArcGIS 中对根据遥感影像和地物解译标志，分别对遥感影像上符合特征的图斑进行勾勒，并赋予相应编码。由于 shp 文件在编辑时容易损坏，建议将 shp 格式转换成 File Geodatabase（gdb）或 Personal Geodatabase（mdb）文件。

第一，在 gdb 或者 mdb 格式的影像对象建立土地利用分类字段；这里以 2000 年基准年份土地利用现状解译数据 LD2000 为例进行说明。ArcMap 下加载 LD2000 面状矢量数据（gdb 格式），查看矢量数据字段为 shape*、shape_length、shape_area 三个 gdb 格式数据系统内部生成的字段。在 LD2000 矢量数据非编辑状态下，打开 LD2000 矢量数据的属性表，通过 Add Field…新建 LD2000_id 为土地利用现状地类字段（图 2.16、图 2.17）。

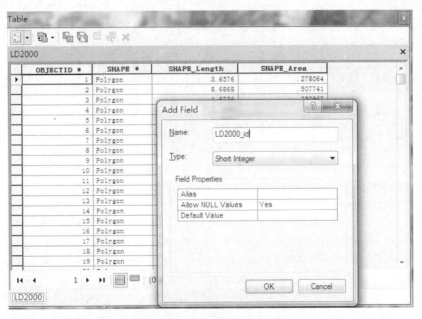

图 2.16　增加新字段示意图

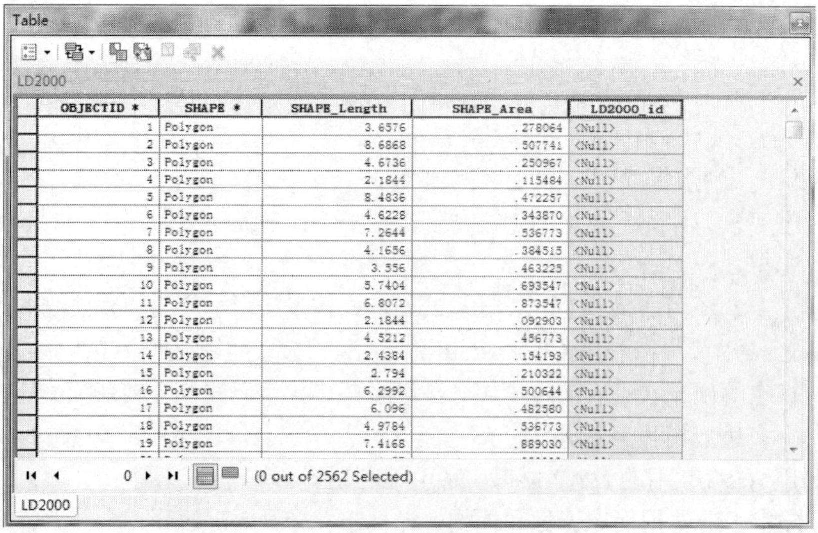

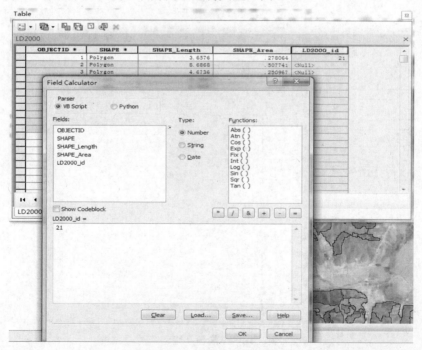

图 2.17　新字段效果图

　　第二，对 LD2000_id 字段进行赋值，完成 2000 年土地利用数据解译工作。具体方法为在 ArcMap 下加载 LD2000 面状矢量数据（gdb 格式）和遥感影像数据，选中要赋值的斑块进行赋值。这里介绍两种方法。一种是通过 Field Calculator 字段计算来完成 LD2000_id 字段赋值，该方法支持多个斑块同时进行赋值，可在 LD2000 矢量数据编辑状态或者非编辑状态下使用，但选中的斑块必须为同一地物类型（图 2.18）。

图 2.18　为字段赋值示意图

　　另外一种方法是在编辑状态下，通过对 LD2000 矢量数据逐个斑块进行编辑，完成矢量数据 LD2000_id 字段的赋值。在 ArcMap 下打开 Editor 编辑工具条，点击 Start Editing，编辑对象为 LD2000 矢量数据。选中需要赋值的斑块，进行 LD2000_id 字段赋值（图 2.19）。

图 2.19　在 ArcMap 中为新字段赋值的示意图

> 根据工作需要，可在编辑状态下，将 Field Calculator 字段计算和 Editor 编辑配合使用。

　　斑块的切割、合并处理。由于 LD2000 矢量数据是用面向对象多尺度分割生成的，分割尺度的不同，会导致部分斑块含有多种用地类型或者多个相邻斑块为同种地类，这里就需要对 LD2000 矢量数据中斑块进行切割、合并处理。

　　斑块的切割处理。在编辑状态下，选中要切割的斑块，点击 Editor 编辑工具条上的 Cut Polygons Tool ，手工勾绘切割的边界，完成斑块的切割。注意的是勾绘边界时，可逐个拐点进行描绘，也可以在按下电脑键盘 F8 键通过在屏幕上移动鼠标形成的轨迹完成边界的描绘工作（图 2.20）。

　　斑块的合并。斑块的合并是将相邻的同种类型斑块合并成一个斑块的过程。点击 Editor 编辑工具条 Editor 下拉菜单上 Merge…工具，将选中的斑块合并到选中的其中一个斑块上（图 2.21、图 2.22）。

　　自动完成面数据工具。在矢量数据的编辑中，Auto Complete Polygon 也是常有的工具之一。由于多种原因，编辑的数据经常会出现缝隙等拓扑错误或者需要和现有斑块共用边界描绘新的斑块时，这就需要通过 Auto Complete Polygon 工具编辑完成。点击 Auto Complete Polygon 工具，在缝隙处任选两点进行连接便完成了缝隙的自动填充，对新生成的斑块进行属性赋值（图 2.23）。矢量数据中的缝隙等拓扑错误也可以通过拓扑检查和拓扑编辑来查找和编辑完成拓扑错误。

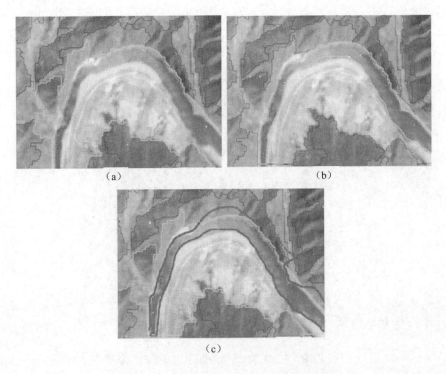

图 2.20　ArcMap 中切割（cut）图斑的效果图

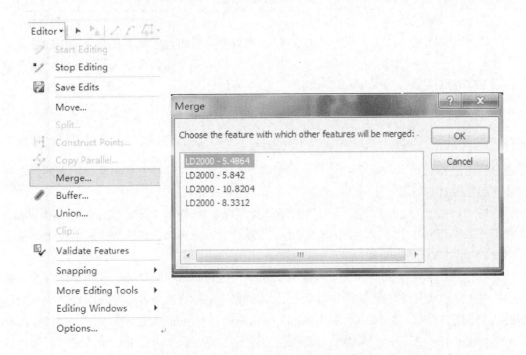

图 2.21　ArcMap 中 Merge 模块示意图

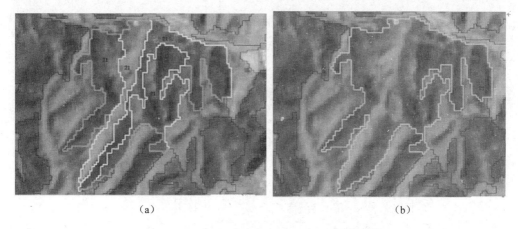

（a）   （b）

图 2.22   ArcMap 中合并（Merge）模块效果图

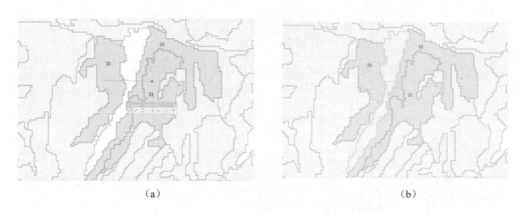

（a）   （b）

图 2.23   ArcMap 中 Auto Complete Polygon 模块效果图

（3）在 ARC GIS 中利用 Workstation 窗口实现

本书以一个集成菜单为例，其前提是建立一个工作空间，以便将有关图层（解译区域的 coverage 图层和与之相对应的影像）保存在工作空间下面。

① 打开 ARC GIS Workstation 窗口，定义工作空间（在第一次开始工作时设置），主要有两种方法：方法 1，利用 CREATE ＜WORKSPACE＞；方法 2，打开桌面 ARC 快捷方式的属性窗口（图 2.24）。

② 对菜单进行初始化设置，一是将 action 栏中的编辑图层修改为待编辑矢量图层位置；二是将 image 后面改写成解译区域影像名称（图 2.25）。

③ 调用菜单，调用命名是：启动 ARC，进入 ARCEDIT 模块，输入命令&ter 9999；&m 菜单名（图 2.26）。

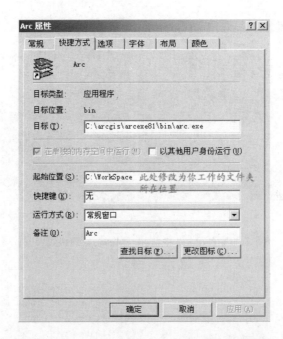

图 2.24　ARC GIS.Workstation 的快捷方式属性窗口

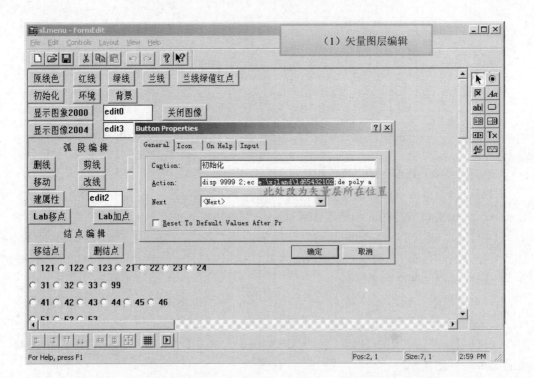

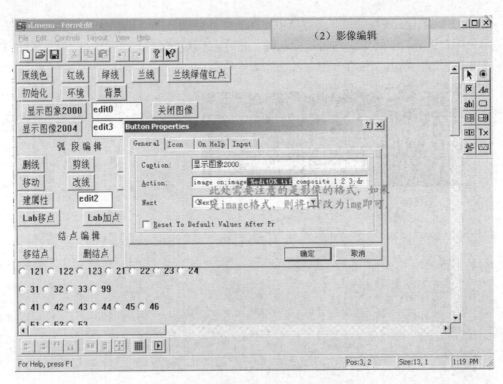

图 2.25　定义"菜单"初始化模式

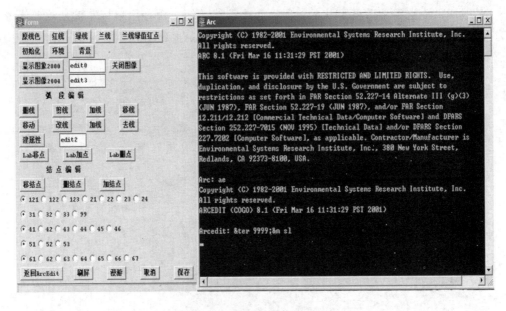

图 2.26　调用菜单命令窗口

④　点击初始化按键开始初始化，就可以利用菜单上的相应命名键对影像的各个地物类型进行判读。

常用的几条操作如下：

　　a）加线，点击加线按钮后，选择 ARCEDIT 窗口单击右键开始加线，除在开始和结束时使用鼠标右键外，中间走线均用鼠标左键。此时，ARC 窗口显示操作提示。完成加线操作后按 9 退出后，单击"保存"键（图 2.27）。

图 2.27　加线操作窗口

　　b）改线，先选择要改变形状的线段，点击改线按钮，再使用鼠标左键从需要修改的地方开始走线，同样按 9 退出，并点击保存按钮进行保存（图 2.28）。注意开始和结束的两点要在需要修改线段的同侧，并穿过修改线段。

图 2.28　改线操作窗口

c）剪线，此操作全用鼠标左键，先选择要打断的线段，点击剪线按钮，在要打断的地方单击左键，9 退出（图 2.29）。

图 2.29　剪线操作窗口

d）删线，点击删线按钮，用左键选取要删的线段，再点 9 退出即可（图 2.30）。

图 2.30　删线操作窗口

e）移线，选择要移动的线段，点击9，在要移动的线上选择一个参考点，再点击其要去的位置，再按9退出（图2.31）。

图 2.31 移线操作窗口

f）移结点，选择结点所在弧线，再选择移动的结点，按数字键4，在点要去的位置，按9退出（图2.32）。

图 2.32 移结点操作窗口

　　g）加动态码，使用建属性按键。先在 edit2 中加入六位动态码，如 123240；再点击属性按键，在矢量层相应位置加码（图 2.33）。

图 2.33　加动态码操作窗口

　　h）注意事项：
- 矢量层的管理，矢量层的复制、粘贴、删除要在 ARC 界面或 ArcCatalog 中进行。
- 多利用 ARC/INFO 的命令提示功能，利用 ARC 的帮助功能，加强命令的操作使用。
- 走线时要注意结点的疏密，以免在建立拓扑结构时出错。
- 矢量化过程中要注意数据的保存和备份。
- 在建立工作区间和图层名时尽量用拼音、英文单词和数字命名新文件，方便后续工作的操作。
- 退出菜单是一定要用返回 ArcEdit 按键，退出 ARC 时要单击 QUIT 或单用 Q 退出，尽量不要直接关闭窗口。

　　⑤ 矢量图层的质检
　　主要包括四个方面：建立拓扑关系、查询非用户码、查询并消除一斑多码、查询并消除邻斑同码。
　　a）建立拓扑关系，一般情况下，解译图斑完成后，第一次使用 CLEAN 命令建立拓扑关系，以后修改过程中尽量使用 BUILD 建立拓扑。实现方法是：
　　ARC：CLEAN　＜cover＞　＜cover＞（为建立拓扑关系后的图层）10 10 POLY（POLY前的参数也可以根据精度设定）；
　　ARC：BUILD　＜cover＞。
　　b）查询非用户代码，非用户码就是我们所设定代码以外的其他代码。具体查询、修改在矢量化菜单里进行。首先在菜单中 EDIT1 前面的栏中定义最大 LAB 点值，然后点击"逻辑选择"按钮，就可以将大于最大值的编码显示出来；然后在菜单栏中逐一改正。
　　c）查询和消除一斑多码，一斑多码就是一个多边形里有 2 个或 2 个以上的代码，一个斑块只能有一种属性值，所以其中只能有一个是正确的。具体操作是在 ARC 下，输入 LABELERRORS ＜cover＞，将具有一斑多码的图斑序号显示出来（图 2.34），然后在菜单里将一斑多码的多边形号输入到 EDIT0 中，点击"选择 POLY"按钮，参照影像具体查看、修改。反复修改图层执行该命令直到没有一斑多码为止。如果图层中没有一斑多码时，执行 LABELERRORS ＜cover＞后，将显示"polygon 1 has 0 label points"。

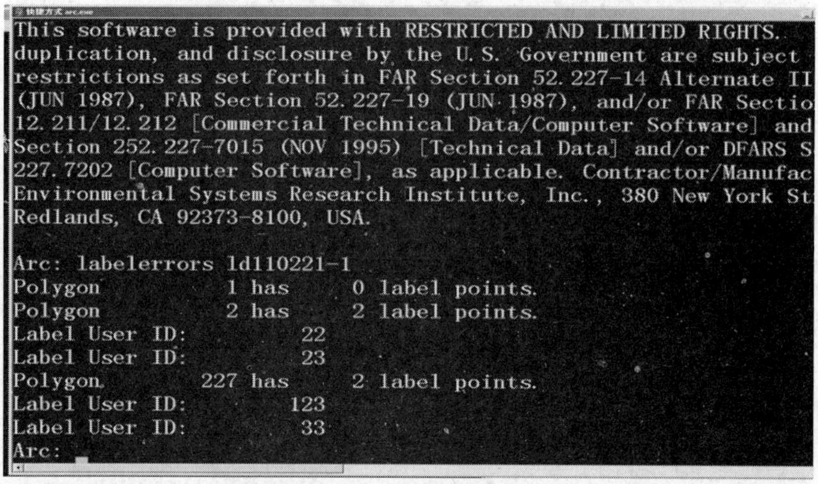

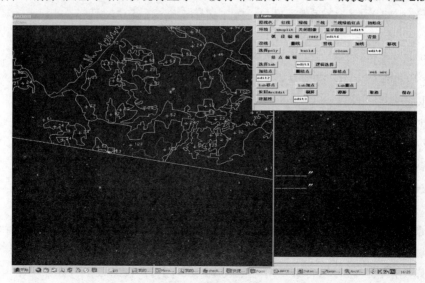

图 2.34　一斑多码显示窗口

d）消除邻斑同码，具体实现是在 AE 中输入 EDIT ＜cover＞；AE：&R TEST.TXT；反复修改执行直到显示"没有邻斑同码，OK"为止。此时软件会将邻斑同码的线号列出来。值得注意的是开始此操作之前，要确保＜cover＞建立了拓扑关系。

将邻斑同码的线段号输到 EDIT2 中，点击"SEL ARC"按钮，将此线删掉，同时将多余的码删掉。消除邻斑同码后系统将显示"没有邻斑同码，OK"的提示（图 2.35）。

图 2.35　邻斑同码显示窗口

三、动态解译

1. 基于专家知识的目视解译实现动态解译的方法

生态多年连续监测中，各年份的土地利用现状数据是通过年际间土地利用动态变化解译来实现的。

这里以 2005 年土地利用/覆盖现状进行解译，以 2000 年数据为基础年份数据进行说明，首先解译 2000 年到 2005 年土地利用动态变化。2000 年基础年份数据为 LD2000 面状矢量数据（gdb 格式），土地利用字段为 LD2000_id。为了解译 2005 年土地利用现状数据，需要在 LD2000 面状矢量数据建立。具体步骤包括建立 2005 年土地利用矢量数据、建立 2000年到 2005 年的土地利用动态解译字段、土地利用动态解译、选择提取动态变化斑块、后处理等环节（图 2.36）。

（1）拷贝 LD2000 面状矢量数据，并重新命名为 LD2005。

（2）打开 LD2005 面状矢量数据属性表，为 LD2005 新建 2005 年土地利用动态变化字段 DT469033-id（DT469033 为动态图层名称），类型为长整型（long integer）。

（3）给 2005 年土地利用动态字段 DT469033-id 赋值（即 2000 年到 2005 年土地利用动态变化）。根据 2000 年遥感影像到 2005 年遥感影像特征和动态变化，按照从左到右、从上到下的顺序（具体依据个人习惯），有动态变化的修改 2005 年土地利用边界和 DT469033-id 属性字段值，完成 2000 年到 2005 年土地利用动态变化遥感解译。

（4）导出 2000 年到 2005 年土地利用动态变化数据。打开 LD2005 数据属性表，通过"DT469033-id"＜0＞属性选择动态变化数据并 Export data…导出动态变化数据。

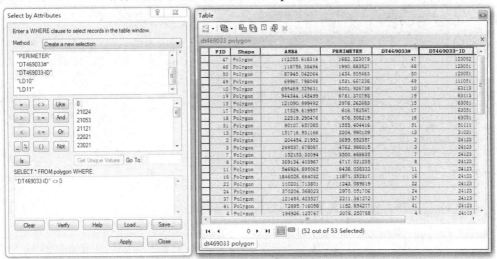

图 2.36　Arc Map 中选择并导出动态图层的示意图

2. 基于 NDVI 的草地动态信息提取

遥感监测为监测大面积区域的植被覆盖度，甚至全球的植被覆盖度提供了可能。植被覆盖度与归一化植被指数 NDVI 之间存在着极显著的线性相关关系。通常使用 NDVI 估算区域植被盖度，考虑全国的通用和可比性，选取以下公式近似反映草地覆盖度：

$$fv = \frac{\text{NDVI} - \text{NDVI}_{\min}}{\text{NDVI}_{\max} - \text{NDVI}_{\min}} \qquad (2\text{-}1)$$

式中，fv —— 植被覆盖度；

NDVI$_{\min}$ —— 采用直方图法确定；

NDVI$_{\max}$ —— 选择在高盖度区 5—9 月间的最大 NDVI 值，以 95%的置信度得出一个统计值。

根据以上公式计算就可以求得区域植被覆盖度，然后利用 Arc GIS 的 reclass 功能，将区域植被覆盖度归并为高覆盖度（$fv>50\%$）、中覆盖度（$50\%\geqslant fv>20\%$）、低覆盖度（$20\%\geqslant fv>5\%$）、无植被区（$fv<5\%$）；然后利用 Arc GIS 的叠加分析功能，可以得到覆盖度变化的区域，最后将覆盖度变化图层与土地利用/覆盖图层叠加，对覆盖度变化的草地区域进行解译。

3. 基于自动检测的动态信息提取

变化检测算法采用变化矢量分析模型（CVA）方法。CVA 视每个波段的变化为均等对待，取各波段变化的欧几里德距离视为变化的判据，按土地覆被类型统计变化矢量的均值与标准差，每个对象与变化矢量的统计值进行对比、判别、提取土地覆被变化。

$$R = \begin{bmatrix} r_1 \\ r_2 \\ \vdots \\ r_n \end{bmatrix}, S = \begin{bmatrix} s_1 \\ s_2 \\ \vdots \\ s_n \end{bmatrix} \qquad (2\text{-}2)$$

式中，R、S —— 分别表示二景影像；

r、s —— 波段；

n —— 波段号。

$$\Delta V = R - S = \begin{bmatrix} r_1 - s_1 \\ r_2 - s_2 \\ \cdots \\ r_n - s_n \end{bmatrix} \qquad (2\text{-}3)$$

式中，ΔV —— 二景影像的变化矢量。

$$|\Delta V| = \sqrt{(r_1 - s_1)^2 + (r_2 - s_2)^2 + \cdots + (r_n - s_n)^2} \qquad (2\text{-}4)$$

式中，$|\Delta V|$ —— 二景影像的变化矢量幅度。

$$\text{CV}_j(x,y) = \begin{cases} 变化 & if\ |\Delta V_j(x,y)| \geqslant |\bar{V}_j| + a_j\sigma_j \\ 不变化 & if\ |\Delta V_j(x,y)| < |\bar{V}_j| + a_j\sigma_j \end{cases} \qquad (2\text{-}5)$$

式中，$\text{CV}_j(x,y)$ —— j 类土地覆被变化检测的结果；

$|\bar{V}_j|$ —— 变化的土地覆被 j 类均值；

σ_j —— 变化的土地覆被 j 类标准差；

a_j —— 土地覆被 j 类修正系数，取值为 0～1.5。

在条件许可下，建议变化检测使用二季节数据，$CV_j(x,y)$判别需要在二个季节共同判别的基础上提取变化类型，特别是耕地的作物每年都会有变化，影响耕地的识别。若决策树效果不佳，需要对决策树进行阈值调整后再分类（图2.37）。

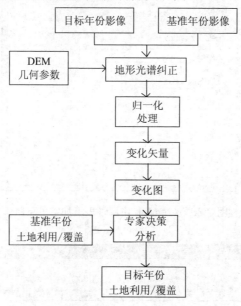

图 2.37　变化检测技术流程

四、矢量数据处理

1. 字段处理

在遥感解译过程中，有时需要用到矢量数据属性字段的添加和删除、字段的计算、矢量数据斑块的选择等功能。

（1）字段的添加。矢量数据属性字段的添加用于多个方面，如添加土地利用字段，用于某年份的土地利用现状标识；添加动态字段，用于标识土地利用现状数据年度间动态变化；添加辅助字段，用于数据的分析处理等。具体方法有两个：一是在 ArcMap 中打开矢量数据属性表 open attribute table，在属性表菜单下点击 add field…添加属性字段，输入添加字段名称和字段类型（图 2.38）；二是在 Workstation 中 Arc 下面利用 additem 实现（注：属性字段的添加须在矢量数据非编辑状态下使用）。

（2）字段的删除。由于在实际的生态遥感解译中所使用的数据量较大，所要进行操作的字段较多，为了在操作过程中减少差错，方便遥感数据的解译和矢量数据的处理，可以适当地删除一些已经使用过的字段或者不需要的字段。如完成 2005 年土地利用数据遥感解译后，其 LD2000_id 字段便可以删除。具体方法有两个：一是在 Arc Map 中打开矢量数据属性表 open attribute table，选中需要删除的字段 LD2000_id 并右击，选择在属性表菜单下点击 Delete Field…，删除 LD2000_id 字段（图 2.39）；二是在 Arc Workstation 中利用 Dropitem 实现（属性字段的删除须在矢量数据非编辑状态下使用，且字段删除后将不能恢复）。

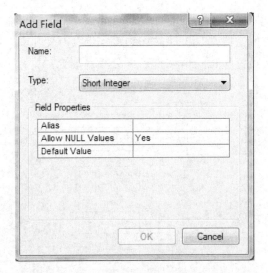

图 2.38 Arc Map 中属性表填加字段窗口

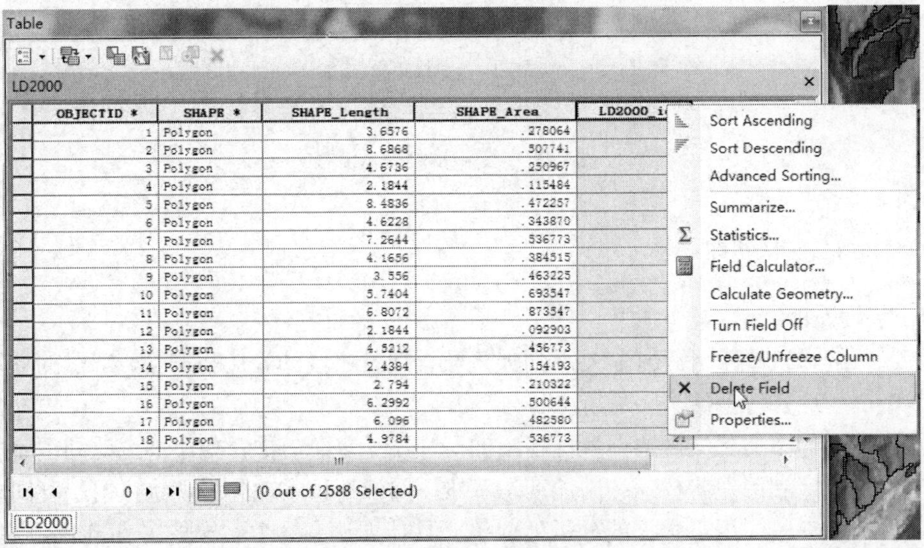

图 2.39 Arc Map 中字段的删除窗口

（3）字段的计算。在矢量数据的分析中，经常能够用到矢量数据的计算。如上述将 LD2000_id 字段值赋值给 LD2005_id 就使用矢量数据的计算。具体实现方法有两个，一是在 Arc Map 中打开矢量数据属性表 open attribute table，右击需要重新赋值的字段，点击 Field Calculateor…，进入 Field calculate 窗口。可以在编辑窗口中根据需要输入计算公式。

二是在 arc Workstation 中 Arcedit 模块中实现，具体操作命名是：

Ae：edit ＜需要进行赋值的图层＞

Ae：ef poly

Ae：select all（或者根据属性特征选择部分多边形）

Ae：calculate ＜需要进行赋值的字段名称＞ = ＜具体值，或者字段，或者公式＞

Ae：save

Ae：q

2. 拼接

拼接就是将多个数据拼接到一起，矢量数据的拼接方法主要方法有 Union、Merge 和 Append。

（1）Union。Union 是将多个矢量数据合并，不删除原要素，新要素的属性为系统默认值（空格或 0 等，根据字段属性而定）。在重叠区域，输出文件将保留所有输入文件的属性特征（图 2.40）。

Union 只能合并 polygon 类型的要素类。两个要素类合并时会处理相交部分，使之单独形成多部件要素，并且有选项选择允许缝隙（gaps）或不允许缝隙（图 2.41）。

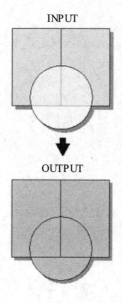

图 2.40　Arc GIS 中 union 功能示意图

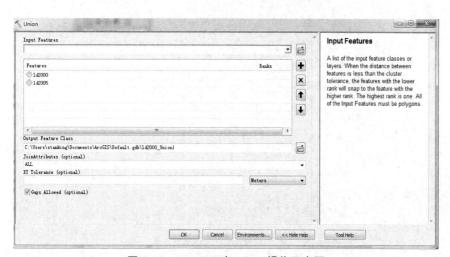

图 2.41　Arc GIS 中 union 操作示意图

　　Input Features 为输入合并 polygon 类型的要素类矢量数据，Join Attributes 为合并属性选择复选框项，union 合并属性表的选项有三个：all、no_fid 和 only_fid。all 将两个要素类的属性表字段按顺序全部放在输出要素类的属性表中，包括 fid。同名的字段（除 fid 外）在字段名后加数字以示区别（fid 后加要素类名称）。no_fid 将两个要素类的属性表中除 fid 外的字段按顺序全部放在输出要素类的属性表中。only_fid 只将两个要素类属性表中的 fid 放到输出要素类的属性表中，在 fid 后加要素类名称以示区别。union 不做字段映射。

　　Gaps Allowed（optional）复选框为可选按钮，如果不勾选复选框，即选择不允许缝隙，两个要素类合并后的缝隙将生成要素。系统默认勾选复选框，要素类合并后的缝隙将不做处理[编辑里的 union 是对选中的要素进行操作，而 arctoolbox 里的是对要素类（图层）进行操作]（图 2.42）。

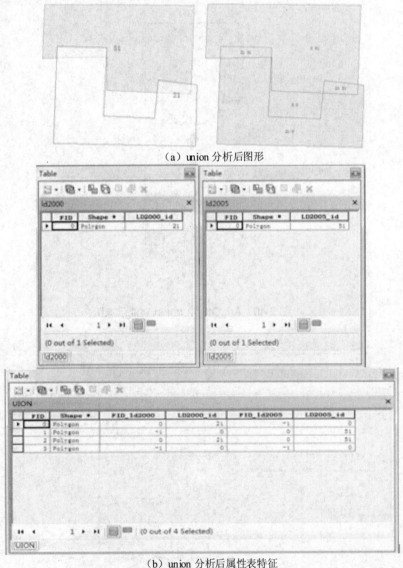

（a）union 分析后图形

（b）union 分析后属性表特征

图 2.42　union 分析结果

（2）Merge。Merge 合并输入要素类、表到新的要素类、表中，并将原要素删除，其属性按指定的要素修改（图 2.43）。

图 2.43　Arc GIS 中 Merge 功能示意图

处理图形时，merge 可以合并点、线、多边形等要素类和表，但必须是相同类型的。merge 不处理要素，只简单地把要素放到一个要素类里，因此输出的要素类可能会有重叠或缝隙（图 2.44）。

图 2.44　Arc GIS 中 Merge 操作示意图

　　merge 处理属性表时会把相同名字的字段合成一个，不同名字的字段按原名字、顺序全部加入输出要素类属性表中，原 fid 将会丢弃。merge 可以进行字段映射（图 2.45）。

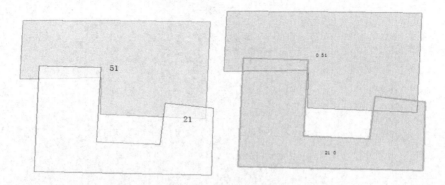

图 2.45　Arc GIS 中 Merge 分析中重叠区的处理

　　（3）Append。Append 合并输入要素类、表、栅格影像及栅格目录到一个已有的要素类、表、栅格影像及栅格目录中。当 schema type 选项为 test 时，输入输出的要素类属性表结构必须一致，即字段名、类型、排列顺序必须完全相同，当 schema type 选项为 no_test 时可以不同（图 2.46）。

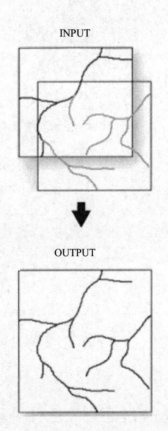

图 2.46　Arc GIS 中 Oppend 分析功能示意图

　　处理图形时，Append 可以合并点、线、多边形等要素类和表、栅格影像及栅格目录，但必须是相同类型的。Append 不处理要素，只简单地把要素放到一个要素类里，因此输出的要素类可能会有重叠或缝隙（图 2.47）。

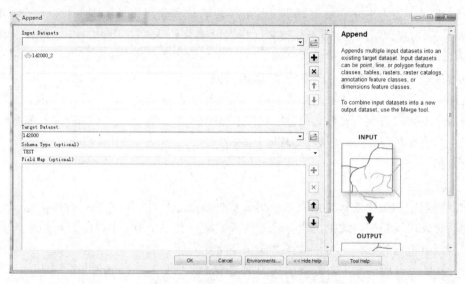

图 2.47　Arc GIS 中 Oppend 分析操作

　　Append 处理属性表时同输出要素类的属性表。如果输入要素类属性表中的字段在输出要素类属性表中没有对应的字段，将会被丢弃，但可做字段映射，将输入要素类的某个字段映射到输出要素类的某个字段（图 2.48）。

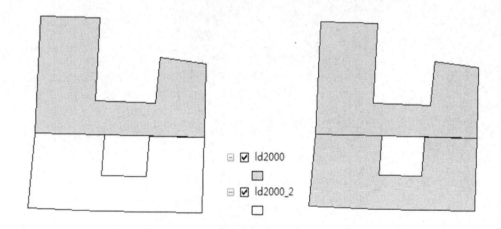

图 2.48　Arc GIS 中 Oppend 功能结果图

　　Union 是并集、联合的意思。在 GIS 中，如有面状文件 A 和 B，Union 的结果是 A 和 B 二者区域之和，并对要素进行处理，重叠区域进行处理，生成新的要素，同时输出结果可选择是否对缝隙进行处理；Merge 把两幅地图拼合成一幅地图，可以合并相同类型的点、线、多边形等要素类和表，Merge 不处理要素，Append 可以合并相同类型的点、线、多边形等要素类和表、栅格影像及栅格目录，是将输入数据合并到现有的数据中，输出数据属性和被合并的现有数据属性相同，Append 不处理要素，输出的要素类可能会有重叠或缝隙。

在生态监测中，将分景或者分市县解译的数据合并起来（如合并成全省数据）时，若关注字段相同（如为土地利用类型字段，且字段名称和字段属性类型都相同），可考虑用 Append 方法，这样输出的字段不是很多（仅保留被合并要素的字段）；若各景解译数据或各市县解译数据关注字段名称和类型不一致时，可考虑用 Merge 方法合并，但合并得到的要素包括各输入数据字段（FID 除外），输出数据字段较多，需进行后处理。同时，Merge 和 Append 合并都可能出现重叠或者缝隙，需进行后期拓扑处理。Union 合并生成的要素类将包括输入数据的所有属性，属性字段较多且对重叠和缝隙进行了处理。若多个数据一起处理时，数据量较大，后期处理复杂，生态监测中，一般不使用 Union 合并各市县或者各景数据。

3. 裁切

数据裁切指的是用线状要素或是面状要素对数据进行裁切，并生成分幅数据的过程。被裁切的对象可以是栅格数据，也可以是矢量数据。在 ArcGIS 中，Clip 可用于矢量数据的裁切和栅格数据的裁切。栅格数据的裁切是将输入栅格数据（集）按照裁切的边界（必须为 rectangle，一般情况下，栅格的裁切用 Extraction 或者 Gridclip 实现，较少用 Clip 进行裁切）进行裁切，生成裁切范围的栅格数据（集）。在生态监测中，Clip 是用来裁切矢量数据（图 2.49）。

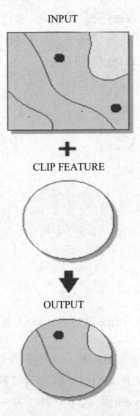

INPUT

CLIP FEATURE

OUTPUT

图 2.49　ArcGIS 中 Clip 分析功能示意图

Clip 被裁切的要素可以是点、线、面等矢量数据，裁切编辑一般为面状矢量数据，输出的结果属性字段同被裁切的数据，输出数据的空间范围为裁切边界范围内。如有全省湖泊分布空间数据和某流域空间数据，用流域空间数据 Clip 全省湖泊空间数据，得到该流域内的湖泊分布空间数据（图 2.50）。

图 2.50　Arc GIS 中 Clip 分析结果图

4. 分割

Split 即将一个特征对象分割成多个对象，生成的对象属性字段将保留原被分割的属性字段（图 2.51）。

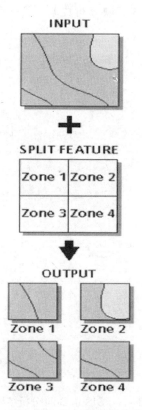

图 2.51　Arc GIS 中 Split 分析功能示意图

Input Features 为被分割的数据；Split Features 为分割数据，需包含分割属性字段数据；Split Field 为分割数据的属性字段，用来分割数据，且以字段属性唯一值作为输出数据的名称（图 2.52）。

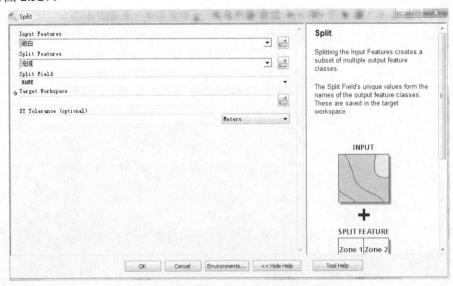

图 2.52　Arc GIS 中 Split 分析操作示意图

如现有某省全部湖泊数据和各流域分布数据，现对不同流域的湖泊分割单独的流域湖泊数据（图 2.53）。

图 2.53　Arc GIS 中 Split 分析结果示意图

5. 叠加

Intersect 进行多边形叠合，输出层仅仅保留那些落在输入地图和叠加地图共同范围的要素，为矢量数据的"乘"操作（图 2.54）。

INPUT

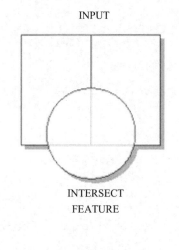

INTERSECT
FEATURE

OUTPUT

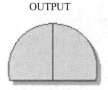

图 2.54　Arc GIS 中 Intersect 分析功能示意图

Intersect 空间叠加分析是常用的矢量数据处理工具之一，在生态监测中，可用 Intersect 来分析两期土地利用变化情况。如 2000 年和 2005 年两期土地利用叠加分析，输出矢结果将保留 2000 年和 2005 年土地利用矢量数据属性字段，可用分析得到两期土地利用动态变化（图 2.55）。

Input Feature：此处显示可以进行 Intersect 操作的要素列表。参与 Intersect 操作的要素图层，可以是点、也可以是线，还可以是多边形图层。

Features：在 Input Feature 中选择的要素将在此显示，则这些要素将会参与接下来的 Intersect 操作。

Output Feature Class：此处设置输出图层的文件名和路径。

JoinAttribute：在这里选择属性合并的方法，该项为可选项，默认的 JoinAttribute 值为"All"，即合并所有参与运算图层的属性。

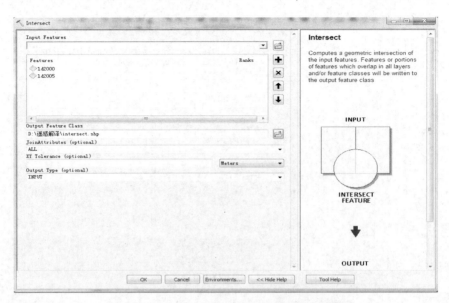

图 2.55　Arc GIS 中 Intersect 分析操作示意图

　　XY Tolerance：*XY* 容限值，表示要素节点之间的最小距离，如果有节点之间的最小距离小于容限值，那么这些节点将被连接起来。此项为可选项，没有特殊需要默认即可。

　　Output Type：输出类型，这里需要特别说明。当选择 INPUT 时，如果输入的要素图层全部为多边形图层，那么输出图层也将为多边形图层；如果输入图层中有一个或多个线图层，没有点图层，那么输出图层将为线图层；如果输入图层中有一个或多个点图层，那么输出图层将为点图层。当选择 LINE 时，输出线图层，只有在输入图层中包含线图层时，该选项才起作用。当选择 POINT 时，输出点图层，如果输入图层为线或多边形，那么输出图层为多要素图层（图 2.56）。

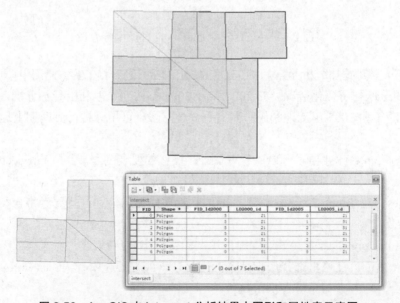

图 2.56　Arc GIS 中 Intersect 分析结果中图形和属性表示意图

6. 融合

Dissolves 融合是把多个要素，通过指定的属性（属性值相同），融合成一个要素。处理图形时，Dissolve 可以合并点、线、多边形等要素类和表，空间上主要是用于临斑同码的处理，将相邻斑块指定属性相同的斑块合并成一个斑块，原公共边界消除（图 2.57 和图 2.58）。

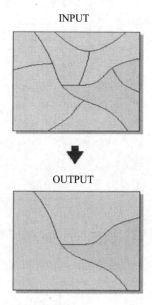

图 2.57　Arc GIS 中 Dissolve 分析功能示意图

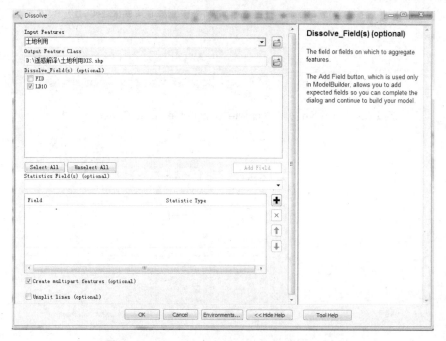

图 2.58　Arc GIS 中 Dissolve 分析操作示意图

　　Dissolve_Field（s）为指定的融合属性字段，可以选取多个属性字段。若选取多个属性字段，只有所有选取的属性字段都完全相同时（图 2.59），Dissolve 才对输入的数据进行融合处理。create multipart features 的复选框为多要素的合并选项，勾选时，将输入数据所有字段一样的合并一个斑块（图 2.60），如果不勾选只对相邻的相同字段合并（图 2.61）。系统默认勾选。

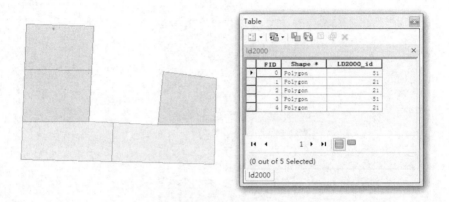

图 2.59　Dissolve 分析的属性字段

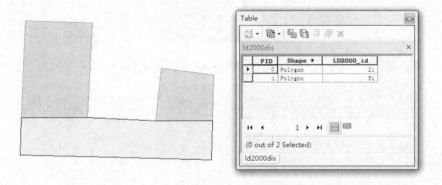

图 2.60　Dissolve 分析的 create multipart features-Checked 结果

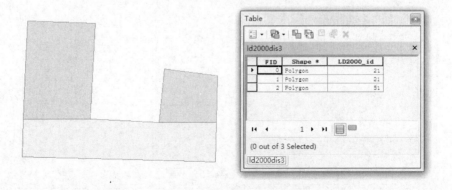

图 2.61　Dissolve 分析的 create multipart features-Unchecked 结果

7. 消除

在有的时候，我们做 Intersect、Union 或 Append 等数据叠加分析时，结果数据中可能会有许多细小的图斑，这些并不是我们想要的，需要将它们合并到周围的图斑中。这时 Eliminate 消除分析就可以实现这种处理，该工具可以将选中的多边形合并到周围边面积最大或者公用边界最长的多边形当中去。使用该工具的前提条件是图层中必须有选择集存在，即用来进行消除操作的要素需要被选中，一般可通过属性选择对话框按一定的条件选择待消除的图斑（图 2.62）。

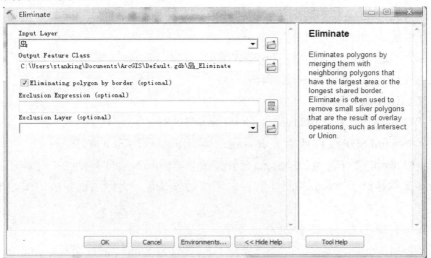

图 2.62　Arc GIS 中 Eliminate 分析操作示意图

Eliminating polygon by border 复选框是进行合并方法的选择（图 2.63），勾选代表将选中的多边形合并到周边公用边界最长的多边形当中去，为系统默认选项；为勾选复选框，表示将选中的多边形合并到周边面积最大的多边形当中（Eliminate 消除细小碎多边形时，有时候不能一次消除满足条件的碎多边形，一般 2 到 3 次即可完成所有满足条件的碎多边形的消除）。

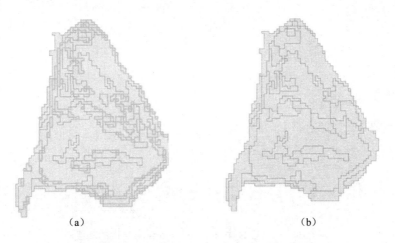

（a）　　　　　　　　　　　　　　　　（b）

图 2.63　Arc GIS 中 Eliminate 分析效果示意图

五、质量检查

1. coverage 格式处理转换

coverage：一种拓扑数据结构，数据结构质量较高，属性缺省存储在 Info 表中。在生态监测中，一般要求土地利用/覆被遥感解译成果数据格式为 coverage 格式（.cov），需要将 gdb 或者 shp 格式数据转换成 cov 格式数据。这里主要介绍将 shp 格式数据转换成 cov 格式数据。

方法一：Arcinfo 实现多边形的 shp 和 coverage 文件的转换（图 2.64）

以矢量数据 word.shp 为例。

在 dos 界面进入 arc 之后，对 shp 格式数据，进行 coverage 转换的命令如下：

Arc：SHAPEARC word word2 TYPE

Arc：CLEAN word2

Arc：REGIONPOLY word2 word3 TYPE word3.SAFE

这样就将 word.SHP 文件转为了 covrage，输出的文件名为 word3。

第一步将 word 文件转为 coverage 文件 word2，word2 文件只是线文件，还需要转换为面；type 文件存储了 word 的属性信息，这个必须设置，否则后面生成的多边形无属性信息。

第二步是将线文件 word2 转换为面文件，建立拓扑关系。

第三步是将 word2 转换为多边形，使用 type 文件对 word2 进行属性赋值，safe 文件保存了 word3 的属性信息。

方法二：基于 shp 和 coverage 文件的转换

在 ArcTools 中，Featureclass To Coverage 是实现 shp 到 cov 格式数据的转换工具。

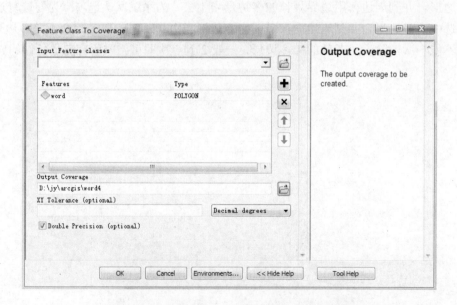

图 2.64   Arc GIS 中 shp 和 coverage 文件的转换

在生态监测中，一般是将土地利用/覆被遥感解译数据（面状矢量数据）转换成 coverage 数据，转换时，需要在 type 中选择 polygon 类型，否则转成 coverage 格式数据时属性丢失。

2. 碎多边形检查

生态监测中，土地利用/覆被数据作数据质量检查时，一般先将 shp 格式的矢量数据转换成 cov 格式或者 gdb 格式，这样系统就会给矢量数据每个斑块自动计算面积。考虑到遥感影像解译过程中会出现临斑同码或者数据编辑过程中自动捕捉不准等原因，在做碎多边形检查前，一般先对数据进行 dissolve 融合和 Eliminate 细小地物去除（图 2.65）。

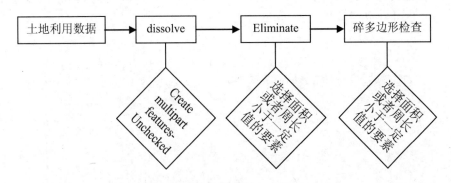

图 2.65　土地利用/覆盖数据碎多边形处理流程

碎多边形去除处理主要是根据属性表按照条件选择，一般选择面积或者周长小于一定值。碎多边形主要是数据作叠加分析或者编辑时自动捕捉不准造成的，一般是呈三角形或者狭长形，在 TM 遥感影像解译中，要求面状数据解译精度为 4×4 个像元（120 m×120 m，面积为 14 400 m^2），现状数据解译精度为 2×6 个像元（60 m×180 m，面积为 10 800 m^2），所以碎多边形检查时，一般选择面积小于 10 000 m^2 的斑块（图 2.66）。

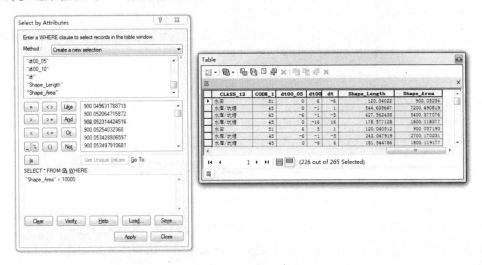

图 2.66　土地利用/覆盖数据碎多边形选择窗口

3. 临斑同码检查

遥感影像解译过程中，矢量数据处理经常会导致临斑同码的现象存在，使数据记录增多，数据量增大，数据质量下降。临斑同码检查主要是通过测试弧段两边斑块编码是否相同来实现。临斑同码的消除通常可以用 dissolve 工具实现。

4. 异常码检查

异常码检查是检查土地利用数据中是否存在未定义的编码（图 2.67），如在生态监测中，由于空间叠加处理或者拓扑处理，经常会出现 0 值等异常码。异常码的检查主要是通过对检查字段进行做统计分析实现。如生态监测中，检查 2000 年土地利用数据是否存在异常码，对 LD2000-id 字段做 summarie 分析。

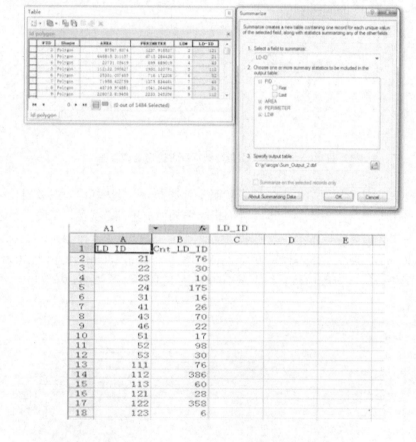

图 2.67   土地利用/覆盖数据异常码分析窗口

5. 拓扑错误检查及拓扑编辑

在 ArcGIS 中有关 Topolopy 操作，有两个地方：一个是在 ArcCatalog 中，一个是在 ArcMap 中。通常我们将在 ArcCatalog 中建立拓扑称为建立拓扑规则，而在 ArcMap 中建立拓扑称为拓扑处理。

ArcCatalog 中所提供的创建拓扑规则，主要是用于进行拓扑错误的检查，其中部分规则可以在容限内对数据进行一些修改调整。建立好拓扑规则后，就可以在 ArcMap 中打开这些拓扑规则，根据错误提示进行修改。

ArcMap 中的 Topolopy 工具条主要功能有对线拓扑（删除重复线、相交线断点等，Topolopy 中的 planarize lines）、根据线拓扑生成面（Topolopy 中的 construct features）、拓扑编辑（如共享边编辑等）、拓扑错误显示（用于显示在 ArcCatalog 中创建的拓扑规则错误，Topolopy 中的 error inspector）、拓扑错误重新验证（也即刷新错误记录）。

（1）ArcGIS 拓扑规则简述

在实际的图形处理中，一些图形需要满足一定要素之间的关系，如生态监测中各市县地类图斑不能在行政区以外，图斑不能相互重叠，这些特定图形之间的关系可以通过定义一些拓扑规则实现。

拓扑规则常用术语包括相交、接触、悬挂点和伪节点等。

相交（Intersect）：线和线交，并且只有一点重合，该点不是结点（端点），称之相交。

接触（Touch）：某线段的端点和自身或其他线段有重合，称为接触。

悬结点（Dangle Node，Dangle）：线段的端点悬空，没有和其他结点连接，这个结点（端点）称为悬结点。

伪结点（Pseudo Node）：两个结点相互接触，连接成一个结点，称为伪结点。

（2）拓扑关系

拓扑关系包括点拓扑关系、线拓扑关系和面拓扑关系。

1）点之间的拓扑关系（图 2.68）

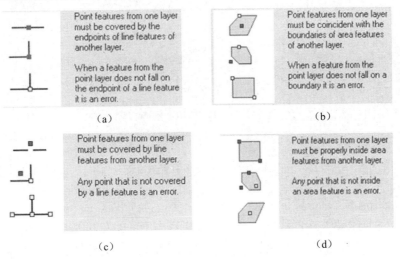

图 2.68　点拓扑关系类型

拓扑一：Must be covered by boundary of（图 2.68（a））

点必须在多边形边界上。例如：在地籍建库中，界址点必须在宗地的边界上，要是不在，那就是错误。

拓扑二：Must be covered by endpoint of（图 2.68（b））

点要素必须位于线要素的端点上。例如：水龙头必须在水管的末端。

拓扑三：Point must be covered by line（图 2.68（c））

点要素必须在线要素之上。例如：地籍测量中，界址点必须在界址线上。

拓扑四：Must be properly inside polygons（图 2.68（d））

点要素必须在多边形要素内，在边界上也不行。

2）线的拓扑规则（图 2.69 至图 2.80）

规则一：Must not overlap（图 2.69）

在同一层要素类中（同一层之间的关系），线与线不能相互重叠，修正的办法是将不需要的线段截断，然后删除。例如，街道。违反规则的地方产生线错误，修正的方法是截断、删除重叠部分。

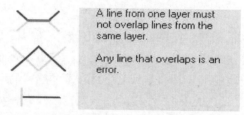

图 2.69　线与线不相互重叠的修正

规则二：Must not intersect（图 2.70）

同一层要素中，线与线不能重叠和相交（同一层之间的关系）。修正方法：重合处合并，相交处打断。例如，河流、宗地边界（这里不是多边形边界，是线要素）。违反规则的地方产生线错误，修正的方法是重合处合并，相交处打断。

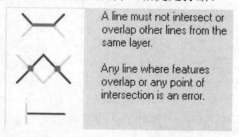

图 2.70　线与线不相交的修正

规则三：Must be covered by feature class of（图 2.71）

同一层中某个要素类中的线段必须被另一要素类中的线段覆盖（同一层之间的关系）。修正方法：将错误线段删除，再重新输入正确的。例如，公交线路必须在道路上行驶。违反规则的地方将产生线错误，修正的方法是将错误线段删除，再重新输入正确的。

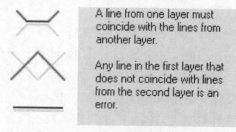

图 2.71　线与线不能覆盖的修正

规则四：Must not overlap with（图 2.72）

两个线要素类中的线段不能重叠（不同图层中线对线的关系）。例如，道路和铁路不能相互重叠。违反规则的地方产生线错误，根据实际需要编辑、修正。

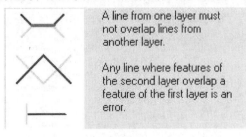

图 2.72　线与线不同重叠的修正

规则五：Must be covered by boundary of（图 2.73）

线要素必须被多边形要素的边界覆盖（线与多边形之间的拓扑关系）。修正方法：删除错误的线或编辑多边形。例如，城市的内部道路至少一侧有地块多边形边界。违反规则的地方产生线错误，修正的方法是删除错误的线或编辑多边形。

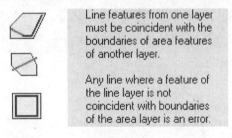

图 2.73　线与多边形边界重叠的修正

规则六：Must not have dangles（图 2.74）

不允许线要素有悬结点，即每一条线段的端点都不能孤立，必须和本要素中其他要素或和自身相接触（同一线层之间的拓扑关系）。修正方法：将有悬点的线段延伸到其他要素上，或者将长出的部分截断后删除。例如，宗地边界线段不能有悬结点。违反规则的地方将产生点错误，修正的方法是将有悬点的线段延伸到其他要素上，或者将长出的部分截断后删除。

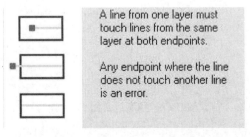

图 2.74　线不能有悬结点的修正

规则七：Must not have Pseudos（图 2.75）

不能有伪结点，就是一条线段中间不能有断点，即线段的端点不能仅仅是两个端点的接触点（自身首位接触是例外）。修正方法：将伪结点两边的线段合并为一个条线，伪结点自然消除。例如河流。违反规则的地方将产生点错误，修正的方法是将伪结点两边的线段合并为一个条线，伪结点自然消除。

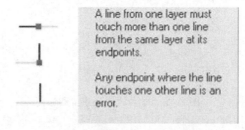

图 2.75　线不能有伪结点的修正

规则八：Must not self-overlap（图 2.76）

线要素不能和自己重叠，修正方法：截断、删除重叠部分。例如，街道。违反规则的地方产生线错误，修正的方法是截断、删除重叠部分。

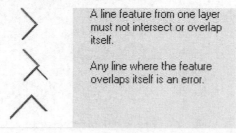

图 2.76　线不能自我重叠的修正

规则九：Must not self intersect（图 2.77）

线要素不能自相交，就是不能和自己搅在一起。修正方法：在自相交处适当缩短或外移。

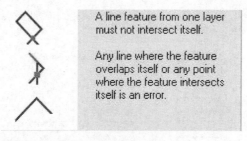

图 2.77　线不能自相交的修正

规则十：Must be single part（图 2.78）

线要素必须单独，不能联合。但若是两条线首尾相连接，Merge 操作后产生的是一条线了，这种情况是不会报错的。但是分开的两条线进行 Merge 操作，就会出现不符合规则的错误。该拓扑限制在数据处理时很有用。修正的方法是将连合的部分打散就可以了。

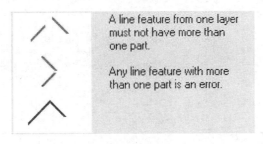

图 2.78　线不能联合的修正

规则十一：Must not intersect or touch interior（图 2.79）

线和线不能交，端点不能和非端点接触（非接触点部分相互重叠是允许的），两条线相交时（两条线）一定会有断点。修改方法：剪断没有断点的线（不是节点，而是端点）。例如，铁路和铁路可以重合，但不能交。某铁路端点不能和其他铁路的非端点部分接触。违反规则的地方产生线错误和点错误，根据实际需要编辑、修正。

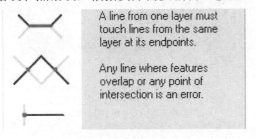

图 2.79　线不能相交的修正

规则十二：End point must be covered by（图 2.80）

线要素的端点被点要素覆盖。修正方法：增补新的点要素或调整不应该出现的线段。例如，每一条公交线路的尽端都有终点站。违反规则的地方将产生错误，修正的方法是增补新的点要素或调整不应该出现的线段。

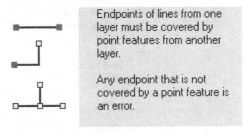

图 2.80　线要素的端点被点要素覆盖的修正

3）面拓扑规则（图 2.81 至图 2.90）

规则一：Must not overlap（图 2.81）

同一多边形要素类中多边形之间不能重叠（同一层之间的拓扑关系，不涉及其他图层）。例如，生态监测土地利用数据各斑块之间不能有重叠。修正方法很灵活，包括重叠区域删除、生成新对象、合并到重叠区域的其中一类等。

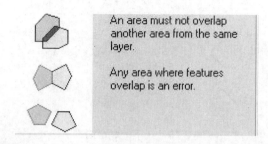

图 2.81 同一多边形要素类中多边形之间重叠的修正

规则二：Must not have gaps（图 2.82）

多边形之间不能有空隙（同层之间的拓扑关系）。例如：一个土地利用图斑层内必需被图斑填满的，中间不能有缝隙。但数据最外边界也会被认作数据存在空隙拓扑错误，可标识为例外。拓扑空隙错误修正方法根据实际而定，比较灵活。

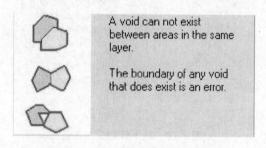

图 2.82 多边形之间 gaps 的修正

规则三：Must not overlap with（图 2.83）

一个要素类中的多边形不能与另一个要素类中的多边形重叠（两个不同面层之间的关系）。

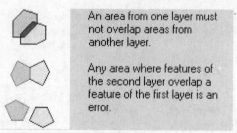

图 2.83 一个要素类的多边形与另一个要素类的多边形重叠的修正

规则四：Must be covered by feature class of（图 2.84）

多边形要素中的每一个多边形都被另一个要素类中的多边形覆盖（两个不同面层之间的拓扑关系）。

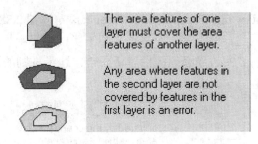

图 2.84　两个不同类型多边形相互覆盖的拓扑关系

规则五：Must cover each other（图 2.85）

两个要素类中的多边形要相互覆盖，外边界要一致（层与层之间的拓扑关系）。

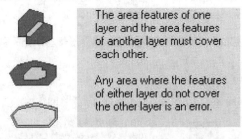

图 2.85　边界一致的两个不同类型多边形相互覆盖的拓扑关系

规则六：Must be covered by（图 2.86）

每个多边形要素都要被另一个要素类中的单个多边形覆盖。例如，建筑物多边形必须在宗地多边形内，不能出现跨越（层与层之间的拓扑关系）现象。

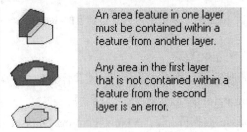

图 2.86　被其他多边形覆盖的多边形的拓扑关系

规则七：Boundary must be covered by（图 2.87）

多边形的边界必须和线要素的线段重合（面与线之间的关系）。

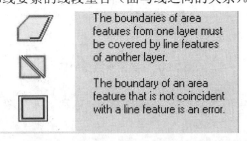

图 2.87　被其他多边形边界完全覆盖的多边形的拓扑关系

规则八：Area boundary must be covered by boundary of（图 2.88）

某个多边形要素类的边界线在另一个多边形要素类的边界上。例如，县、市边界上必须有乡、镇边界，而且前者的边界必须被后者所重合。违反规则的地方将产生线错误，修正的方法是手工编辑边界。

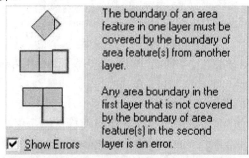

图 2.88　多边形边界被其他边界覆盖的拓扑关系

规则九：Contain point（图 2.89）

多边形内必须包含点要素（边界上的点不再多边形内）。

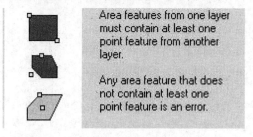

图 2.89　多边形内包含点要素的拓扑关系

（3）拓扑错误检查（图 2.90）

生态监测中，拓扑错误检查主要包括数据是否重叠、数据内部是否存在缝隙（Gaps）等，这些可以通过在 ArcCatalog 中创建拓扑规则实现。

第一步：在 Geodatabase 数据库下新建 New Feature Dataset 数据集，并设置容差（系统默认为 0.001 m）；

第二步：将需要拓扑错误检查的数据导入 New Feature Dataset 数据集，如 LD2000 数据导入数据集（图 2.90）；

图 2.90　数据集数据的导入

第三步：数据集新建拓扑关系，并确定拓扑名称和容差（图 2.91 至图 2.94）；

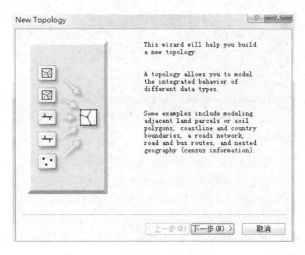

图 2.91 数据集重建拓扑关系操作

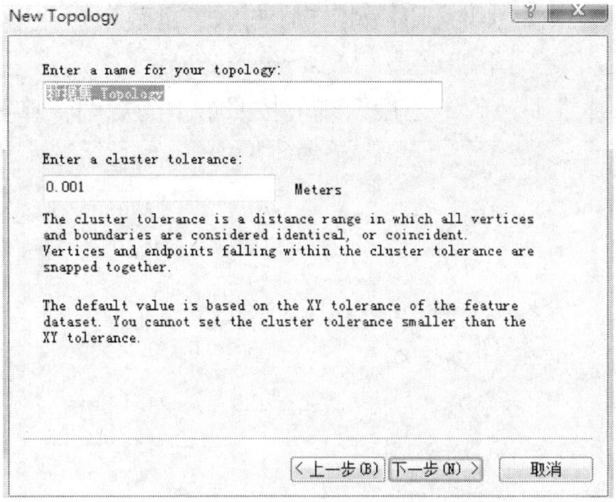

图 2.92 数据集重建拓扑关系操作

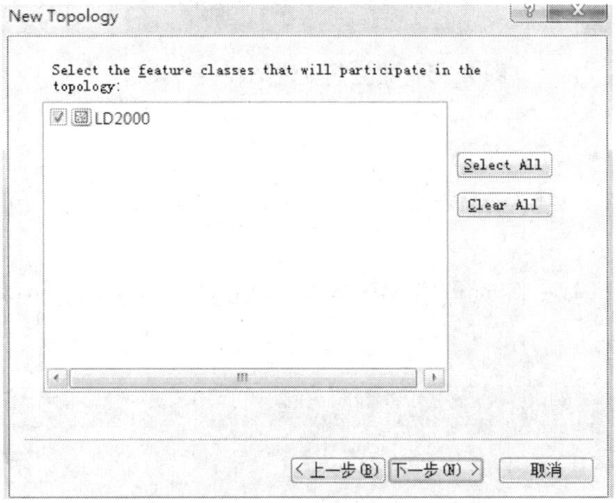

图 2.93 数据集重建拓扑关系操作

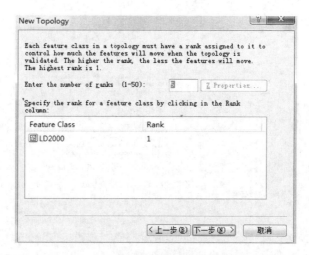

图 2.94　数据集重建拓扑关系操作

　　第四步：添加拓扑规则。土地利用数据中，面状矢量数据拓扑错误检查主要是用到同一多边形要素类中多边形之间不能重叠（Must not overlap）、多边形之间不能有空隙（Must not have gaps）两个拓扑规则，确定之后系统就按照给定的规则计算拓扑关系（图 2.95）。

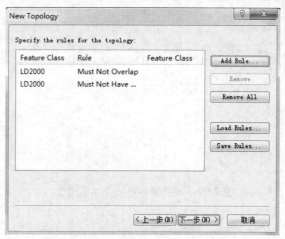

图 2.95　数据集重建拓扑关系操作

（4）拓扑编辑

　　建立完拓扑关系时，用 ArcMap 查看数据集，拓扑错误将以红色显示，可根据实际情况，进行拓扑编辑。

　　1）编辑数据集中数据，同时点击编辑菜单 More Editing Tools…打开 Topology 工具条（图 2.96）。

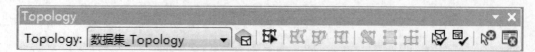

图 2.96　数据集中拓扑工具窗口

点击 Topology 工具条上的 Error Inspector ，查看拓扑错误。可逐条参考拓扑错误，当前选中的拓扑错误为黑色（图 2.97）。

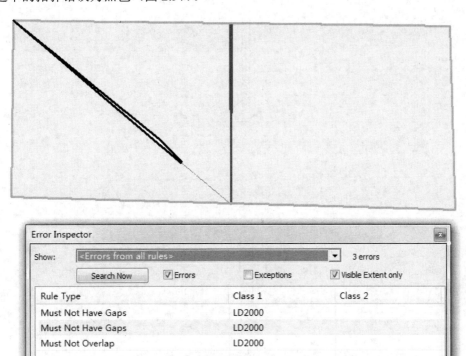

图 2.97　错误拓扑的图形及属性

2）拓扑错误编辑

这里主要介绍"面不能相互重叠"、"面不能有缝隙"两种常用面状数据拓扑错误修改。

① 面不能相互重叠（must not overlap）（图 2.98）

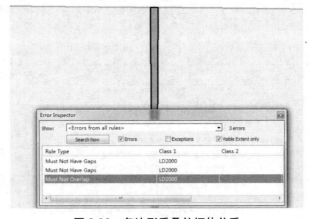

图 2.98　多边形重叠的拓扑关系

修改方法有以下几种：

a. 可以直接修改要素节点去除重叠部分。

b. 在错误上右键选择 merge，将重叠部分合并到其中一个面里（图 2.99）。

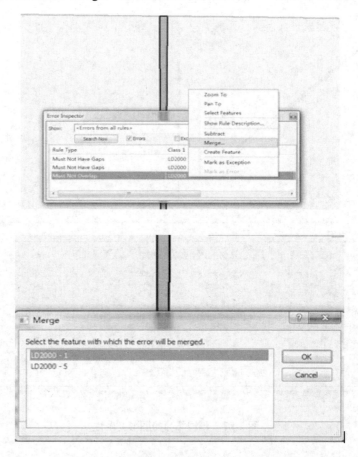

图 2.99　多边形重叠的 merge 拓扑修改

c. 在错误上右键选择 create feature，将重叠部分生成一个新的要素，然后利用 editor 下的 merge 把生成的面合并到相邻的一个面里。用 editor 下 clip 直接裁剪掉重叠部分（图 2.100）。

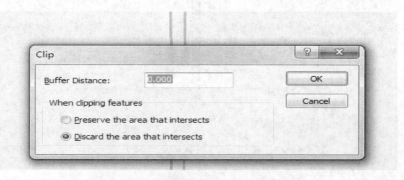

图 2.100　多边形重叠的 clip 拓扑修改

② 面不能有缝隙（must not have gaps）（图 2.101）

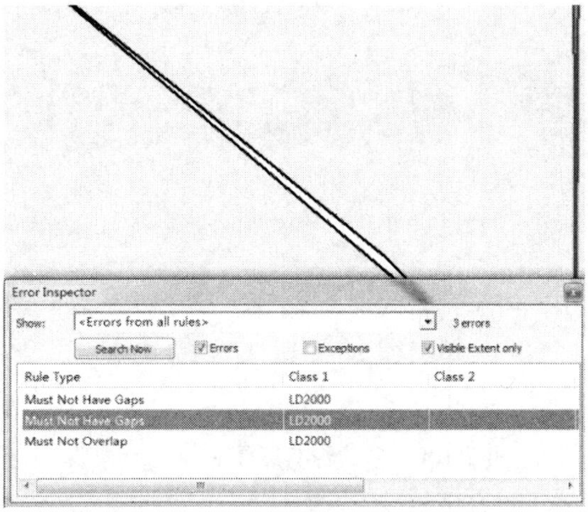

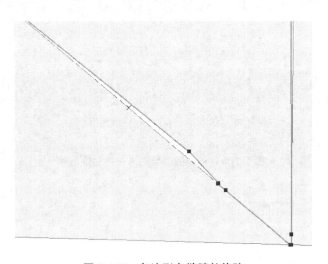

图 2.101 多边形有缝隙的显示

修改方法有以下几种：

a. 可以直接修改要素节点去除重叠部分（图 2.102）。

图 2.102 多边形有缝隙的修改

b. 在错误上右键选择 create feature，将缝隙部分生成一个新的要素，然后利用 editor 下的 merge 把生成的面合并到相邻的一个面里（图 2.103）。

c. 在 task 里选择 auto-complete polygon 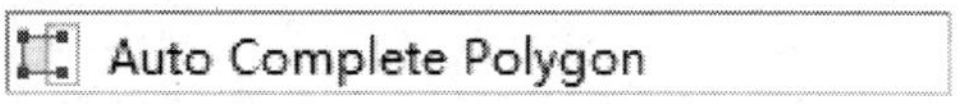　Auto Complete Polygon　，用草图工具自动完成多边形（图 2.104），此时会在缝隙区域自动生成两个多边形，然后用 merge 合并到相邻面里（图 2.105）。

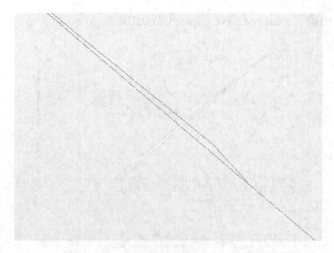

图 2.103　多边形有缝隙的 merge 修改

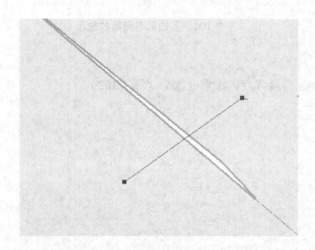

图 2.104　多边形有缝隙的自动生成结果

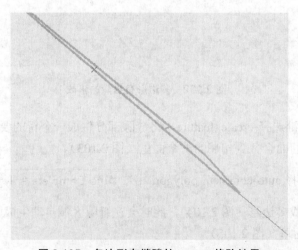

图 2.105　多边形有缝隙的 merge 修改结果

面的最外围一圈会被系统认为是缝隙，这种可以标注例外（图 2.106）。

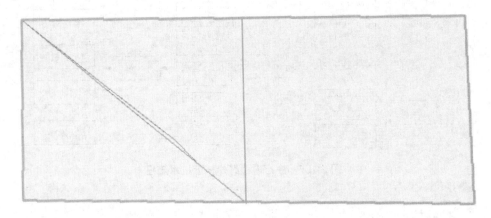

图 2.106　多边形最外围边界有缝隙的 merge 修改例外标注

第五节　野外核查

一、野外核查目的

遥感专题信息提取过程中参考了大量的历史资料和野外遥感判读标志数据，并且严格按照遥感制图、专题信息提取的有关技术规程进行，但由于自然环境的复杂性、遥感成像过程带来的同物异谱、异物同谱现象以及技术人员本身的专业背景差异等因素，存在着大量的未确定信息。因此有必要进行野外核查，同时野外核查是检查遥感解译准确率的最有效方法。

综上，野外核查的主要目的有以下几个方面。

（1）根据各省市自然分异、人类活动的特征以及信息提取过程中遇到的问题，选择有代表性的路线修正判读过程中出现的误判，检验遥感判读的正确率，并对判读数据进行室内修正；

（2）通过选择有代表性的地物类型，建立遥感影像野外标志数据库；

（3）结合生态调查典型案例分析，收集能反映区域生态功能、生态问题的野外相片、录像资料，为生态环境分析、多媒体制作提供素材。

生态遥感监测中野外核查的技术路线见图（图 2.107）：

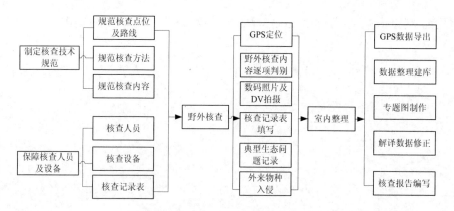

图 2.107　生态遥感野外核查技术流程

二、野外核查工具

在进行野外调查之前，需要准备如下工具：

（1）样地定位工具：GPS 导航系统（两套）；

（2）GPS 跟踪底图：样点图、样线图、公路图、省界图、TM 影像图、野外工作计划图、其他空间辅助数据；

（3）照相和记录工具：笔记本电脑、数码相机、望远镜、移动硬盘、野外调查表、笔、记录本；

（4）工具书：《中国植物志》、《中国高等植物图鉴》、各地方植物志及自然保护区综合考察报告（植物鉴定可借鉴植物图志或者当地专家）；

（5）其他备用物品：除生活用品外，还需必要的药品（如防感冒、防中暑药）和防晒用品，南方还需要准备蛇药；

（6）交通工具：越野车。

三、制定核查路线

野外核查路线的选择应遵循四个方面的原则，一是根据生态系统的地域分异，全面反映调查地区的地貌、气候、植被分异以及不同人类活动强度类型的原则。二是根据遥感调查采用的数据源的时相特征、技术人员判读过程中提出的意见反馈等选择地面复核的路线。三是可行性原则，由于野外验证受经费、人力条件等诸多因素的限制，遥感解析数据野外验证应综合考虑经济、人力条件，设计一条合理、现实的方案，保证验证工作能达到预期的目的。四是充分考虑现有数据基础的原则，部分省市在过去已完成大量的有关野外生态信息的采集工作，可作为野外复核重要的资料。

在野外核查前，利用 Googlearth 等工具详细理清各核查点的具体位置，制定详细的核查计划，包括每天核查点数，核查最优路线等，在优化核查路线时，可请熟悉当地情况的工作人员一同参与，有计划地开展核查工作。可根据遥感判读过程的意见反馈，对遥感影像云量、季相等条件不好、解译难度较大的区域进行重点核查。

四、核查内容

核查的内容主要包括典型地类的判读核查和边界核查。

典型地物进行判读正误校验要求：① 根据本次遥感监测与评价选择的数据源、判读精度的要求，选择的典型地物面积至少要求在 120 m×120 m 以上，即影像上为 4×4 个像元（最小判读单元）。② 要求按每 5～10 km 选择 1 个点进行，选择的地物类型较为齐全，避免对同一种地物重复选择，以保证抽样调查的可靠性。③ 记录核查地物的地理位置、主要地物类型、环境特征（根据表 2.25）等。④ 拍摄地物的景观相片，要求至少拍摄全景和主要地物特征各一张、拍摄时将相机设置成在数码图像显示拍摄时间和日期。⑤ 在表格上记录并判断正误。⑥ 各省核查点要求在 300 个以上。

表 2.25 土地覆盖野外核查表

___省___市___县调查人：___审核人：___

编号	时间	经度	纬度	海拔	地貌类型	覆被类型 全景景观类型	定点类型	照片编号
1	××××.08.20	118.092	29.994	371	低山丘陵	谷内水田、低坡为旱地、坡上茶园、有林地	水田	
2								
3								
4								
5								
…								

地类边界准确性核查。根据表 2.26 内容进行，要求：① 针对野外地物变化明显的地区选点，通过记录定位坐标和定位所在点各方位的地物类型，结合遥感影像判读边界准确性。② 边界选择要求各省在 100 个左右。

生态调查野外录像资料的收集。要求：结合野外调查路线，针对典型生境类型、生态破坏典型、生态灾害等拍摄记录相关录像资料或照片，了解、掌握核查地区生态环境的基本情况，解决调查中出现的问题。

表 2.26 土地覆盖边界核查表

___省___市___县调查人：___审核人：___

序号	时间	经度	纬度	海拔	地貌类型	南类型 覆被	判读	正/误	北类型 覆被	判读	正/误	东类型 覆被	判读	正/误	西类型 覆被	判读	正/误	边界误差说明
1																		
2																		
3																		
…																		

五、注意事项

1．GPS 定位

每到达一个测点，要求用 GPS 接收机跟踪到的卫星不少于 4 颗，且信号较强时才进行定位和数据采集，并将每个测点的经纬度准确填入记录表。

2．野外核查内容逐项判别

根据《生态环境质量评价技术导则》中的野外判别标准，结合专业人员的丰富知识和经验，现场判别周围地貌类型、全景景观类型、全景景观特征、土地利用/覆盖类型、野外定点类型等具体核查内容，逐项填入野外核查记录表。

3．数码照片以及 DV 实地拍摄

每个测点拍摄全景景观和典型地物照片各一张，且在相片和录像上显示拍摄时间和日期，并对其进行编号。

4．典型生态环境问题调查

调查典型生态环境问题，收集能反映区域生态功能、生态问题的照片、录像及资料。

六、核查数据室内整理

核查数据室内整理包括五个方面：GPS 数据导出、数据库整理及建库、专题图制作、解译数据修正及核查报告编写。

1．核查数据入库

将野外核查记录表录入数据库，并完成相应的统计工作，绘制有关的统计图表。把带有经纬度、海拔、地貌类型、全景景观类型描述、野外定点类型、图上判读类型等字段的 Excel 电子表格，在 Arc Map 下，生成 GPS 点位图层。

2．解译数据精度检查和修正

将核查点位图层与各市、县遥感解译图层进行叠加分析，在 Arcinfo 下利用核查点位信息修正遥感解译数据，对解译区有关图斑进行核实和修正，提高遥感解译精度。

3．野外核查报告

根据野外核查及室内整理结果，编制野外核查报告，报告编写提纲如下。

1. 核查概况
   1.1 地区概况
   1.2 工作概况
2. 野外核查目标及任务
3. 野外核查主要内容
   3.1 核查路线制定
   3.2 核查点位制定
   3.3 核查点位汇总及空间分布
   3.4 核查结果比对
4. 问题与建议

第六节　解译数据统计分析

一、现状汇总分析

1. 不同等级的地类单元统计分析

1）不同地类等级统计分析

a. 从遥感解译一级分类统计各类型面积与面积比例，分析各解译类型的空间分布

b. 从遥感解译二级分类统计各类型面积与面积比例，分析各解译类型的空间分布

c. 从遥感解译三级分类统计各类型面积与面积比例，分析各解译类型的空间分布

d. 实现方法

① 在 ArcGIS 中的具体操作步骤为：

第一步：为解译成果矢量数据添加一个属性字段，用于存放一级分类地类名称，即一级地类类型有（耕地、林地、草地、水域、城乡居民点与工矿用地、未利用土地）。

第二步：面积计算（图 2.108）。打开属性表，利用 ArcGIS 提供 calculator Geometry工具进行面积计算（对于 coverage 数据可以略过此步）。

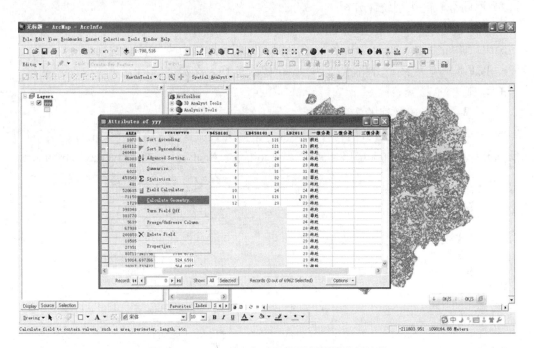

图 2.108　ArcMap 中对图层面积属性进行计算

第三步：面积统计（图 2.109）。Analysis tools—Statistics —Summary Statistics。

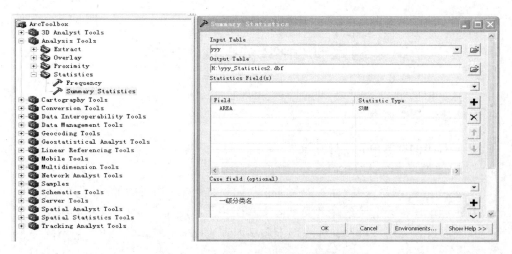

图 2.109　ArcMap 中面积统计操作示意

② 在 Arc workstation 中实现步骤

第一步：通过 infodbase 命令将图层属性表导成 dbf 的文件，具体操作为：*.pat　*.dbf；

第二步：在 Microsoft access 中导入 dbf 文件，然后利用查询汇总的功能可以得出每类型的面积。

2）不同行政区级别统计分析

a. 以省为单位统计分析各类型面积，比较各省生态类型的构成

b. 以地级市为单位统计分析各类型面积，比较各地级市生态类型的构成

c. 以县域为单位统计分析各类型面积，比较各县生态类型的构成

d. 实现方法

① 在 Arc Map 中实现的步骤

第一步：解译成果矢量数据与行政区矢量数据的叠加处理，将解译矢量数据层与行政区信息叠加起来（图 2.110 和图 2.111）。Arctoolbox—Analysis tools—Overlay—Intersect。

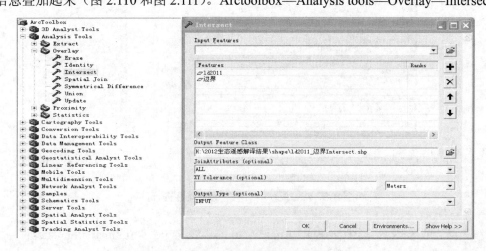

图 2.110　Arc Map 中 Intersect 操作示意

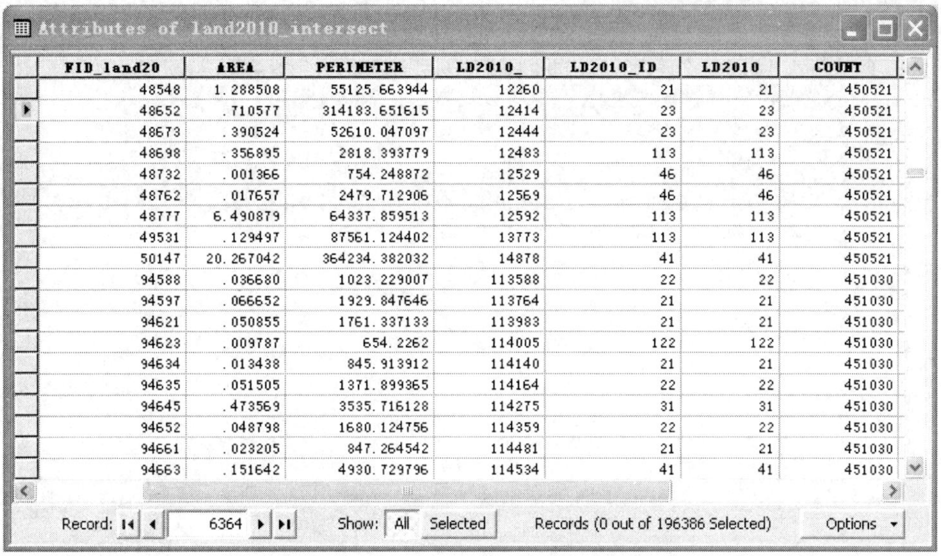

FID_land20	AREA	PERIMETER	LD2010_	LD2010_ID	LD2010	COUNT
48548	1.288508	55125.663944	12260	21	21	450521
48652	.710577	314183.651615	12414	23	23	450521
48673	.390524	52610.047097	12444	23	23	450521
48698	.356895	2818.393779	12483	113	113	450521
48732	.001366	754.248872	12529	46	46	450521
48762	.017657	2479.712906	12569	46	46	450521
48777	6.490879	64337.859513	12592	113	113	450521
49531	.129497	87561.124402	13773	113	113	450521
50147	20.267042	364234.382032	14878	41	41	450521
94588	.036680	1023.229007	113588	22	22	451030
94597	.066652	1929.847646	113764	21	21	451030
94621	.050855	1761.337133	113983	21	21	451030
94623	.009787	654.2262	114005	122	122	451030
94634	.013438	845.913912	114140	21	21	451030
94635	.051505	1371.899365	114164	22	22	451030
94645	.473569	3535.716128	114275	31	31	451030
94652	.048798	1680.124756	114359	22	22	451030
94661	.023205	847.264542	114481	21	21	451030
94663	.151642	4930.729796	114534	41	41	451030

图 2.111　Arc Map 中 Intersect 操作结果

第二步：面积计算（图 2.112）。打开属性表，利用 ArcGIS 提供 Calculator Geometry 工具进行面积计算。

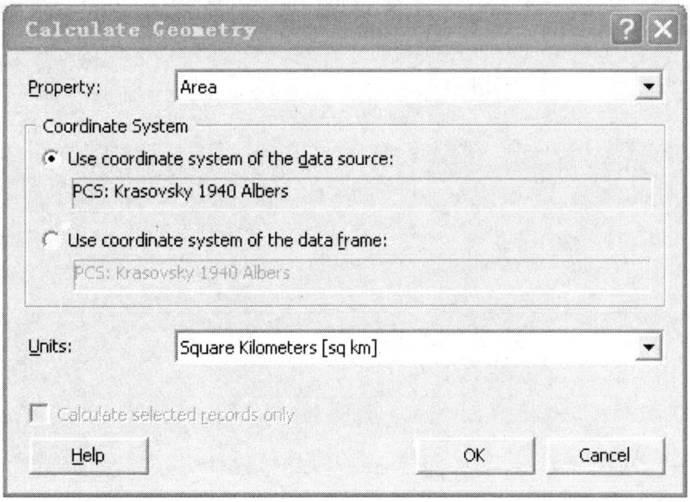

图 2.112　Arc Map 中 Calculator Geometry 操作

第三步：面积统计。Analysis tools—Statistics —Summary Statistics。（图 2.113）

② 利用 Arc workstation 与 Microsoft Excel 实现

第一步，利用 Arc GIS 的空间叠加分析功能将省（地市或县）图层与土地利用图层叠加在一起。

第二步，利用 Arc Map 的 export 或者 Arc workstation 的 Infodbase 命令将叠加图层的属性表导出，形成*.dbf 文件。

第三步，利用 Microsoft Excel 打开*.dbf 文件，利用 Excel 透视表功能对数据进行分省

（市或县）汇总。以分县各地类统计为例，则在透视表设计时将"县"字段作为"行标签"，"地类编码或名称"作为"列标签"，面积作为加和统计值（图 2.114）。

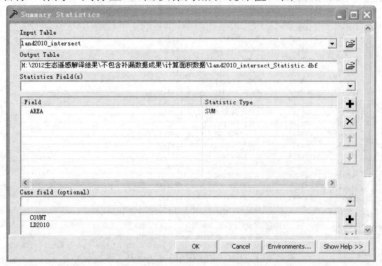

图 2.113　Arc Map 中 Summary Statistics 操作

图 2.114　Microsoft Excel 中透视功能

3）正态分布统计分析

a. 均值：各类型地类面积的算术平均值

$$\overline{X} = \frac{\sum_{i=1}^{M}\sum_{j=1}^{N} x_{ij}}{MN} \tag{2-6}$$

b. 中值：是指地类中所有不同斑块面积的中间值

$$x_{\text{med}} = (x_{\max} + x_{\min})/2 \tag{2-7}$$

c. 众数：是地类面积中出现最多的一个值。

d. 数值域：面积的动态变化范围，即最大和最小值之间的差值 Range=X_max−X_min

e. 方差和标准差：方差是指各数据与平均数的差的平方的平均数，主要用于衡量一组数据的波动大小，方差越大，说明数据的波动性越大，越不稳定。标准差是一组数据平均值分散程度的一种度量，它可以作为不确定性的一种测量。

方差计算公式为：

$$S^2 = \frac{1}{n}\left[(x_1 - \overline{x})^2 + (x_2 - \overline{x})^2 + \cdots + (x_n - \overline{x})^2\right] \tag{2-8}$$

标准差计算公式：

$$S^2 = \sqrt{\frac{1}{n}\left[(x_1 - \overline{x})^2 + (x_2 - \overline{x})^2 + \cdots + (x_n - \overline{x})^2\right]} \tag{2-9}$$

f. 正态分布：正态分布是一种概率分布，其计算公式为：

$$f(x) = \frac{1}{\sqrt{2\pi}\sigma}\mathrm{e}^{\frac{(x-\mu)^2}{2\sigma^2}} \tag{2-10}$$

正态分布是具有两个参数 μ 和 σ 的连续型随机变量的分布，服从正态分布的随机变量的概率规律为取与 μ 邻近的值的概率大，而取离 μ 越远的值的概率越小；σ 越小，分布越集中在 μ 附近，σ 越大，分布越分散（图 2.115 和图 2.116）。

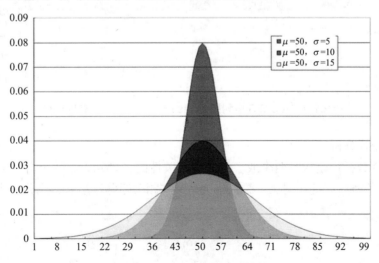

图 2.115　正态分布示意图

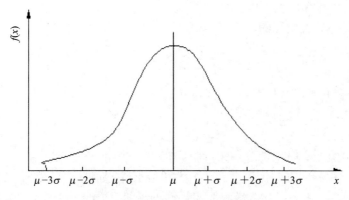

图 2.116　正太分布曲线图

g. 实现方法

利用 ArcGIS 的 analysis tools 模块下的 statistics tools 可进行均值、最大值、最小值、数据域、标准差等计算（图 2.117）。

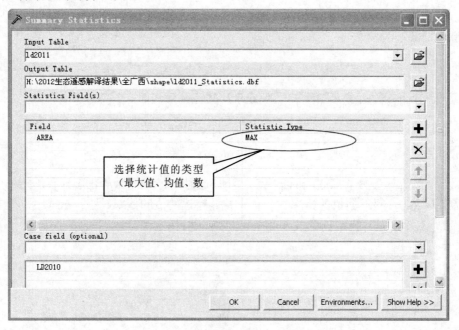

图 2.117　Arc GIS 中利用 Statistics Tools 实现正态值分布

4）多元统计分析

① 相关性分析：是指对两个或多个具备相关性的变量元素进行分析，从而衡量两个变量因素的相关密切程度（图 2.118）。相关系数与相关矩阵数学表达式分别为：

$$\gamma_{ij} = \frac{S_{ij}^2}{S_i S_j}$$

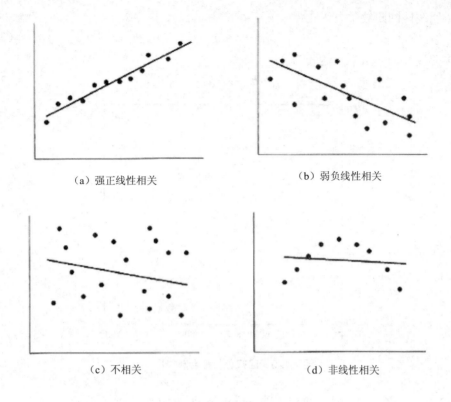

（a）强正线性相关　　　　　　　　（b）弱负线性相关

（c）不相关　　　　　　　　　　　（d）非线性相关

图 2.118　相关性分析图

在 SPSS 软件中，通过 Analyze 菜单下的 Correlate 进行相关分析（图 2.119）。

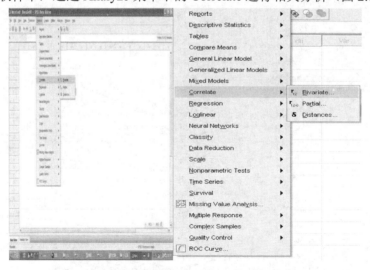

图 2.119　SPSS 软件中相关分析的实现

　　② 回归分析：确定两种或两种以上变数间相互依赖的定量关系的一种统计分析方法，它基于观测数据建立变量间适当的依赖关系，以分析数据内在规律，并可用于预报、控制等问题（图 2.120）。

a. 一元线性回归数学表达式为：

$$\hat{y} = a + bx \qquad (2\text{-}11)$$

b. 多元线性回归数学表达式为：

$$\hat{y} = b_0 + b_1x_1 + b_2x_2 + \cdots + b_mx_m \qquad (2\text{-}12)$$

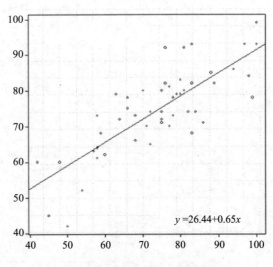

图 2.120　回归分析拟合直线图

在 SPSS 中，通过 Analyze 菜单下的 regression 进行回归分析（图 2.124）。

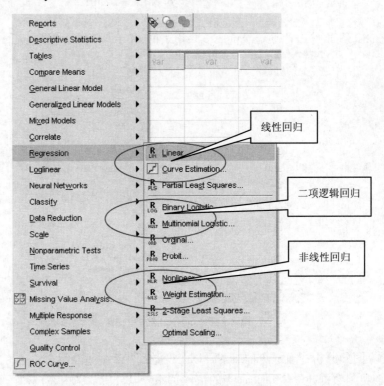

图 2.121　SPSS 软件中回归分析的实现

③ 聚类分析：主要用于衡量不同数据源间的相似性，以及把数据源分类到不同的簇中。其表达式为：

$$D_{MJ}^2 = \alpha_K D_{KJ}^2 + \alpha_L D_{LJ}^2 + \beta D_{KL}^2 + \gamma \left| D_{KL}^2 - D_{LJ}^2 \right| \tag{2-13}$$

在 SPSS 中，通过 analyze 菜单下的 classify 进行聚类分析（图 2.122）。

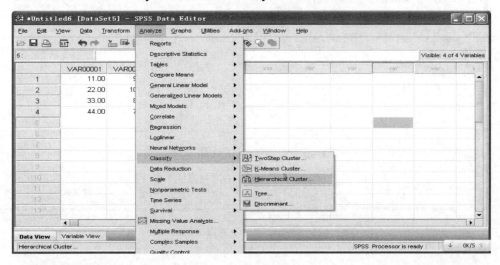

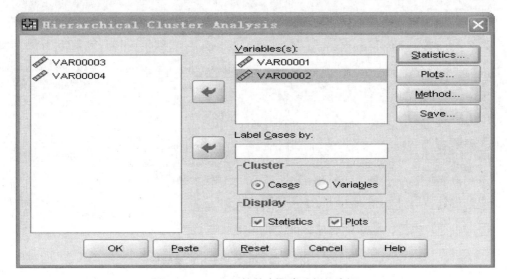

图 2.122　SPSS 软件中聚类分析的实现

④ 判别分析：a. 距离判别法；b. Bayes 判别法；c. Fisher 判别法

在 SPSS 中，通过 Analyze 菜单下的 classify 进行判别分析（图 2.123 和图 2.124）。

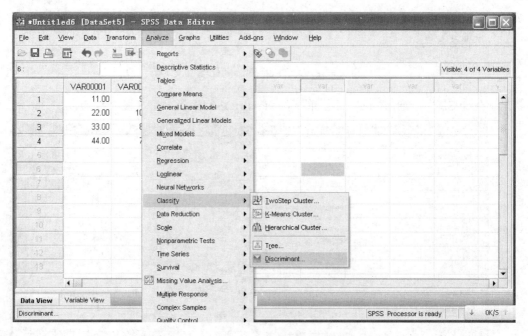

图 2.123　SPSS 软件中判别分析的类型

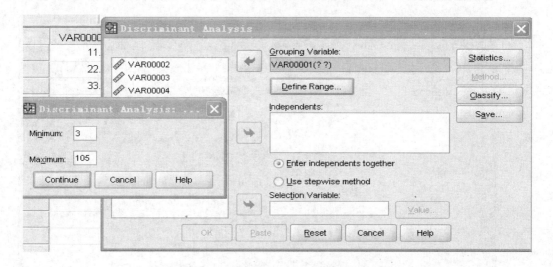

图 2.124　SPSS 软件中判别分析的参数设置

⑤ 因子分析：其是指研究从变量群中提取共性因子的统计技术。因子分析的数学模型表达式为：

$$X_{p\times 1} = A_{p\times m} \cdot F_{m\times 1} + e_{p\times 1} \tag{2-14}$$

在 SPSS 中，通过 analyze—Data Reduction—Factor Analysis 进行因子分析（图 2.125 和图 2.126）。

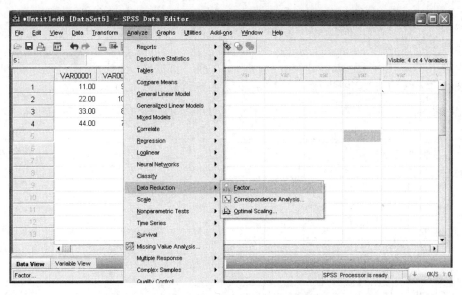

图 2.125　SPSS 软件中因子分析路径

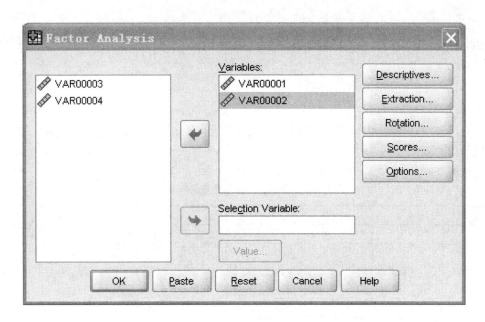

图 2.126　SPSS 软件中因子分析的参数设置

⑥ 主成分分析（PCA）：是将多个变量通过线性变换以选出较少重要变量的一种方法。其数学表达式为：

$$Z = l_1 x_1 + l_2 x_2 + \cdots + l_p x_p \tag{2-15}$$

其与 SPSS 中的运算操作步骤一致。其与因子分析的主要区别在于变换方式的不同，但目的相同。主成分分析可以看作由原是数据的协差阵或相关阵进行变换而来，不要求数据矩阵具有特定的形式。而因子分析假定数据矩阵由特定的模型，且满足特定的条件，否则因子分析可能虚假的。

2. 生态环境质量指数统计分析

（1）生物丰度指数

生物丰度指数指通过单位面积上不同生态系统类型在生物物种数量上的差异，间接地反映被评价区域内生物丰度的丰贫程度。生物丰度指数的计算分权重见表2.27。

表 2-27　生物丰度指数分权重

权重	林地			草地			水域湿地			耕地		建筑用地			未利用地			
	0.35			0.21			0.28			0.11		0.04			0.01			
结构类型	林地	木林地	林地和其他林地	高覆盖度草地	中覆盖度草地	低覆盖度草地	河流	湖泊（库）	滩涂湿地	水田	旱田	城镇建设用地	农村居民点	其他建设用地	沙地	盐碱地	裸土地	裸岩石砾
权重	0.6	0.25	0.15	0.6	0.3	0.1	0.1	0.3	0.6	0.6	0.4	0.3	0.4	0.3	0.2	0.3	0.3	0.2

生物丰度指数的计算方法如下：

生物丰度指数= A_{bio}×（0.35×林地面积 ＋ 0.21×草地面积+ 0.28×水域湿地面积+0.11×耕地面积+0.04 建设用地面积＋ 0.01×未利用地面积）／ 区域面积　　　　（2-16）

式中，A_{bio}——生物丰度指数的归一化系数。

（2）植被覆盖度指数

植被覆盖度指数是用于反映被评价区域植被覆盖程度的指标，植被覆盖指数的计算分权重见表2.28。

表 2-28　植被覆盖指数分权重

权重	林地			草地			农田		建设用地			未利用地			
	0.38			0.34			0.19		0.07			0.02			
结构类型	有林地	灌木林地	疏林地和其他林地	高覆盖度草地	中覆盖度草地	低覆盖度草地	水田	旱田	城镇建设用地	农村居民点	其他建设用地	沙地	盐碱地	裸土地	裸岩石砾
权重	0.6	0.25	0.15	0.6	0.3	0.1	0.7	0.3	0.3	0.4	0.3	0.2	0.3	0.3	0.2

植被覆盖指数的计算方法如下：

植被覆盖指数 ＝ A_{veg}×（0.38 ×林地面积 ＋ 0.34 ×草地面积 ＋ 0.19 ×农田面积+0.07×建设用地面积＋0.02×未利用地面积）／ 区域面积　　　　（2-17）

式中：A_{veg}——植被覆盖指数的归一化系数。

（3）水网密度指数

水网密度指数是指被评价区域内河流总长度、水域面积和水资源量占被评价区域面积的比重，用于反映被评价区域水的丰富程度。水网密度指数的计算方法如下：

　　水网密度指数＝（A_{riv}×河流长度/区域面积＋A_{lak}×湖库（近海）面积/区域面积＋A_{res}×水资源量/区域面积）/3　　　　　　　　　　　　　　　　　　　　　（2-18）

式中：A_{riv}——河流长度的归一化系数；

　　　　A_{lak}——湖库面积的归一化系数；

　　　　A_{res}——水资源量的归一化系数。

　　（4）景观异质性指数

　　① 景观斑块密度：指景观中单位面积的斑块数，其计算公式为：

$$PD=M/A \tag{2-19}$$

式中：PD——景观斑块密度；

　　　　M——研究范围内某空间分辨率上景观要素类型总数；

　　　　A——研究范围景观总面积。

　　② 景观边缘密度：指景观范围内单位面积上异质景观要素斑块间的边缘长度，其计算公式为：

$$ED = \frac{1}{A}\sum_{i=1}^{M}\sum_{j=1}^{M}P_{ij} \tag{2-20}$$

式中：P_{ij}——景观中第 i 类景观要素斑块与相邻第 j 类景观要素斑块间的边界长度。

　　③ 景观优势度指数：景观优势度指数是衡量景观结构中一种或几种景观组分对景观的分配程度。它与景观多样性指数意义相反，对景观类型数目相同的不同景观，多样性指数越高，其优势度越低。

$$D = H_{max} + \sum_{k=1}^{m}P_k \ln(P_k) \tag{2-21}$$

式中：D——景观优势度指数，它与景观多样性成反比；

　　　　H_{max}——最大多样性指数，$H_{max}=\log(m)$；

　　　　m——景观中缀块类型的总数；

　　　　P_k——缀块类型 k 在景观中出现的概率。

　　通常，较大的 D 值对应于一个或是少数几个缀块类型占主导地位的景观。

　　④ 景观多样性指数：多样性指数分为 Shannon 多样性指数和 Simpson 多样性指数，其计算公式分别为：

$$H = -\sum_{k=1}^{m}P_k \ln(P_k) \tag{2-22}$$

$$H' = 1 - \sum_{k=1}^{m}P_k^2 \tag{2-23}$$

式中：H——Shannon 多样性指数；

　　　　H'——Simpson 多样性指数；

　　　　P_k——斑块类型 k 在景观中出现的概率；

　　　　m——景观中斑块类型总数。

（5）景观聚集度指数

聚集度用于描述景观中不同斑块类型的非随机性或聚集程度，其数学表达式为：

$$C = C_{max} + \sum_{i=1}^{n}\sum_{j=1}^{n} P_{ij}\ln(P_{ij}) \qquad (2\text{-}24a)$$

式中：C——景观聚集度；

　　　C_{max}——聚集度指数的最大值；

　　　n——景观中斑块类型总数；

　　　P_{ij}——斑块类型 i 与 j 相邻的概率。

（6）景观破碎度

景观破碎度即景观被分割的破碎程度，它反映了景观空间结构的复杂性，在一定程度上反映了人类对景观的干扰程度。它主要用于衡量由于自然或人为干扰所导致的景观由单一均质和连续的整体向复杂、异质性不连续的斑块镶嵌体变化的过程。景观破碎化也是生物多样性丧失的重要原因之一。

$$C_i = \frac{N_i}{A_i} \qquad (2\text{-}24b)$$

式中：C_i——景观破碎度；

　　　N_i——景观的斑块数量；

　　　A_i——景观的总面积。

（7）实现方法

景观异质性指数、景观聚集度指数和景观破碎度指数等主要利用 ArcGIS 软件和 Fragstats 软件计算得出，其具体操作步骤如下。

第一步：在 ArcMAP 中对解译成果矢量数据层添加一个属性字段（landclass），将耕地、林地、草地等解译地类进行重新分类，如耕地归为景观类型中的 1，林地归为景观类型中的 2，草地归为景类型中的 3，可根据需要取相应的类型名（图 2.127）。

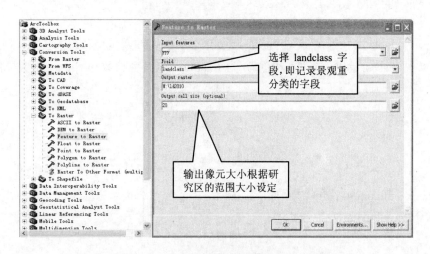

图 2.127　Arc GIS 中的矢量数据栅格化属性设置

第二步：将矢量数据转换成栅格数据（图 2.128）。Conversion tools—to raster—Feature to raster。

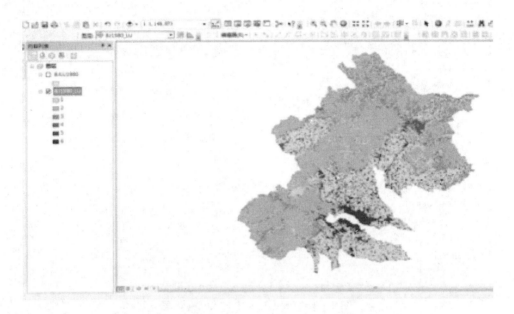

图 2.128　Arc GIS 中的矢量数据栅格化

第三步：转入到 Fragstats 软件，导入第二步转换好的栅格数据（图 2.129 和图 2.130）。

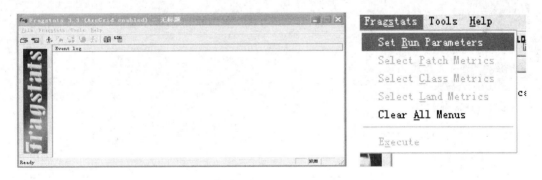

图 2.129　打开 Fragstats 软件

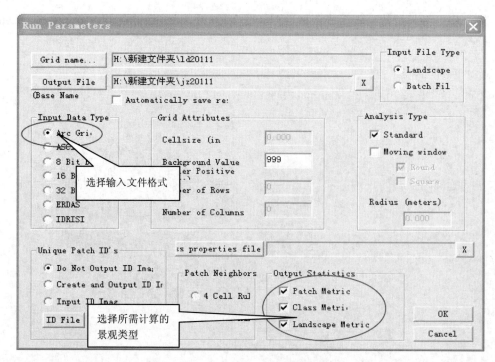

图 2.130　Fragstats 中导入栅格数据

第四步，选择所需计算的景观指数（图 2.131 至图 2.133）。

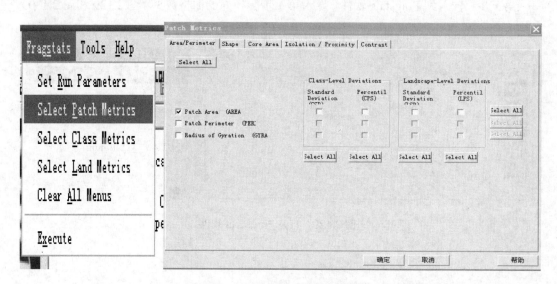

图 2.131　Fragstats 中选择斑块指数

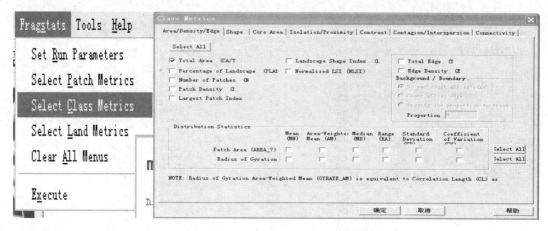

图 2.132　Fragstats 中选择类型指数

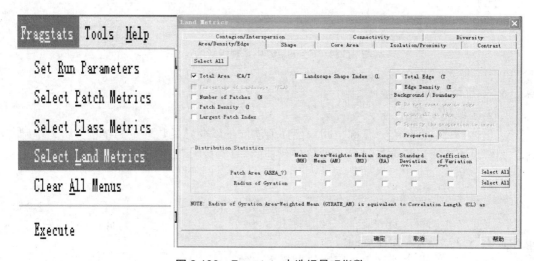

图 2.133　Fragstats 中选择景观指数

第五步：执行景观运算，并查看相关计算结果（图 2.134）。

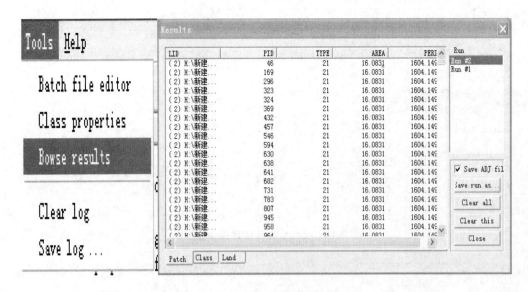

图 2.134　Fragstats 中景观指数的计算

3. 地统计分析

（1）区域化变量

克里格插值（kriging）又称空间局部插值法，是以变异函数理论和结构分析为基础，在有限区域内对区域化变量进行无偏最优估计的一种方法，是地统计学的主要内容之一。其数学表示为：

$$Z(x_0) = \sum_{i=1}^{n} w_i Z(x_i) \tag{2-25}$$

式中：$Z(x_0)$ —— 未知样点的值；

$\quad\quad Z(x_i)$ —— 未知样点周围的已知样本点的值；

$\quad\quad w_i$ —— 第 i 个已知样本点对未知样点的权重；

$\quad\quad n$ —— 已知样本点的个数。

克里格方法的主要步骤如图 2.135 所示。

（2）变异分析

① 协方差函数：协方差函数把统计相关系数的大小作为一个距离的函数，是地理学相近相似定理量量化（图 2.136）。协方差与协方差矩阵数学表达式为：

$$r(h) = \frac{1}{2N(h)} \sum_{i=1}^{N(h)} \left[Z(x_i) - Z(x_i + h) \right]^2 \tag{2-26}$$

② 半变异函数：又称半变差函数、半变异矩，是地统计分析的特有函数（图 2.137 和图 2.138），其数学表达式为：

$$r(h) = \frac{1}{2N(h)} \sum_{i=1}^{N(h)} \left[Z(x_i) - Z(x_i + h) \right]^2 \tag{2-27}$$

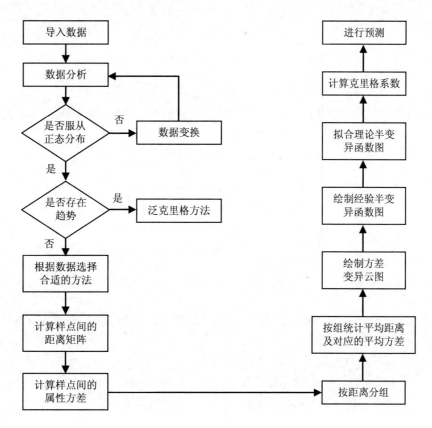

图 2.135 克里格分析方法

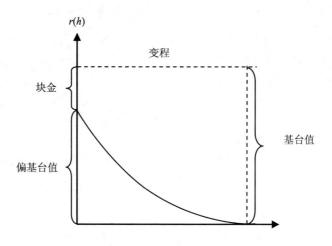

图 2.136 协方差函数图

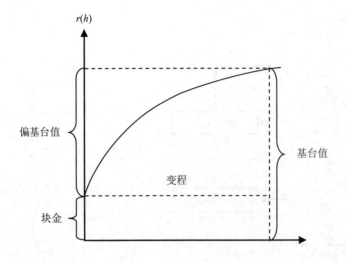

图 2.137 半变异函数图

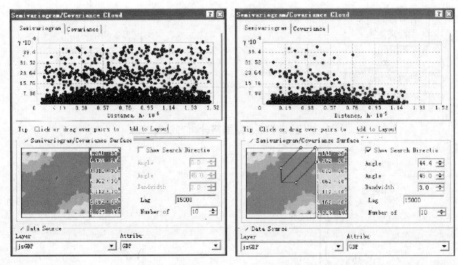

（a）无方向性的半变异/协方差函数云图　　（b）有方向性的半变异/协方差函数云图

图 2.138 变异函数云图

③ 实现方法：可利用 ArcGIS 的 Geostatistical analyst 模块进行地统计分析（图 2.139 至图 2.142）。

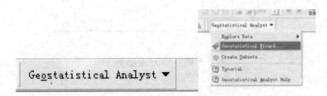

图 2.139 地统计分析模块的调用

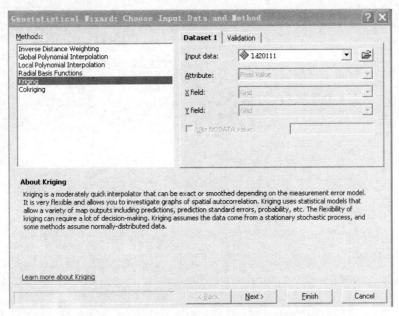

图 2.140　地统计分析中 Kriging 模块的调用

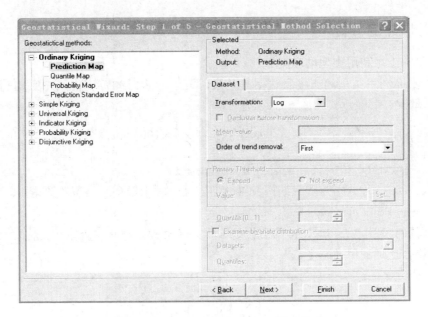

图 2.141　地统计分析中 Kriging 模块类型

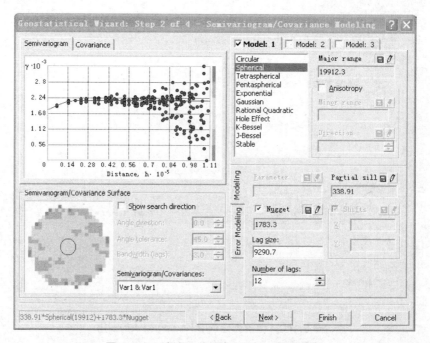

图 2.142   地统计分析中 Kriging 模块参数

二、动态汇总分析

1. 单一土地利用类型动态度

单一土地利用类型动态度表达指的是某研究区一定时间范围内某种土地利用类型的数据变化情况，其表达式为：

$$K = \frac{U_b - U_a}{U_a} \times \frac{1}{T} \times 100\% \tag{2-28}$$

式中：K —— 研究时段内某一土地利用类型动态度；

U_a、U_b —— 分别为研究期初及研究期末某一种土地利用类型的数量；

T —— 研究时段长。

当 T 的时段设定为年时，K 的值就是该研究区某种土地利用类型年变化率。

2. 综合土地利用动态度

某一研究区的综合土地利用动态度可表示为：

$$LC = \left(\frac{\sum_{i=1}^{n} \Delta LU_{i-j}}{2 \sum_{i=1}^{n} LU_i} \right) \times \frac{1}{T} \times 100\% \tag{2-29}$$

式中：LU_i —— 监测起始时间第 i 类土地利用类型面积；

ΔLU_{i-j} —— 监测时段内第 i 类土地利用类型转为非 i 类土地利用类型面积的绝对值；

T —— 监测时段长度。当 T 的时段设定为年时，LC 值就是该研究区土地利用年变化率。

3. 转移矩阵

根据需要，分别对解译分类的一级分类、二级分类和三级分类建立转移矩阵，分析与评价各类型转换特征，系统评价各类型变化的结构特征与各类型变化的方向和变化强度。矩阵基本模型为：

$$X_{(k+1)} = X_k \times P \tag{2-30}$$

式中：X_k —— 趋势分析与预测对象在 $t = k$ 时刻的状态向量；

P —— 一步转移概率矩阵；

$X_{(k+1)}$ —— 趋势分析与预测对象在 $t = k+1$ 时刻的状态向量。

实现方法：

① 在 ArcGIS 中生成转移矩阵的步骤：

第一步：数据准备。准备两个不同时期的解译成果数据，并分别为其添加用于表示解译类型的字段（图 2.143）。

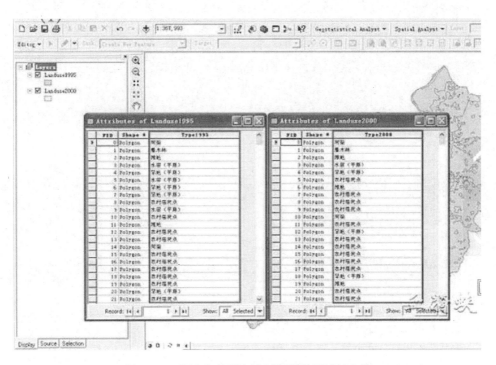

图 2.143　两个年份的土地利用/覆盖属性的合并

第二步：数据融合。ArcToolbox—Data Management Tools— Generalization—Dissolve（图 2.144）。

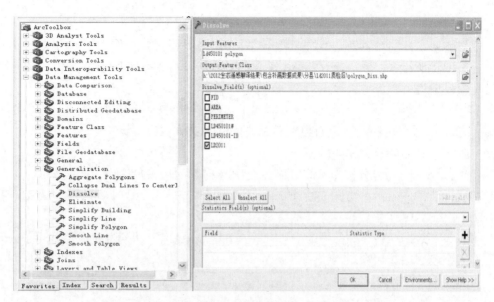

图 2.144　两个年份合并后图层的融合（dissolve）处理

第三步：叠置分析（图 2.145）。ArcToolbox—Analysis Tools—Intersect

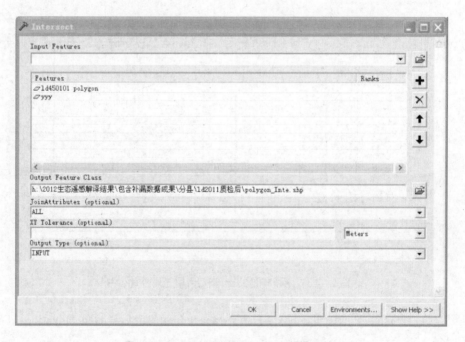

图 2.145　Arc GIS 的 Intersect 操作示意

第四步：面积重算。打开属性表，利用 ArcGIS 提供 Calculator Geometry 工具进行面积计算（图 2.146）。

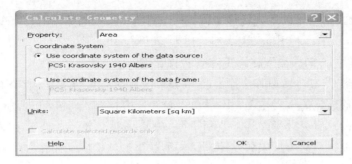

图 2.146　Arc GIS 的 Calculator Geometry 操作示意

　　第五步：制作转移矩阵。将上一步生成的*.dbf 文件拖到 Excel 表中，然后点击插入，选择透视表，通过透视表生成转移矩阵（图 2.147 和图 2.148）。

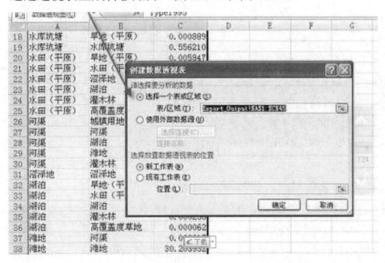

图 2.147　Microsoft Excel 透视表模块

图 2.148　Microsoft Excel 透视表制作转移矩阵表

② 在 ERDAS 中也可以生成转移矩阵。首先对两个实相的数据进行重编码，然后利用 Modeler 进行计算，最后利用 grid 模块中的属性表进行相关统计，得出转移矩阵。

4. 各类型变化方向（类型转移矩阵与转移比例）

借助生态系统类型转移矩阵全面具体地分析区域生态系统变化的结构特征与各类型变化的方向。转移矩阵的意义在于它不但可以反映研究期初、研究期末的土地利用类型结构，而且还可以反映研究时段内各土地利用类型的转移变化情况，便于了解研究期初各类型土地的流失去向以及研究期末各土地利用类型的来源与构成。计算方法为：

$$
\begin{cases}
A_{ij} = a_{ij} \times 100 / \sum_{j=1}^{n} a_{ij} \\
B_{ij} = a_{ij} \times 100 / \sum_{i=1}^{n} a_{ij} \\
\text{变化率}(\%) = \left(\sum_{i=1}^{n} a_{ij} \right) / \sum_{j=1}^{n} a_{ij}
\end{cases}
\tag{2-31}
$$

式中：i —— 研究初期生态系统类型；

j —— 研究末期生态系统类型；

a_{ij} —— 生态系统类型的面积；

A_{ij} —— 研究初期第 i 种生态系统类型转变为研究末期第 j 种生态系统类型的比例；

B_{ij} —— 研究末期第 j 种生态系统类型中由研究初期的第 i 种生态系统类型转变而来的比例。

5. 生态系统综合变化率

定量描述生态系统的变化速度。生态系统综合变化率综合考虑了研究时段内生态系统类型间的转移，着眼于变化的过程而非变化结果，反映研究区生态系统类型变化的剧烈程度，便于在不同空间尺度上找出生态系统类型变化的热点区域。计算方法为：

$$
EC = \frac{\sum_{i=1}^{n} \Delta ECO_{i-j}}{2 \sum_{i=1}^{n} ECO_i} \times 100\%
\tag{2-32}
$$

式中：ECO_i —— 监测起始时间第 i 类生态系统类型面积，根据全国生态系统类型图矢量数据在 ArcGIS 平台下进行统计获取；

ΔECO_{i-j} —— 监测时段内第 i 类生态系统类型转为非 i 类生态系统类型面积的绝对值，其值根据生态系统转移矩阵模型获取。

6. 类型相互转化强度（土地覆被转类指数）

首先对解译类型进行植被类型定级，然后使植被类型变化前后级别相减，如果为正值则表示覆被类型转好，反之表示覆被类型转差。土地覆被转类指数定义为：

$$
LCCI_{ij} = \frac{\sum \left[A_{ij} \times (D_a - D_b) \right]}{A_{ij}} \times 100\%
\tag{2-33}
$$

式中：$LCCI_{ij}$ —— 某研究区土地覆被转类指数；

i —— 研究区；

j —— 土地覆被类型 $j=1$，…，n；

.A_{ij} —— 某研究区土地覆被一次转类的面积；

D_a —— 转类前级别；

D_b —— 转类后级别。

当 $LCCI_{ij}$ 值为正，表示此研究区总体上土地覆被类型转好；$LCCI_{ij}$ 值为负，表示此研究区总体上土地覆被类型转差。

第七节　生态环境遥感监测制图

生态环境监测与评价中的遥感监测制图，应体现生态环境基本特征，以生态环境遥感监测为主要表现内容，根据制图区域和制图对象的特点以及分布规律，设置主题信息的分类、分级及符号化方法，合适的波段组合以及拉伸方式，并应符合投影坐标系要求。图幅中主要表现的要素在图面上始终占主要地位，幅面应占整个图幅的大部分版面，并在图幅的中心位置予以设置。为了更直观表述主图内容，根据专题图主题分析或定位需要，可适当配置形式多样的附图，并对其进行适当的安排、组织和修饰。附图上的所有信息都必须围绕主图进行，附图不可覆盖主图中主题要素信息，幅面不应该大于主图的幅面，根据需要可适度配置若干幅附图。制图时应包括图名、图例、图廓、比例尺、指北针、文字说明等信息。图面中应注意符号风格、颜色、粗细等协调，简单精练。

一、总体要求

1. 地理底图

地理底图分层编绘、分级存储。底图表示内容通常包括居民地、道路及道路附属物、境界、海陆地貌、岛屿等，应建立地理底图数据库。各地理要素表示的详细程度根据专题图的需要和比例尺而定，原则上以满足最复杂的专题图需求为标准。地理底图的版式原则上都为带邻区的地理底图，图幅可将邻区羽化，成为岛形地理底图。

2. 专题要素

专题要素的表示法应根据专题内容灵活运用，有时可以几种表示法同时使用，以达到更有效地反映专题现象的目的。其次，各种符号的设计应发挥计算机技术的优势，增强创意效果，体现制图新技术和现代艺术相结合。在专题要素可视化的过程中，应注意位于不同图幅但彼此之间存在相互关系的专题要素的协调。如有矛盾，查找有关资料、请教专家解决。

二、制图原则

专题制图是对专题图内容、质量和数量特征的概括和组合形式的确定等。根据现象分布的特征，各种表示方法的制图综合原则如下：

（1）面状要素的制图综合主要表现在图斑大小的取舍和图斑图形的概括。图斑最小尺寸为 2 mm²，边线最小弯曲为 0.4×0.6 mm，图斑线之间的最小间距为 0.2 mm。

（2）地势、植被等专题图，在类别的制图综合方面，执行国家或有关专业部门的具体规定。

（3）地势、植被等采用质底法或精确范围法表示的要素的制图综合：主要是简化分类。对小轮廓面积聚集地区，可将其合并到邻近级别的轮廓中去，去掉一些次要的小轮廓面积，适当放大一些重要的而过小的轮廓面积，合并一些同样性质的小的轮廓面积。

（4）采用定点符号法或定位符号法表示的要素的制图综合：其制图综合表现为概括物体的数量与质量特征，并对个别要素、物体进行选取。数量特征的概括表现为缩减分级。质量特征的概括表现为两种情况：一是把较小的、局部的类别合并，过渡到大的、全面的类别。二是取消要素的质量特征。在符号密集的地方，把某些单个的符号合并成一个符号或用结构符号表示。

三、制图内容的统一协调

统一协调性是衡量制图水平的重要标志。统一协调的目的是为了正确反映地理环境各要素之间的相互联系与制约关系，便于比较分析与综合评价。同时尽可能消除由于观点不同，调查研究深度（资料的详尽与精度）的不平衡，以及制图方法的不同所引起的各图幅之间的矛盾。专题图的统一协调性主要包括以下方面：

（1）内容指标、分类分级、图例设计的统一协调；

（2）地图概括、轮廓界线的统一协调；

（3）表示方法（包括颜色、符号、注记）及地图整饰的统一协调。

在专题图编制过程中，采取下列措施以确保图集的统一协调：

（1）采用统一的底图系统，保证数学基础和地理基础的统一性，各级比例尺系列底图依次逐级缩编；

（2）自然环境中的地质、植被等息息相关，其分类界线相互之间有着必然的联系，要注意各图幅之间要统一协调。要先编资料可靠和制图方法精确的图幅，即先编类型图、分析图，后编区划图、派生图、综合图。以便参照与相互印证，避免矛盾；

（3）保证分类分级与图例的统一协调；

（4）注意轮廓界线的统一协调；

（5）加强地图符号、色彩和表示方法的统一协调。

四、图式符号设计

（1）符号要满足反映一定信息的要求，其图形应与所表达信息的特征相适应；

（2）符号系列应有一定的逻辑性、可分性和差异性。为此应尽量采用多层平面设计，即重要的内容应置于第一层平面，采用鲜明的色彩和醒目、突出的符号表示，次要内容置于第二、第三平面，用较浅的色彩和较不明显的符号表示；

（3）符号应有象征意义，形状和颜色要和谐与协调；

（4）符号应考虑制图物体在图面上的空间分布的位置关系和表达效果；

（5）符号图形应基本保持正形投影，结构简炼，符号大小尺寸适中，适合计算机制作和建库；

（6）图集的符号要保持统一性、协调性和通用性。

五、软件体系

主要包括系统管理软件、绘图软件、图像处理软件。系统管理软件包括操作系统软件和数据库管理软件。软件系统主要应满足数据采集、数据处理、数据输出（数码印刷）的需求。

微机服务器操作系统可选用 Windows Server。该操作系统功能强大、安全可靠，适合于局域网和广域网应用，可以方便地通过网络实现信息资源共享。

可选用 Windows Professional 作为各部门客户机操作系统。

可选用 CorelDRAW9.0 作为绘图软件。绘图软件的确定是图集编制工艺中的关键因素，应选择与工艺流程衔接密切、编辑功能强大、操作方便的绘图软件，可以实现较为理想的美术设计效果，而且 CorelDRAW9.0 还支持多种商业软件的数据格式，与目前的许多印前系统兼容，便于制图印制一体化。

选用 ArcGIS 作为地理信息数据库数据主要处理软件。ArcGIS 在地图数据库开发应用方面较为广泛和成熟，数学精度更科学精确、数据存储性和兼容性更好，实现地图数据提取、编绘、输出一体化出图功能。

图像处理软件选用 Photoshop。

由于数据源（制图资料）种类繁多，在数据处理的过程中，还可使用 Microstation、MapInfo、ERDAS IMAGINE 等 GIS 软件。

六、质量管理

图件制作完成后，应对其进行仔细检查，包括：检查各要素符号是否正确，尺寸是否符合标准规定；检查各要素关系是否合理，是否有重叠、压盖现象；检查各名称注记是否正确，位置是否合理，指向是否明确；检查注记是否压盖重要地物或点状符号；检查图面要素表示方法是否符合国家有关地图管理规定。

1. 检查内容

（1）完整性检查：检查制图的基础图件、数据文件、文档资料是否齐全；

（2）数学基础：检查投影是否符合规定（查底图资料）；

（3）精度检查：检查专题要素、地理要素、更新要素误差是否在范围内；

（4）专题要素检查：检查专题要素精度是否合格、综合是否合理、表示方法是否正确、与其他要素关系是否正确、检查各种图表是否准确；

（5）地理要素检查：要素更新是否正确、表示方法是否正确、相关位置是否正确等；

（6）正确性与逻辑一致性检查：用回放图检查要素符号化是否正确、要素之间关系是否正确、检查注记是否正确、检查图外整饰与图例是否正确；

（7）图面合理性检查：检查图面是否合理、协调；

（8）图片及文字检查：图片与文字的对应性是否一致，文字审核。

2．检查形式

（1）机查：主要查地理要素之间、地理要素与专题要素之间的相互关系，地理要素的图形综合情况以及色彩是否正确等，这是作业员自查采用的检查形式也是一查、二查采用的检查形式之一；

（2）彩喷检查：主要查资料使用是否正确、各要素表示是否正确、要素间的相互关系处理是否正确及图外整饰内容等，是一查、二查采用的检查形式之一。

七、制图原始资料的保存

（1）凡已被使用并已建立计算机数据文挡的图件资料、文字资料及其他资料均应编制目录分类刻入光盘保存，以备审校质检和今后调用；

（2）凡未被使用的各类非计算机数据资料应归类编号保存；

（3）对具有重要价值图件资料、文物资料、图片资料应先扫描建档，然后再使用，原件妥善保管，不得损坏、遗失。

八、应用实例

1．遥感影像图

遥感影像图是体现生态环境遥感监测的最直接手段，可以根据不同区域范围确定使用不同数据源的遥感影像，可按照不同级别行政区域范围（图2.149）、流域范围或者典型区域范围（图 2.150）进行成图。遥感影像图在体现区域地貌特征的基础上，在成图范围内以色差小为佳，为丰富遥感影像图内容和成图效果，可包括区域边界、自然保护区、道路、河流、湖库等相关要素。

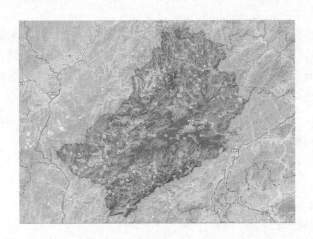

图 2.149　以行政区域范围成图　　　　　图 2.150　以典型区域范围成图

2．各类要素空间分布图

（1）各类要素空间分布图

空间分布图是表现一些现象空间分布位置与范围的图型，包括生态环境状况评价图、生态系统类型分布图、植被覆盖状况分布图等。

（2）各类要素动态变化空间分布图

变化图是反映生态环境状况在某段时间内变化情况的图型，包括：生态系统类型变化图、生态环境质量变化图、海岸带土地利用类型转换图等。

（3）各类要素对比图

对比图是区域内的平行对比，可以柱状图、折线图、饼状图等形式来反映，以突出对比结果为主。

① 柱状图

在 Excel 或其他成图软件中，以柱状形式来体现各类要素对比，如浙江省城市不同季节热岛温度对比图（图 2.151）。

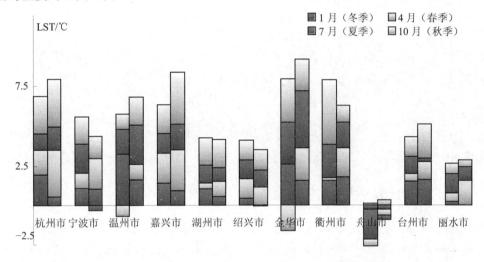

图 2.151　浙江省城市不同季节热岛温度对比图（要素对比柱状图示意图）

② 折线图

在 Excel 或其他成图软件中，以折线的形式体现各类要素对比（图 2.152）。

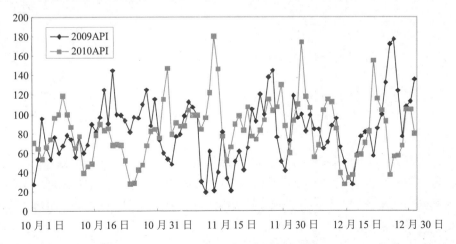

图 2.152　要素对比曲线图示意图

③ 饼状图

在 Excel 或其他成图软件中，以饼状的形式体现各类要素对比（图 2.153）。

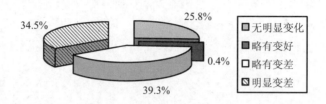

图 2.153　要素对比饼图示意图

（4）生态环境要素或生态问题评价结果图

确定评价对象及预期展现的要素，将评价结果成图。采用直接展示提取信息分布的形式，对单要素或多要素综合评价、生态问题评价结果等进行直观、客观的图像表达。

第八节　质量保证与质量控制

一、生态环境监测中的质量保证和质量控制的含义

质量保证（Quality Assurace，QA）是针对保证监测质量的管理手段，而质量控制（Quality Control）是针对保证监测质量的技术手段。质量保证致力于按照正确方法、在正确的时间做正确的事情，从做事方法上按照既定流程来保证监测质量，控制监测工作而不是解决具体存在的问题。更确切地说，QA 并非"保证质量"，而是"过程管理"（Process Management），以确保监测根据一套成熟可靠的方法开展和实施。依靠在 QA 制约下的监测过程，能够前瞻性地从制度上保证监测数据的质量。因此，从事生态监测的单位，要逐渐建议良好的 QA 管理。具有 QA 的单位要确保成员理解这些要求，这主要是在监测管理层面上，与监测的管理者、组织者有关。

目前，我国环境保护中生态环境监测的 QA 制度尚处于探索测试阶段。全国生态环境监测与评价工作作为国家的一项例行监测任务，中国环境监测总站负责控制监测方案，环保部印发通知实施，全国生态环境监测网络成员单位具体执行。在项目实施过程中，形成了遥感影像选择与订购、遥感影像几何纠正、室内解译、野外核查、质量检查等一系列的制度和技术规程。

质量控制是指检查监测人员的数据是否满足预期质量要求，并给出改进建议。目前，在生态监测与评价中质量控制是由质量检查这一环节实现的，即中国环境监测总站制定质量检查的细则，全国各省（市、区）分为五个小组，小组与小组之间通过互相检查的方式，发现数据存在的问题。

相对于水、气、噪声等要素的质量保证和质量控制，生态环境监测的质量保证和质量控制处于初级尝试阶段，有许多值得探讨的领域和需要改进的方面。

二、生态环境监测中质量保证和质量控制的原则

1. 可实现性

生态环境监测中质量保证和质量控制要具有可实现性,涉及的技术不一定是最好的、最先进的,但必须是成熟的,可以大范围地普及应用,经过培训的技术人员按技术方案或者技术手册可以实现,而且结果具有可比性,能够生产系列的产品数据。

2. 前瞻性

生态环境监测是环境监测的新领域,不同学科对生态环境的定义和内涵有不同的规定,生态遥感数据的时间、光谱和空间分辨率等不断提高,数据源越来越丰富,环境管理者对生态环境信息的需求日趋紧迫,因此生态环境监测中质量保证和质量控制计划要能够根据生态监测工作各个环节特征,根据生态环境理论和遥感技术的发展,预测影响生态环境监测数据质量的各种可能,在新产品更新上做出预测性规定。

3. 全面性

生态环境监测包括数据源选择、影像数据选择、影像几何纠正、室内解译、野外核查、室内更正等多个方面。

三、生态环境监测中质量保证的措施

1. 建立生态环境监测质量保证制度

对全国生态环境监测数据产品实行过程检查和最终检查,实行"三级检查,两级验收"的检查验收制度。其中,过程检查包括作业人员的自检、互检、复检,每道工序检查合格后方可进入下道工序;最终检查包括国家组织互检验收与国家抽查验收。

(1) 自检:由数据生产单位负责完成。数据生产过程中,针对数据获取、处理与分析等作业任务,技术人员除按照相关的技术要求严格执行外,还要对处理结果进行自检,自检覆盖率必须在100%,数据质量合格率要求100%,不合格数据产品要重新返工。

(2) 互检:国家组织质控小组开展互检工作,以全国分组互查的方式进行,并形成检查意见反馈给相关数据生产单位,相关单位对照意见和建议进行修改,不能修改的需书面说明理由。检查内容包括遥感影像、解译数据、野外核查文字资料、野外核查图件等成果质量,质量检查记录和疑难问题的解决情况等,形成整改意见,返回相关省份。对于互检中数据质量优秀的省份将以正式文件通告表扬。

(3) 复检:由国家组织技术人员对各省提交的监测数据进行抽样检查,检查内容包括遥感影像、解译数据、野外核查文字资料、野外核查图件等成果质量,坚持每省抽样20%的数据,针对互检存在问题的整改,对相关情况重点进行检查。对于不能整改又不做书面说明的省份将发文通报。

(4) 两级验收包括国家分组验收和最终验收。国家组织的互检中数据质量优秀的将直接验收通过。对于存在问题的省份整改后国家复检验收。

2. 分环节制定质量实施标准

针对全国生态环境监测与评价的各技术环节,规定质量实施措施和指标要求,主要包括原始影像数据质量控制、几何纠正质量控制、解译过程质量控制、野外核查质量控制、

解译准确率检查与控制、生态评价过程质量控制、生态报告编写质量控制等。

3．实施生态监测全流程管理

质量控制与管理范围贯穿生态环境监测与评价的全过程，主要包括方案论证、技术培训、工作检查等。

方案论证是指对全国生态环境监测与评价方案要经过初审、审批两级审查制度。

技术培训是指统一组织全国生态环境监测与评价技术培训班，参加培训的主要是各省（自治区、直辖市）的生态监测技术人员，培训内容主要是遥感监测技术、生态评价方法等。

工作检查是由中国环境监测总站组织专家对各省（自治区、直辖市）进行工作检查，根据各技术环节，抽查数据生产的规范性。

4．逐步实施执证上岗制度

随着全国生态环境监测与评价工作的例行开展，生态监测将会成为环境监测的一个重要领域，将为生态环境管理提供更多的信息用于管理决策。因此，要求生态监测提供的数据要真实可靠，而执证上岗制度要求上岗人员必须具备该岗位的最基本的上岗条件，这样可以保证从事生态监测的技术人员的技术水平和业务能力。

四、生态环境监测中质量控制的主要技术环节

1．原始影像数据质量控制

（1）影像数据源选择

影像数据源选择主要根据区域特征和影像特征确定，区域特征包括研究区域所处的地理位置，研究区域面积大小，研究区地貌特征、植被类型及复杂程度，另外拟定的监测目标和研究区生态问题也是影响生态遥感监测数据源选择的重要方面。其中监测目标是决定数据源的重要方面，监测目标直接决定生态信息的种类、详细程度。因此，对数据源具有决定性作用。另外，特殊区域如西藏、新疆西部、海南等地区原北京接收站不能覆盖，因此有些卫星数据难以获得，在喀什和海南接收站建立之前，这些区域的卫星数据需要协调其他国家才能获得。一般研究区域越小，景观类型越复杂，要求遥感数据的空间分辨率越高。影像特征是指遥感影像的空间、时间和光谱分辨率，以及区域重复覆盖率。一般空间分辨率越高，利用遥感信息获取的地物信息越详细，精度越高，但所需投入的工作量就越大。根据目前遥感影像光谱分辨率可以分为全色、多光谱和高光谱，一般光谱分段越多，光谱的信息就越弱，提取技术要求越高。全色的光谱信息强，空间分辨率高，但影像解读受限制，尤其对目视解译而言。高光谱影像适用于水环境污染成分、大气成分和污染成分等特征物解译需求。

时间分辨率和区域重复覆盖率对大区域和连续监测来说非常重要。例如从 2006 年 5 月至 2007 年 5 月一年内 ALOS 卫星数据 10 m 多光谱和 2.5 m 全色存档数据可以覆盖我国大部分地区（图 2.154 和图 2.155），但仍存在许多的漏拍区域，如果这些区域用其他卫星数据来补的话，有可能一处漏拍区域需要多景数据补，数据处理的工作量明显增加。

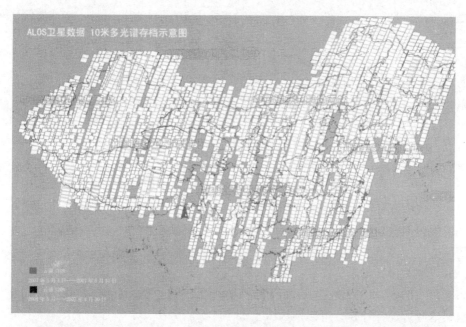

图 2.154 2006—2007 年云量≤20%的 10 m ALOS 卫星多光谱存档数据

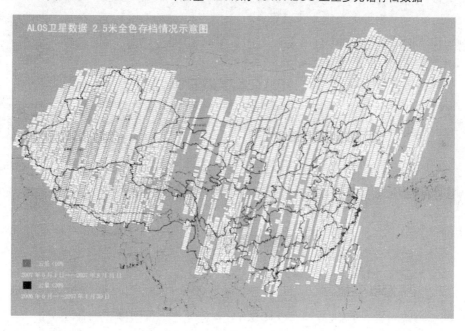

图 2.155 2006—2007 年云量≤20%的 2.5 m ALOS 卫星全色存档数据

（2）影像数据质量

影像数据质量包括云量控制、时相选择、目测评估数据概况等。云量控制要求单景云量小于 10%，敏感区域或者容易发生变化的区域要求云量为零，受人为干扰影响比较小的不易发生变化的区域云量控制在 20%即可。时相要求方面，不同地区需要不同时相的数据，以 Landsat TM 的 row 号来说，row 号在（21～32），时相为 6—9 月；row 号在（33～40），时相要求 5—10 月；row 号在（40~47），时相要求 10 月至翌年 1 月；特殊地区，如青藏高原，时相要求 6—9 月份。如果条件允许的话，为了更好地区分地物信息，可以选择不同季相的数据互补使用。例如根据树木生长特征，利用夏冬两个季相的影像可以将同一个地区的针叶林和落叶阔叶林区分开。一般影像检索时都有快视图参考，因此在选择数据时要根据快视图对数据质量做初步估计，选择没有断带，没有明显的噪音，4（R）3（G）2（B）色彩饱和度好的影像。对新卫星的数据进行选择试用时要利用灰度直方图、灰度均值、标准方差、影像信噪比等方法对影像进行评估。

一般情况下，不同卫星数据的轨道不同，影像之间接边处理比较困难，因此每次全覆盖影像以一种卫星影像为主，但有时由于云量、数据源等限制，同一地区的数据可以使用不同月份的数据互补，以节约数据经费和接连处理工作。

（3）波段组合选择

遥感影像波段信息的选择主要根据需要提取的信息特征，以 Landsat TM 的波段特征为例，其六个波段具有以下特征：

蓝波段（0.45~0.52 μm）：对叶绿素和夜色素浓度敏感，对水体穿透强，可区分土壤与植被、落叶林与针叶林，可判别水深及水中叶绿素分布、水华等。

绿波段（0.52~0.60 μm）：对健康茂盛植物的反射敏感，按绿峰反射评价植物的生活状况，区分林型，树种和反映水下特征。

红波段（0.62~0.69 μm）：叶绿素的主要吸收波段，反映不同植物叶绿素吸收，植物健康状况，用于区分植物种类与植物覆盖率，为可见光最佳波段，广泛用于地貌、岩性、土壤、植被、水中泥沙等。

近红外波段（0.76~0.96 μm）：对无病害植物近红外反射敏感，对绿色植物类别差异最敏感，为植物通用波段，用于牧业调查、作物长势测量、水域测量、生物量测定及水域判别。

中红外波段（1.55~1.75 μm）：对植物含水量和云的不同反射敏感，处于水的吸收波段，用于土壤湿度植物含水量调查、作物长势分析，可判断含水量和雪、云，包含的地物信息最丰富。

中红外波段（2.08~3.35 μm）：为地质学常用波段，处于水的强吸收带，水体呈黑色，可用于区分主要岩石类型、岩石的热蚀度、探测与交代岩石有关的黏土矿物等。

一般常用的区分绿绿植被的波段组合是 4（R）、3（G）、2（B），而 4（R）、5（G）、3（B）是区分土壤湿度和植被状况最好的波段组合，5（R）、4（G）、3（B）是区分建设用地最好的波段组合，7（R）、4（G）、2（B）是区分土壤湿度和植被状况最好的波段组合，7（R）、5（G）、4（B）是区分云、雪、冰的常用波段组合，5（R）、4（G）、1（B）是区分露天矿区的常用波段组合，7（R）、4（G）、1（B）是地质构造监测的常用波段组合（图 2.156）。

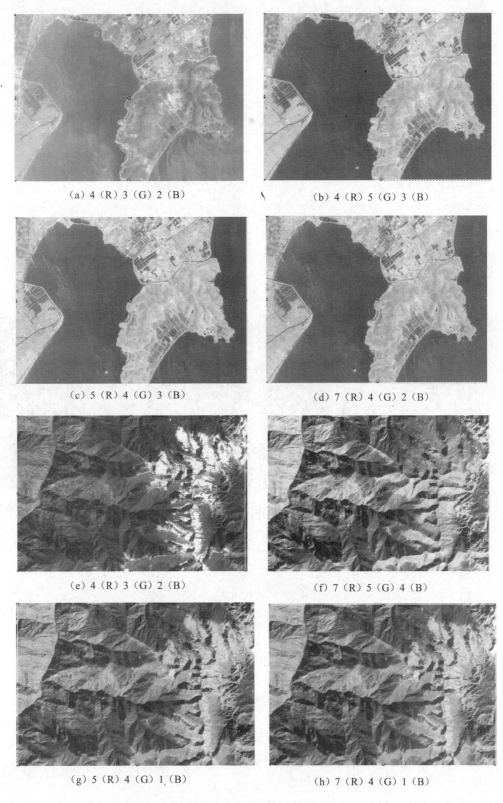

(a) 4 (R) 3 (G) 2 (B)

(b) 4 (R) 5 (G) 3 (B)

(c) 5 (R) 4 (G) 3 (B)

(d) 7 (R) 4 (G) 2 (B)

(e) 4 (R) 3 (G) 2 (B)

(f) 7 (R) 5 (G) 4 (B)

(g) 5 (R) 4 (G) 1 (B)

(h) 7 (R) 4 (G) 1 (B)

图 2.156　TM 不同波段组合特征

2. 几何纠正质量控制

几何纠正中质量控制主要包括 4 个方面：GCP 点的检查、采样方法、采样后影像存储格式和命名、几何纠正精度检查。本部分以 30 m 分辨率遥感影像为主，随着遥感影像分辨率的提高，各质量控制参数将会相应调整。

（1）GCP 点的检查

主要是对技术人员在几何纠正中选择的控制点进行监测，主要包括：

GCP 点位位置主要选择在道路交叉点、固定裸岩、固定水渠等不易发生变化的点状或线状要素交叉点或者拐角点，不能选择易变河流、山区隐影、扩展的村庄等。

GCP 个数密度要求：前四个点尽量均衡分布在四个角上，手动选择 GCP 点密度是 30 km×30 km 上一个，在山区或影像变形比较大、不易纠准的区域要适当增加点密度；自动纠正 GCP 点密度根据每景影像情况而定。

GCP 误差参考值：X 和 Y 的误差在 30 m 之内，RMS Error（均方根误差）均小于 1。

GCP 检查中值得注意的是一定要检查技术人员是否保存了 GCP 点，GCP 点分待纠影像的点和控制影像的点，要分别命名，且每年均要保存（图 2.157）。

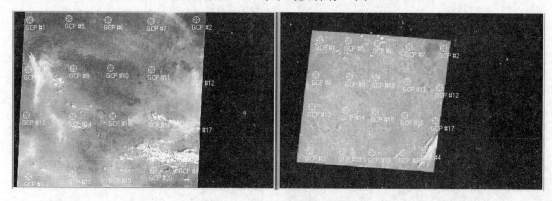

图 2.157　GCP 点的均匀分布示意图

（2）采样方法的选择

几何精纠正的采样方法有三种：

① 最邻近法：将最邻近的像元值赋予新像元。

这种采样方法的优点是不引入新的像元值，适合自动分类前使用；有利于区分植被类型和湖泊浑浊程度、温度等，计算简单、速度快。

最大可产生半个像元的位置偏移，改变像元值的几何连续性，线状特征会被扭曲或者变粗成块状。将严重改变图像的纹理信息。

② 双线性插值法：使用邻近 4 个点的像元值，按照其据内插点的距离赋予不同的权重，进行线性内插。

优点是图像平滑，无台阶现象。线状特征的块状化现象减少；空间位置精度更高。

缺点是像元值被平均，有低频卷积滤波的效果，破坏了原来的像元值，在波谱识别分类中会引起一些问题。边缘被平滑，不利于边缘检测。

③ 三次卷积法：使用内插周围的 16 个像元值，用三次卷积函数进行内插。

优点是高频信息损失少，可将噪声平滑，对边缘有所增强，具有均衡化和清晰化的效果。

缺点是破坏了原来的像元值，计算量大，内插方法的选择除了考虑图像的显示要求及计算量外，在做分类时还要考虑内插结果对分类的影响，特别是当纹理信息为分类的主要信息时。

一般区域以双线性插值法为主，复杂的山区影像以三次卷积法为主。自动纠正一般选择双线性插值法。同时值得注意的是采样像元的大小一定要与原始影像的像元相同。

（3）精度控制

要求纠正后影像景内空间坐标误差（与控制影像对比）x 坐标和 y 坐标均小于 15 m，即小于 Landsat TM 半个像元，景与景之间接边小于 30 m，山地 2 个像元，高山区可放宽到 3 个像元。

（4）影像格式和命名

在全国生态环境监测与评价中，采样后影像存储格式为 Erdas 的 img 格式，每幅影像均有*.img 和*.rrd 两个文件。命名有两种情况，一是以景为单元的影像命名：采用 PATH＋ROW＋接收年＋接收月和日＋波段组合，如 PATH 号为 120，ROW 号为 25，由头文件读出此景影像接收时间为 2006 年 6 月 25 日，波段组合为：R（4）G（3）B（2），则采样后影像命名为：12002520060625432.img。二是以县为单元的影像命名：传感器名称+行政代码.img。注意影像命名尽量不用中文名。每年上报的数据可以附带一个县代码和名称对应表，包括与上年相比行政区界变化情况的描述。

（5）影像精度检查

在几何精度检查中应该注意两点，一是每景影像至少在全景范围内均匀抽样检查，最少选择 16 处，遇有山区地貌类型抽样点要加倍；二是每次均要放大到像元级，选择明显标志物检查 X 和 Y 向误差。比例尺较小时，不能看出误差，比例尺放大时，可以看出误差，但需要将影像放大到像元才能分析具体误差值。

（6）影像镶嵌

影像镶嵌以前，要求完成各波段影像的灰度匹配并进行接边纠正处理，使镶嵌边界达到平滑过渡，接边误差小于 1 倍像素分辨率；镶嵌时，避免利用建筑物、线性地物作为拼接边界，对于山区影像，应人工选取拼接边界，避免使用简单的矩形镶嵌；镶嵌后影像要求清晰、色彩均匀。完成校正、配准、镶嵌的遥感影像，需要完成校正、配准、镶嵌质量跟踪表。

3. 解译过程质量控制

本部分以 30 m 分辨率遥感影像为主，随着遥感影像分辨率的提高，各质量控制参数将会相应调整。

（1）判读提取目标地物的最小单元

一般规定变化的面状地类应大于 4×4 个像元（120 m×120 m），线状地物图斑短边宽度最小为 2 个像元，长边最小为 6 个像元；屏幕解译线划描迹精度为两个像元点，并且保持圆润。

（2）判读精度要求

各图斑要素的判读精度具体如下：一级分类＞90%，二级分类＞85%，三级分类＞80%。

（3）其他要求

① 解译图层最终为 Arc Info cov 格式；

② 多边形全部为闭合曲线；

③ 没有出头的 Dangle 点；

④ 断线尽量少；

⑤ 利用 Clean/Build 建立拓扑关系，容限值为 10；

⑥ 多边形没有多标识点或无标识点的现象；

⑦ 没有邻斑同码、一斑多码、异常码（非分类系统编码和动态变化码）等；

⑧ 具有多边形拓扑关系。

（4）接边处理

接连是指相邻区域（以县或者网格为单元）解译图层之间的边界处理，包括：

① 相邻图层相同类型斑块的平滑处理。

② 相邻图层同一类型出现不同解译类型的更正处理。

③ 相邻图层拼接，去除相邻图层之间的拼接线。

（5）命名

包括现状图层的命名（图 2.158）和动态图层的命名（图 2.159）。

Attributes of ld310100 polygon

FID	Shape	AREA	PERIMETER	LD310100#	LD310100-ID
2	Polygon	572744900	392828.03	2	41
3	Polygon	528125.38	3280.2288	3	46
4	Polygon	6546387.5	12236.043	4	46
5	Polygon	966332.25	4086.6179	5	46
6	Polygon	816551.5	5787.6611	6	46
7	Polygon	2295747.5	8180.2583	7	46
8	Polygon	1624704.3	5232.3096	8	46
9	Polygon	3940594.3	11822.786	9	43
10	Polygon	441055390	1627485.4	10	113

图 2.158　现状图层的字段示意

Attributes of dt620101 polygon

FID	Shape	AREA	PERIMETER	DT620101#	DT620101-ID
2	Polygon	397869.38	2994.303	2	320240
3	Polygon	144446.53	1437.8342	3	240123
4	Polygon	600080.25	3143.4431	4	240123
5	Polygon	1245233.4	11381.589	5	430242
6	Polygon	413.42188	146.00354	6	430243
7	Polygon	1053254.3	6376.1729	7	123330
8	Polygon	491644	3572.9685	8	240123
9	Polygon	280427.25	2720.5625	9	123520

图 2.159　动态图层的编码方法

现状图层名称：省级图层名称命名为"ld+年份"，"年份"是数据实际年份，比如，2010年全国生态监测与评价工作中上报数据时，省级图层命名的时候就是"ld2009"。县级图层命名是"ld+县域行政代码"。

动态图层名称：省级动态图层名称命名为"dt+上一年份-现状年份"，比如，2010 年全国生态监测与评价工作中，动态图层命名就是 dt2008-2009。县级动态图层为"dt+县域行政代码"。

（6）图层字段要求

现状图层有四个字段，分别为 area（4 12 F 3）、perimeter（4 12 F 3）、*-#（4 5 b -）、*-id（4 5 b -）；

动态图层有六个字段，分别为 area（4 12 F 3）、perimeter（4 12 F 3）、*-#（4 5 b -）、*-id（4 5 b -），ld08（4 8 b -）和 ld09（4 5 b -）。

注："*"表示图层名称。

（7）动态变化的编码方法

以 2006—2007 年为例，动态变化的区域以六位编码表示，前三位码表示该区域变化前（2006 年）的土地利用类型代码，后三位码表示该区域变化后（2007 年）的土地利用类型的代码，土地利用类型代码为两位的，均在前面以"0"补足。在本次解译中发生围海造陆地的区域要解译成动态，动态编码前三位是海域编码 047，后三位是新生成陆地用地类型的编码，如围海造田生成陆地作为工业建设用地，则编码应该为 047053。

4.野外核查质量控制

（1）采样点数量与空间分布要求

典型地物核查点要求：① 根据本次遥感监测与评价选择的数据源、判读精度的要求，选择的典型地物至少要求在 120 m×120 m 以上的野外地物，即影像上为 4×4 个像元（最小判读单元）。② 要求按每 5～10 km 选择 1 个点进行，选择的地物类型较为齐全，避免对同一种地物重复选择，以保证抽样调查的可靠性。③ 记录核查地物的地理位置、环境特征（根据表 2.29）。④ 拍摄地物的景观相片，要求至少拍摄全景和本地物特征各一张、拍摄时将相机设置成在数码图像显示拍摄时间和日期。⑤ 在表格上记录并判断正误。⑥各省核查点要求在 300 个以上。

地类边界准确性核查要求：① 针对野外地物变化明显的地区选点，通过目标记录定位坐标和定位所在点各方位的地物类型，室内通过对影像、专题判读内容进行边界准确性评价（根据表 2.30）。② 边界选择要求各省在 100 个左右。

（2）野外调查数据精度要求

地面调查 GPS 定位精度要求经纬度定位数据精度优于 2 m，高程数据精度优于 5 m。调查表格要求各项属性填写完整、正确，对漏测项进行解释说明，照片要求目标清晰且命名规范。

（3）拍摄照片要求

① 每点提交 14.7 cm×10 cm 全景、典型地物类型相片各一张，分辨率为 300 Dpi。② 数据存储格式为 JPEG 图像格式，即*.JPG，电子表格和相片制成光盘上报。③ 文件命名：采用 17 位命名法，第 1 位为 M（Map 第一个字母），第 2～7 位为所在地区的行政区编码

（以 2002 年版为准），第 8～13 位为年月日（YYMMDD，如 060603 表示 2006 年 6 月 3 日），第 14～16 位为相片编码（如 005 表示第 5 幅相片），第 17 位表示图片类型，其中 P 表示全景相片，T 表示典型地物。如 M430101020608005P.JPG 表示为在湖南长沙某核查点拍摄的第 5 号点全景相片，时间为 2006 年 6 月 8 日。

表 2.29 土地利用/土地覆地类型核查野外记录表（野外核查记录表格，下表填写内容为样例）

编号	时间	经度	纬度	海拔	地貌类型	覆被类型		编号
						全景景观类型	定点类型	
1	XXXX.08.20	118.092	29.994 21	371	低山丘陵	谷内水田、低坡为旱地、坡上茶园、有林地	水田	
2								
3								
4								
5								
6								
7								
8								
9								
10								

表 2.30 野外考察土地利用/土地覆被边界核查表（野外核查记录表格）

序号	经度	纬度	海拔	地貌类型	南面类型			北面类型			东面类型			西面类型			边界误差说明
					覆被	判读	正/误	覆被	判读	正/误	覆被	判读	正/误	覆被	判读	正/误	

（4）野外核查报告

主要内容包括：① 本次核查总体情况说明。② 判读存在的主要问题。③ 野外景观数据库、地面标志数据库建立情况说明（包括路线图、定点图、数字图像等）。④ 建议。

（5）人员及装备要求

每条路线要求配备 3～4 人，其中司机 1 名，熟悉环境背景专业人员 1 名，记录、拍摄、定位人员 1～2 名。

野外复核的主要设备包括：交通工具（汽车）、笔记本电脑、GPS 仪、数码相机一台、望远镜、复印表格、圆珠笔或铅笔等。

（6）提交成果

提交成果包括核查路线记录资料、核查各路线的记录资料电子表格（表 2.31）、核查报告和核查照片（图 2.160）。

表 2.31 野外考察土地利用/土地覆被类型核查表（上报电子表格格式）

编号	时间	经度	纬度	海拔	地貌类型	覆被类型		正/误	野外相片编码
						野外类型	判读类型		
1	××××.08.20	118.092	29.99421	371	低山丘陵	谷内水田，坡上茶园、有林地、低坡旱地	水田	正确	M341022010820098p M341022010820098t
2									
3									
4									
5									
6									
7									

注：数据汇总表（样例内容表示××××年 8 月 20 日在×××县某点核查室内汇总记录）

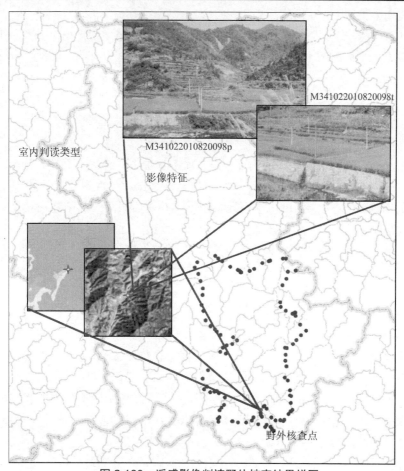

图 2.160 遥感影像判读野外核查结果样图

5. 解译准确率评价

（1）评价方法

遥感解译准确率通常有三种评价方法，一是利用野外核查结果评价，得到总体准确率和各类型准确率，受核查点位数量有限的限制；二是在不同区域（平原、山区、林区、草原、农区等），选择利用高分影像（CB-02B 的 HR 影像、QuickBird、SPOT、IKONOS 等），可以与细小地物扣除工作结合，在每个区域内按照网格法抽样检查解译准确率，注意由于影像分辨率不同造成的混合像元和解译精度问题，抽样点地物类型的面积应该在影像的可分辨范围内；三是选择性利用 GOOGLE EARTH 的高分影像库，注意网上影像的时相、分辨率等问题，注意影像分辨率不同造成的误差；四是与相关统计部门的数据进行对比，注意数据获得方法不同造成的数据差。

（2）解译精度要求

各图斑要素的判读精度具体如下：一级分类＞95%，二级分类＞80%，三级分类＞70%。其通常的计算方法是：

$$准确率=正确点位数/检查点位数×100\% \tag{2-34}$$

6. 生态评价计算过程中的质量控制

（1）土地利用类型的归并

《生态环境状况评价技术规范》（HT/T 192—2006）中某些类型需要全国土地利用/覆盖类型进行归并，主要是山区水田、丘陵水田、平原水田和 35°坡的水田归并为水田，山区旱地、丘陵旱地、平原旱地和 25°坡的旱地归并为旱地，疏林地和其他林地归并为一类，湖泊、水库坑塘和永久性冰川雪地归并为湖库，沙地和戈壁归并为沙地，滩地、滩涂和沼泽地归并为滩涂湿地，裸岩石砾地和其他未利用地归并为裸岩石砾。

（2）数据单位的统一

主要是指统计表中的数据，林地（有林地、灌木林地、疏林地、其他林地）、草地（高覆盖度草地、中覆盖度草地、低覆盖度草地）、耕地（水田、旱地）、水域湿地[河流（渠）、湖泊（库）、滩涂湿地]、建设用地（城镇建设用地、农村居民点、其他建设用地）、未利用地（沙地、盐碱地、裸土地、裸岩石砾、其他未利用地），近岸海域面积、土地侵蚀面积，单位均为平方公里，有效数字尽可能地长。河流长度的单位是公里，水资源量的单位是百万立方米，二氧化硫年排放量、COD 年排放量、固体废物年排放量的单位均为吨。降水量的单位是毫米。

7. 生态评价报告编写过程质量控制

（1）报告组成

要求省级报告具备的基本部分有前言、区域概况、整体评价内容、典型区域和结论五部分。前言主要是背景介绍、项目由来、质量保障措施、评价方法、数据来源及准确率状况等。区域概况主要是对区域的自然生态、社会经济发展及其对生态的可能影响进行分析。整体评价内容中包括生态环境状况整体评价、分指数评价。典型区域分析要求根据区域特征而选定。报告的结论要简单、准确。

（2）整体要求

报告名称中的年份是工作年命名，即如 2010 年生态环境监测与评价工作是以 2009 年度的数据为基准，报告题目应该是"2010年生态环境质量报告"。

生态报告要紧扣生态环境状况主线，在典型区域中要深入分析评价。报告的层次清晰，文字精练、简单、准确，结论严谨，报告内容部分的图、表形式简明，能直观、清楚地表征、说明报告中的结论。

第九节　生态遥感监测案例分析

一、城市生态遥感监测与评估

1．评价指标
城市区域是指城市行政区域及经济、文化辐射影响区。

（1）建筑用地人口比指数

建筑用地人口比指数是指人均建筑用地面积，用于衡量城市建设与城市化发展速度的相适应性。建筑用地人口比指数过小，表明人口扩展大于建筑用地扩张，则造成用地紧张、人口拥挤、环境压力加大；指数过大，则说明，城市建设速度远远大于城市化水平，造成大量的用地浪费。

$$RBP＝建筑用地/人口数量 \qquad (2-35)$$

式中：RBP —— 建筑用地人口比指数；

建筑用地 —— 评价区内建设用地，包括城镇建设用地、农村居民点和工交建设用地；

人口数量 —— 相应建筑用地上的人口数量。

（2）廊道（道路和河流）密度指数

廊道密度指数是指研究区单位面积内道路廊道和河流廊道长度之和。恰当的廊道密度可以促进城市群或城市区自然－社会－经济协调发展。道路密度网对城市群或城市区内自然景观起到隔离的作用，对自然景观间物种流动起制约作用，但却是城市间或城市内部物质流动的纽带。因此，过小的道路密度阻碍城市群或城市区社会经济的发展，过大的道路密度值加剧城市区域自然景观的破碎化，因此，道路廊道在廊道密度指数中用负值；河流廊道不仅是城市群或城市区物种的通道，也是城市区发展过程中水资源的保障，是城市区主要的环境载体，因此，对城市生态系统的发展具有正向意义。

$$RC＝a×（河流长度/区域面积）－b×（道路长度/区域面积） \qquad (2-36)$$

式中：a —— 河流长度占廊道总长度的百分比；

b —— 道路长度占廊道总长度的百分比。

（3）绿地率

绿地率是反映城市绿地生态系统的一个基本指标。一般情况下，30%～50%的绿地率才对其生态平衡具有临界幅度的意义，即达到或超过这一幅度，生态环境有望向良性循环发展，如果达不到或下降，生态环境必然趋于恶化。

$$绿地率＝（绿地面积之和÷评价区面积）×100\% \qquad (2-37)$$

（4）绿地分布指数

绿地分布指数利用绿地斑块最小距离指数表示，即

$$\text{NNI} = \text{MNND} / \text{ENND} \tag{2-38}$$

式中：NNI —— 最小距离指数；

　　　MNND —— 斑块与其最近相邻斑块的平均最小距离；

　　　ENND —— 在假定随机分布的前提下 MNND 的期望值。

最小距离指数用来检验景观斑块是否服从随机分布。同时，也可用来反映景观斑块积聚程度和分离程度，若 NNI 为 0，则格局为完全团聚分布；NNI 为 1，则格局为随机分布；NNI 最大值为 2.149，此时景观格局呈现规则状分布。其中，

$$\text{MNND} = \sum_{i=1}^{n} \text{NND}(i) / N \tag{2-39}$$

$$\text{ENND} = 1/(2\sqrt{d}), \quad d = N / A \tag{2-40}$$

式中：NND（i）—— 斑块 i 与其最近相邻斑块间的最小距离；

　　　d —— 景观里给定斑块类型的密度；

　　　N —— 给定斑块类型的斑块数；

　　　A —— 景观总面积。

（5）热岛效应指数

$$\text{热岛效应指数} = \frac{1}{100m} \sum_{i=1}^{n} w_i p_i \tag{2-41}$$

式中：m —— 灰度等级数；

　　　i —— 建筑物所对应的灰度等级；

　　　n —— 城镇建筑物所对应的灰度等级数；

　　　w_i —— 权重值，取第 i 级的级值；

　　　p_i —— 第 i 级的百分比。

热岛比例指数值愈大则表明热岛效应现象越突出、越强烈。

2．结果分析

选取成都市三环路以内区域作为典型区，评价时段选取 1995 年和 2007 年，对建筑用地人口比指数、廊道（道路和河流）密度指数、绿地率、绿地分布指数、热岛效应指数等指标进行试评价。

成都市现辖成华、武侯、青羊、锦江、金牛、龙泉驿、青白江、新都、温江 9 区，双流、郫县、大邑、金堂、蒲江、新津 6 县，代管都江堰、彭州、崇州、邛崃 4 市。东北与德阳市、东南与资阳市毗邻，南面与眉山市、西南与雅安市相连，西北与阿坝藏族羌族自治州接壤。成都市区市区有一环路、二环路、三环路和外环高速公路 4 条主要环形道路，由各条环形道路之内所围的面积分别约为 34 km²、65 km²、200 km² 和 560 km²。评价区区域位置选取成都市三环路以内区域，属成都市中心城区，该区域行政范围涉及锦江、青羊、金牛、武侯、成华等区，区域面积 192.82 km²。

遥感数据来源于对成都市 1995 年和 2007 年 2 个时段 TM 卫星遥感影像数据解译，分辨率为 30 m。统计数据来源于《四川省 1995 年统计年鉴》和《四川省 2007 年统计年鉴》。

（1）建筑用地人口比指数

建筑用地人口比指数评价结果见表 2.32。在五城区范围内 1995 年建筑用地面积 221.431 km²，人口数量 242.8 万人，得到建筑用地人口比指数（RBP）为 0.91；2007 年建筑用地面积 239.406 km²，人口数量 304.8 万人，得到建筑用地人口比指数（RBP）为 0.78，说明经过十几年的发展，成都城市化水平逐步扩大，外来人口逐渐增多，较用地比紧张，人口较为拥挤，对环境造成压力逐渐增大（图 2.161）。

表 2.32　建筑用地人口比指数评价结果

项目	1995 年	2007 年
建筑用地面积/km²	221.431	239.406
人口数量/万人	242.8	304.8
人均建设用地（RBP）	0.91	0.78

说明：由于人口统计以区为单位，统计数据无三环内人口数量，故建筑用地人口比指数统计范围为成都市五城区范围，此范围大于三环路范围。

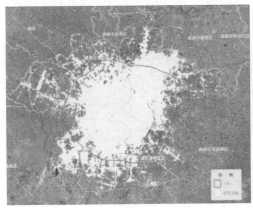 

1995 年　　　　　　　　　　　　　　　　　　2007 年

图 2.161　五城区范围内 1995 年、2007 年建筑用地情况表

（2）廊道（道路和河流）密度指数

廊道（道路和河流）密度指数评价结果见表 2.33。在三环路范围内 1995 年河流长度 72.07 km，主要道路长度 193.78 km，廊道总长度 265.85 km，廊道（道路和河流）密度指数 RC 为 −0.632；2007 年河流长度 72.07 km，主要道路长度 345.58 km，廊道总长度 417.65 km，廊道（道路和河流）密度指数 RC 为 −1.734（图 2.162）。

表 2.33　廊道（道路和河流）密度指数评价结果

内容	1995 年	2007 年
河流长度/km	72.07	72.07
道路长度/km	193.78	345.58
廊道总长度/km	265.85	417.65
区域面积/km²	192.82	192.82
系数 a	0.27	0.17
系数 b	0.73	0.83
RC	−0.632	−1.734

 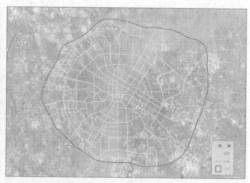

1995 年　　　　　　　　　　　　2007 年

图 2.162　　三环范围 1995 年、2007 年河流和道路分布

（3）绿地率

绿地率评价结果见表 2.34。1995 年，成都市三环范围内绿地面积为 14.01 km²，绿地率为 7.26%；2007 年绿地面积为 21.84 km²，绿地率为 11.32%，较 1995 年增加了 7.83 km²（图 2.163）。

表 2.34　　绿地率评价结果

内容	1995 年	2007 年
绿地面积/km²	14.01	21.84
区域面积/km²	192.82	192.82
绿地率/%	7.26	11.32

（4）绿地分布指数

绿地分布指数评价结果见表 2.35。如表所示，1995 年，成都市三环范围内绿地分布指数为 0.62，趋于随机分布；2007 年绿地分布指数为 0.368，更趋向于团聚分布，随着市政府对东湖、南湖公园的打造，绿地斑块逐渐形成了以团状式逐渐向东、向南延伸的趋势。

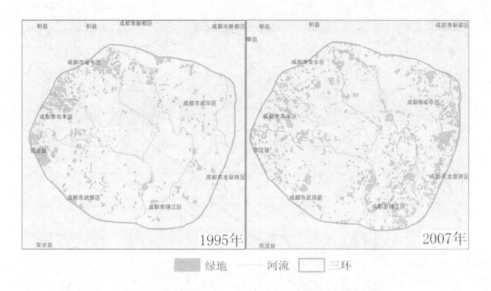

图 2.163　三环范围内 1995 年、2007 年绿地分布

表 2.35　绿地分布指数评价结果

三环范围内	1995 年	2007 年
N/个	300	767
A/km^2	192.82	192.82
d	1.55	3.97
ENND	0.40	0.25
MNND	0.248	0.092
NNI	0.62	0.368

（5）热岛效应研究（采用基于遥感温度的方法）

① 计算结果

a. 热岛效应（UHI）的普遍性

图 2.164 是城市热岛效应三维图，图中突出似岛屿状部分即为研究区城市所在。图中显示，县级以上城市均呈现明显的 UHI，甚至一些较大的城镇（如华阳、新繁）也出现 UHI 现象。同时卫星城市的 UHI 多处于孤立状态。龙泉驿虽与成都市区相距 16 km，有时两地却被一较高温脊相连[图 2.164（a）、（b）]，近似马鞍状。经实际核查得知，是由于成都市实施向东、向南的城市发展战略，发达的交通干线和道路两侧的各类建筑群将成都市区与龙泉驿连接起来，在连接带产生了明显的 UHI 现象。

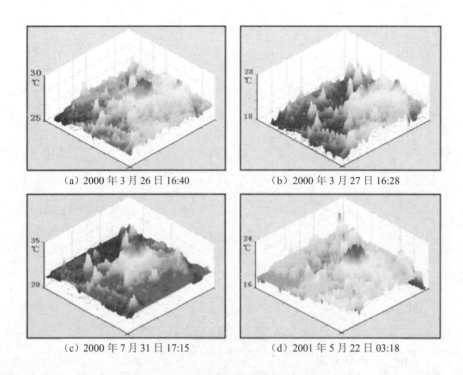

        （a）2000 年 3 月 26 日 16:40   （b）2000 年 3 月 27 日 16:28

        （c）2000 年 7 月 31 日 17:15   （d）2001 年 5 月 22 日 03:18

图 2.164　成都平原城市热岛效应三维图

b. 热岛效应（UHI）最大强度的特点

以城区内最高亮温和郊区参照点亮温之差 ΔT_m 代表 UHI 的最大强度。ΔT_m 是 UHI 的重要指标之一，其统计结果见表 2.36。

表 2.36　成都平原 UHI 最大强度 ΔT_m（℃）统计表

日期	北京时间	龙泉驿	青白江	新都	广汉	彭州	新繁	郫县	温江	双流	新津	华阳	平均值	成都市区
2000.3.26	16:00	4.9	4.8	4.9	5.0	4.5	3.9	4.9	5.0	4.8	4.1	4.6	4.67	7.3
200.3.27	16:28	4.2	5.2	4.8	4.7	3.7	3.8	5.2	4.4	4.5	4.6	3.9	4.45	7.7
2000.7.31	17:15	4.2	4.9	7.2	7.4	7.4	3.0	6.2	6.5	6.1	5.2	4.1	5.55	9.4
2001.5.22	3:18	3.3	3.2	3.8	3.4	3.4	1.7	2.3	2.3	3.3	2.8	3.1	2.88	5.0
平均值		4.15	4.52	5.18	5.13	4.22	3.10	4.65	4.55	4.68	4.18	3.92	4.30	7.35

由表 2.36 可知，成都市区 ΔT_m 2000 年 7 月 31 日 17:15（北京时间 CCT，下同）最高，达 9.4℃，2001 年 5 月 22 日 3:18 最低，为 5.0℃。中小城市 ΔT_{max} 平均值比较，7 月 31 日 17:15 为 5.55℃（其中新都和广汉大于 7.0℃），5 月 22 日 3:18 为 2.88℃（其中新繁镇为 1.7℃）。中小城市 ΔT_m 值大小与城市规模基本一致。

c. 成都市区 UHI 高温区的特点

成都市 UHI 的温度分布特点与城市建成区一致，还与城市功能分区以及天气和时间密切相关。图 2.168 是成都市区热岛温度平面图，图中每两条等温线的温度差为 1.0℃，环线由内到外代表一、二、三环路。图 2.165（a）、（b）、（c）显示，下午的热岛温度的峰值区出现在城市的东部二环路附近。据分析，这与成都市区东部具有许多大型工厂（如热电厂）密切相关。图 2.165（d）显示，夜间热岛温度峰值区出现在城市中心一环路以内，这主要是因为夜间工业生产活动停止，而城市中心建筑密度大、人口集中的缘故。以上分析可知，城市热岛温度中心具有日变化特点，即白天热岛中心出现在城市东部，夜间向城市中部转移。此外，成都市的热岛温度分布有时还具有多中心的特点，2000 年 3 月 26 日和 7 月 31 日下午分别出现了 2～3 个热岛强度中心，位置在城东二环路附近[图 2.165（a）、（c）]；2001 年 5 月 22 日夜间，多个热岛强度中心主要出现在一环路以内的城市中部，二环路东南侧和南侧附近出现的均是热岛强度次中心[图 2.165（d）]。

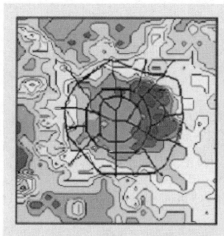

（a）2000 年 3 月 26 日 16:40　　　　　　（b）2000 年 3 月 27 日 16:28

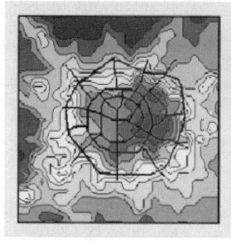

（c）2000 年 7 月 31 日 17:15　　　　　　（d）2001 年 5 月 22 日 03:18

图 2.165　成都市区热岛效应温度平面图

二、路域生态遥感监测与评估

路域生态环境主要指路面及周边 1 km（两侧各一公里）范围内生物有机体（包括人工的和自然的）生存空间生态条件的总和。由于受到人为干扰，该区域生态环境不同于其他区域。

（1）评价指标

① 植被覆盖度指数

反映道路建设对影响区域植被覆盖的影响。计算公式：

$$植被覆盖指数 = Aveg \times \left(\sum_{i=n}^{i=1} (NDVI)_i \right) / n \tag{2-42}$$

式中：Aveg —— 植被覆盖指数的归一化系数；

n —— 区域栅格的数量；

$NDVI_i$ —— 第 i 个栅格的归一化植被指数值，取年均值，即一年内各月最大植被指数的均值。

② 景观破碎度

$$景观破碎度 = APD \times PD + AED \times ED \tag{2-43}$$

式中：PD —— 区域的斑块密度，指每平方千米的斑块数，PD＞0，无上限；

ED —— 区域的边界密度，指景观中所有斑块边界总长度(m)除以景观总面积(m²)，再乘以 10^6（转换成平方千米），ED＞0，无上限；

APD 和 AED —— 分别为斑块密度和边界密度的归一化系数。

③ 土地占用指数

道路两侧 1 km 内（两侧各 1 km）道路及附属建筑土地（包括桥梁、道路绿化带、边坡、加油站、高速公路服务区等）面积和占总面积的百分比。

（2）结果分析

选取成都市绕城高速西段作为路域生态环境评价对象，对植被覆盖度指数、景观破碎度及土地占用指数等指标进行试评价。

成都绕城高速公路位于成都市外围，距市中心约 13 km。本书评价区域为绕城高速路西段。绕城高速路西段起于成都绕城高速公路东段与机场高速公路相交的半互通式立交桥之西，经金花镇、马家寺、文家场、犀浦镇、崇义桥，跨宝成铁路后，止于绕城高速公路东段三河场互通式立交以西。地跨成都市武侯区、双流县、青羊区、温江县、郫县、新都县和金牛区 6 县区，与成都机场高速公路、成灌高速公路、川藏公路、成温邛高速公路及成彭公路形成快速通道。

成都绕城高速公路西段地处川西平原南部，属岷江冲积扇的中部和前缘，地势平坦开阔，局部地段轻微起伏，海拔高度 480～535 m，地面平均坡降 3.2‰～3.5‰。评价区域属亚热带湿润气候区，气候温和、降水丰沛、四季分明、无霜期长；春季多干旱、夏季炎热、秋季多绵雨、冬季多云雾而少冰雪。多年平均气温 16.2℃，多年平均降水 949.1 mm，多年平均相对湿度 82.1%，多年平均风速 1.2 m/s。评价区大部分地段属岷江水系，仅北段部分段落属沱江水系，两者在 K75+200 友谊支渠附近分界。绕城高速公路西段所在地区地貌类型为平原、台地浅丘。区域内水土条件好,垦殖历史悠久。土地除基本建设用地、居住用地及少量林木用地外,基本开垦为农耕地,垦殖指数高达 60%以上。最近几年,随着城市化进程加速,城市近郊耕地逐年减少,特别在城区周围,很多耕地被占用开辟为住宅区、工业园区、度假村等。农民人均耕地以每年约 0.7%以上的速度递减,农村劳动力过剩与有限的耕地资源的矛盾十分突出。

遥感数据主要有:2000 年和 2007 年 Landsat TM 数据,采用人机交互式的解译方式;2000 年和 2007 年的 SPOT 植被指数数据;研究区域 1∶5 万基础地理信息。

评价区 2000 年植被覆盖度指数为 0.569,2007 年植被覆盖度指数为 0.389,较 2000 年略有下降,这与成都近几年城市不断发展、城市化进程不断加快有关(表2.37 和图2.166)。

表2.37　评价区植被覆盖度指数评价结果

项目	参数	
评价区时相	2000 年	2007 年
区域面积/km²	284	284
归一化系数	1	1
$\left(\sum\limits_{i-n}^{i=1}(\mathrm{NDVI})_i\right)/n$	0.569	0.389
植被覆盖度指数	0.569	0.389

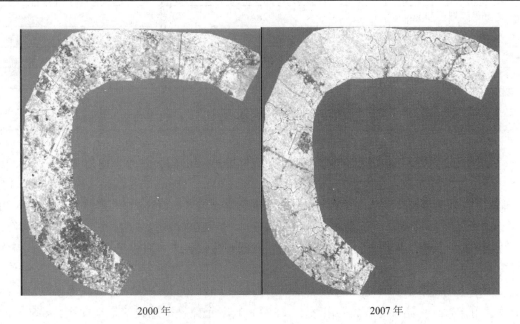

2000 年　　　　　　　　　　2007 年

图2.166　2000 年和 2007 年评价区 NDVI 计算结果示意图

景观破碎度的评价范围选取绕城公路两侧 2 km 以内的区域为道路影响区,详见图2.167,景观破碎度评价结果见表2.38。

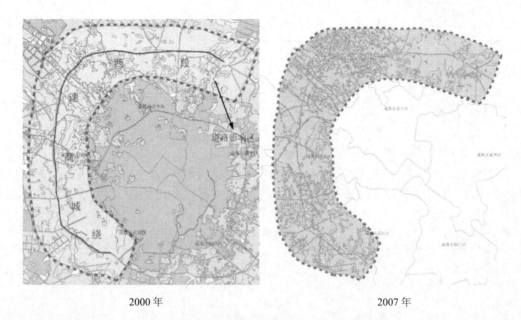

2000 年   2007 年

图 2.167 绕城高速两侧 2 km 内影响区示意图

表 2.38 景观破碎度评价结果

评价内容	参数	
年份	2000 年	2007 年
区域面积/km^2	284	284
斑块数/个	1 018	418
PD	3.58	1.47
斑块边界总长度/m	2 388 530	1 140 269
ED	8 410.32	4 015.03
景观破碎度	8 413.9	4 016.50

按照土地利用现状分类，评价区 2007 年和 2000 年的斑块总数分别为 418 个和 1 018 个，斑块边界总长度分别为 1 140 269 m 和 2 388 530 m。2000 年区域斑块密度 PD 为 3.58 个/km^2，区域边界密度为 4 015.03 m/km^2，景观破碎度为 4 016.5；2007 年区域斑块密度 PD 为 1.47 个/km^2，区域边界密度为 4 015.03 m/km^2，景观破碎度为 4 016.5。对比两个年份指标数值可知，2000 年绕城高速公路修建时，对景观扰动较大，造成景观破碎度较高，道路修建完成后，通过进一步的土地整理与公路绿化，使得景观逐步恢复，破碎度逐步降低。

土地占用指数的评价范围选取绕城公路两侧 1 km 以内的区域，总面积为 100.25 km^2，土地占用指数评价结果见表 2.39 和图 2.168。2000 年，道路及附属建筑土地面积为 6.60 km^2，占该区域总面积的 6.58%；2007 年，道路及附属建筑土地面积为 7.98 km^2，占该区域总面积的 7.96%。

表 2.39　土地占用指数评价结果

内容	参数	
年份	2000 年	2007 年
区域面积/km²	100.25	100.25
道路及附属建筑土地面积/km²	6.60	7.98
所占比例/%	6.58	7.96

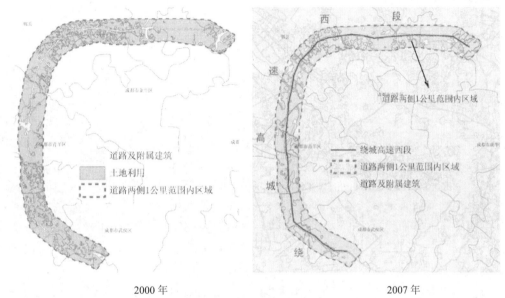

2000 年　　　　　　　　　　　2007 年

图 2.168　绕城高速两侧 1 km 内影响区示意图

三、矿山开采区生态遥感监测与评估

1. 评价方法

本文中的矿产资源开采区域主要是指以露天开采煤、铁、铜等为主的矿产开采集中区域。

（1）生物丰度指数

生物丰度指数反映矿产资源开采对生物丰富度的影响，通过对生物生长地环境的评价获得。

（2）植被覆盖度指数

反映道路建设对影响区域植被覆盖的影响。计算公式：

$$植被覆盖指数 = Aveg \times \left(\sum_{i=n}^{i=1} (NDVI)_i \right) / n \qquad (2\text{-}44)$$

式中：Aveg —— 植被覆盖指数的归一化系数；

　　　　n —— 区域栅格的数量；

　　　　$NDVI_i$ —— 第 i 个栅格的归一化植被指数值，取年均值，即一年内各月最大植被指数的均值。

（3）土地退化指数

土地退化指数包括两部分，一是土壤侵蚀，二是土地沙化。

$$土地退化指数=（土壤侵蚀指数+土地沙化指数）/2 \qquad (2-45)$$

$$土壤侵蚀指数=Aero×（0.05×轻度侵蚀面积+0.25×中度侵蚀面积+0.7×$$
$$重度侵蚀面积）/区域面积$$

式中：Aero——土壤侵蚀归一化指数。

$$土地沙化指数=（土地沙化面积/区域面积）×100 \qquad (2-46)$$

（4）地质灾害指标

地质灾害指标指矿产开采引起的泥石流沟分布密度，即单位面积上分布的泥石流沟的数量，可以间接反映区域泥石流灾害的发生频率及大小。

$$地质灾害指标=（泥石流沟数量/区域面积）×100 \qquad (2-47)$$

（5）景观破坏指标

景观破坏指标包括地貌景观破坏指数和植被景观破坏指数两部分。地貌景观破坏指数指被破坏的地貌面积占区域面积的比重，反映区域开发的程度及地貌破坏程度。植被景观破坏指数指被破坏的林地、草地和农田的面积和占矿山开采占用土地的面积比

$$景观破坏指标=（地貌景观破坏指数+植被景观破坏指数）/2 \qquad (2-48)$$

$$地貌景观破坏指数=100×矿山开采占用土地面积/区域面积 \qquad (2-49)$$

$$植被景观破坏指数=100×（矿山开采占用林地面积+矿山开采占用草地面积+$$
$$矿山开采占用农田面积）/矿山开采占用土地面积 \qquad (2-50)$$

2. 结果分析

白音华露天煤矿是内蒙古自治区十大煤田之一、锡林郭勒盟第二大煤田。广袤的白音华煤田蕴藏着极为丰富的煤炭资源，煤炭储量 140 亿 t 以上，煤矿规模大，埋深较浅，多采用露天开采，开发年限长，剥离较多，产生了巨大的矿坑和排土场，占用了大量的土地，在一定程度上破坏了土地资源，影响了区域的生态环境。

白音华煤田位于大兴安岭南段西麓低山丘陵区，地形呈南高北低、东高西低，地势较为平坦，根据内蒙古城市规划市政设计研究院《西乌珠穆沁旗白音花矿区总体规划（2010—2030年）》规划界线，白音华煤田研究区域地理范围为 118°10′00″～118°53′30″E，44°30′10″～45°10′00″N。研究区属大陆性半干旱草原气候，春季干旱多大风；冬季寒冷漫长；年温差变化较大，夏季最高气温 36.1℃，冬季最低气温−40.7℃。年平均降水量为 355.2 mm、蒸发量为 1 632.6 mm，区内植被类型主要为草甸草原植被。

白音华煤矿在 2005 年后开发力度逐步加大，从 1#～4#这 4 个区块由不同的企业开发。本研究采用 2005 年和 2009 年两期遥感影像数据，即 2005 年 6 月 23 日的 Landsat-5 和 2009年 9 月 28 日 HJ1（环境 1 号卫星）CCD 影像（表 2.40 和表 2.41；图 2.169 至图 2.172），采用以上指标进行评价。

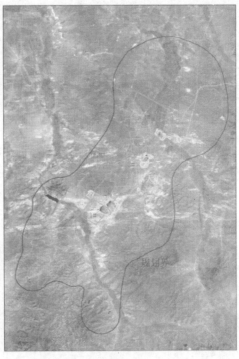

图 2.169 2005（左）和 2009（右）白音华煤矿年影像图

表 2.40 2005 年和 2009 年研究区各土地利用/覆盖类型面积

2005 年				2009 年			
类型	面积/hm^2	类型	面积/hm^2	类型	面积/hm^2	类型	面积/hm^2
耕地	104.32	耕地	104.32	耕地	104.32	耕地	104.32
林地	3 957.87	有林地	3 438.58	林地	3 957.87	有林地	3 438.58
		灌木林地	519.29			灌木林地	519.29
草地	144 808.61	高覆盖草地	55 836.23	草地	142 188.2	高覆盖草地	53 370.15
		中覆盖草地	75 338.72			中覆盖草地	75 367.87
		低覆盖草地	13 489.88			低覆盖草地	13 450.22
水域湿地	12 338.5	湖泊	143.78	水域湿地	12 324.43	湖泊	129.7
		水库	0			水库	231.15
		沼泽地	12 194.73			沼泽地	11 963.58
城乡工矿居民用地	1 065.36	城镇建设用地	468.01	城乡工矿居民用地	4 247.06	城镇建设用地	1 018.52
		乡村居民用地	66.47			乡村居民用地	66.47
		工矿建设用地	530.88			工矿建设用地	3 162.07
未利用土地	7 348.42	沙地	6 399.05	未利用土地	6 657.38	沙地	5 695.19
		盐碱地	904.04			盐碱地	916.86
		裸土地	45.33			裸土地	45.33

表 2.41   2005 年和 2009 年研究区各土壤侵蚀类型表

类型	2005 年	2009 年	综合	2005 年	2009 年
	面积/hm²	面积/hm²		面积/hm²	面积/hm²
风力轻度侵蚀	135 132.83	132 688.3	轻度侵蚀	147 200.73	144 756.2
风力中度侵蚀	14 024.35	14 535.22	中度侵蚀	14 024.35	14 535.22
风力重度侵蚀	7 405.16	7 017.14	重度侵蚀	7 405.16	7 017.14
水力轻度侵蚀	12 067.9	12 067.9	—	—	—
水力中度侵蚀	474.16	2 809.91	—	—	—
湖泊、水库	374.94	360.86	—	—	—

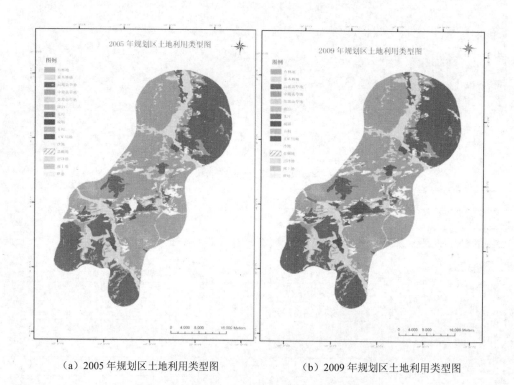

(a) 2005 年规划区土地利用类型图   (b) 2009 年规划区土地利用类型图

图 2.170   2005—2009 年规划区土地利用类型分布

　　针对遥感解译过程中存在的问题，研究组于 2010 年 8 月对矿区进行了野外调研工作，重点调查了排土场、矿坑、工业广场及矿区周围地形、植被等（图 2.172）。

　　对应的实地照片如图 2.173 所示。

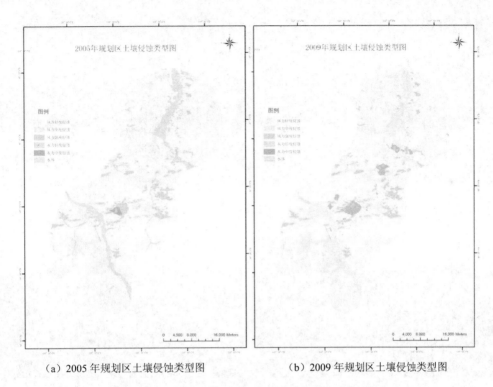

（a）2005年规划区土壤侵蚀类型图　　　　　（b）2009年规划区土壤侵蚀类型图

图 2.171　2005—2009 年规划区土壤侵蚀类型分布

图 2.172　矿坑、排土场和工业区现状（白音华 4#）

（a）排土场　　　　　　　　　　　　（b）矿坑

（c）工业广场　　　　　　　　　　（d）周围地形、植被

（e）排土场护坡工程

图 2.173　矿区矿坑、排土场和工业区现状照片

（1）生物丰度指数

计算结果见表 2.42。

表 2.42　2005 年和 2009 年生物丰度指数对比

归一化系数	生物丰度指数		
692.096 02	2005 年	2009 年	变化量
	60.955 2	59.756 6	−1.198 6

结果表明研究区域的生物丰度指数减少了 1.198 6，表明在气候和人为为主的干扰下，该地区生物丰度减少的趋向。

（2）植被覆盖率指数

结果见表 2.43。

结果表明：研究区域植被覆盖率从 2005—2009 年减少了 1.461 3。由表 2.43 研究区 2005 年和 2009 年土地利用覆盖类型，城镇扩建以及矿区开发面积增大了近 3 181.70 hm²，大多占用了原始草原植被，反映了随着人为的干扰程度不断加大，植被覆盖率逐渐降低。

表 2.43　2005 年和 2009 年植被覆盖率对比

年份	2005 年	2009 年	变化量
植被覆盖率	87.693 7	86.232 4	−1.461 3

（3）土地退化指数

土壤侵蚀模数是指单位面积土壤及土壤母质在单位时间内侵蚀量的大小，是表征土壤侵蚀强度的指标，用以反映某区域单位时间内侵蚀强度的大小。经卫星遥感、GIS 系统和实地调查，项目区域内土壤侵蚀以风力侵蚀为主，以微度侵蚀为辅，个别地区有强度侵蚀及极强度侵蚀发生。经调研，白音华露天开采区土壤风力侵蚀模数≥8 000 t/（km²·a），为强度侵蚀。根据计算方法，得到研究区土地退化结果（见表 2.44）。

表 2.44　土壤侵蚀状况

年度	轻度侵蚀/hm²	中度侵蚀/hm²	重度侵蚀/hm²	沙化面积/hm²	侵蚀指数	沙化指数	土地退化指数
2005 年	147 200.73	14 498.51	7 405.15	6 399.05	22.77	3.78	13.27
2009 年	144 756.19	17 345.13	7 017.14	5 695.19	23.22	3.36	13.29
变化量	−2 444.54	2 846.62	−388.01	−703.86	0.45	−0.42	0.02

2005—2009 年，土地退化指数稍有增加。其中由于 1～4 号大型露天矿的开采导致了土壤侵蚀加重，土壤侵蚀指数增加幅度相对较大；由于露天煤矿开采近 5 年间占用了一部分沙化土地，加上退牧有所成效，本区沙化面积有所减少，土地沙化指数也相应的减少。

（4）景观破坏指标

景观的破坏、变化在一定意义上反映了生态环境的演变，从无序的景观变化中发现规律和存在问题是非常有意义的。景观破坏指标包括地貌景观破坏指数和植被景观破坏指数两部分。地貌景观破坏指数指被破坏的地貌面积占区域面积的比重，反映区域开发的程度及地貌破坏程度。植被景观破坏指数是指被破坏的林地、草地和农田的面积和占矿山开采占用土地的面积比。

鉴于白音华 1～4 号矿区大多是 2005 年后大规模开采，2005 年只有老矿 1 号矿开采的小面积区域占用了草地资源，在 2005 年后逐步扩建，其中 2～4 号矿开采的时间不长。所以景观破坏指标用 2009 年说明。经过 GIS 软件筛选查询然后进行计算，结果见表 2.45。

表 2.45 矿区景观破坏指标现状

年度	矿山开采占地面积/hm²	占用草地面积/hm²	占用林地面积/hm²	占用农田面积/hm²	占用其他面积/hm²	地貌破坏指数	植被破坏指数	景观破坏指标
2009	3 162.07	2 447.81	0.00	0.00	714.26	1.87	77.41	39.64

白音华矿区大规模、大面积的开采,无疑给草原带来了很大程度的破坏,破坏了植被,改变了原有地貌和景观,排土场上以及周围大多都长了稀疏的次生植被。这些巨大的排土场在当地形成了一道"风景线"。

(5)地质灾害指标

关于矿山生态环境的评价指标方法除上述外,泥石流、塌陷等地质灾害指标在矿山生态环境中也是举足轻重的,它们反映了对矿山灾害的预测、发生频率及大小,以及灾害后缓冲分析等。鉴于本区属于半干旱的草原气候,矿区都是大型国企的露天矿,排土场及矿坑边坡稳定性、绿化系数较高,排水系统良好,现场踏查中没有发现泥石流沟,没有发现塌陷区域。在数量和面积上可以忽略不计。

四、自然保护区生态遥感监测与评估

1. 评价指标

自然保护区是指国家为了保护自然环境和自然资源,促进国民经济的持续发展,将一定面积的陆地和水体划分出来,并经各级人民政府批准而进行的特殊保护和管理的区域。

(1)生态系统生产力

利用植被覆盖度指数间接反映生态系统生产力,具体计算方法如下:

$$生态系统生产力指数 = \sum_{i=n}^{i=1} (NDVI)_i / n \qquad (2-51)$$

式中:n —— 自然保护区栅格的数量;

$(NDVI)_i$ —— 第 i 个栅格的归一化植被指数值,取年累积值,即一年内各月最大植被指数之和。

(2)高功能组分指数

$$高功能组分指数 = M_i / N \qquad (2-52)$$

式中:M_i —— 高功能组分的总面积;

N —— 高功能组分的斑块数量。

(3)景观破碎化指数

$$景观破碎化指数 = APD \times PD + AED \times ED \qquad (2-53)$$

式中:PD —— 区域的斑块密度,指每平方千米的斑块数,PD>0,无上限;

ED —— 区域的边界密度,指景观中所有斑块边界总长度(米)除以景观总面积(平方米),于乘以 10^6(转换成平方千米)。ED>0,无上限;

APD 和 AED —— 分别为斑块密度和边界密度的归一化系数。

2．结果分析

岱海位于内蒙古凉城县境内，属典型的内陆淡水湖泊，是内蒙古自治区四大水产基地之一，被誉为凉城人民的母亲湖，根据 1999 年 7 月建立岱海湿地保护区时的审批范围，岱海自然保护区地理坐标为 112°32′10″～112°49′32″E，40°27′15″～40°38′50″E。岱海湖区属温带大陆性半干旱季风气候，7、8、9 三个月水面平均温度高于 20℃，上午 9 时至下午 5 时水温在 24℃以上，有时可达 27℃左右，与秦皇岛、北戴河水温相似。岱海形状呈长椭圆形，高程 987.87 m、最大深度 16.05 m、平均深度 7.41 m、水域面积 133.46 km², 容积 9.889 亿 m³；水深 0～0.35 m 的滨岸带为高、低水位波动带沉积较粗的颗粒砂或砾石，水深 0.35～1.5 m 的滨岸带为激浪冲流与回流共同作用的近岸带，沉积物主要为细砂、粗砂。岱海周边整体生态环境良好。

研究数据选择 1995 年、2004 年和 2009 年 TM 影像。空间信息的提取采用人机交互式的解译方法，并结合实地调查获得。

（1）重要生态类型动态变化分析

由表 2.46，湿地中变化最大的是湿地中的湖泊，也就是岱海湿地的主体，从 1995 年到 2004 年再到 2009 年岱海水体从 10 284 hm² 减少到 8 484 hm² 一直骤减到 7 176 hm²，以 2004—2009 年 5 年间萎缩量最大，14 年岱海主体湖泊萎缩了近 3 108 hm²，如照此速度下去，除去全球气候变化影响，湖泊每年要减少 222 hm²，那么再过 30 多年后岱海水面就会从人们的视线中消失（图 2.174），大量萎缩的湖泊有一部分转化成为湿地中的滩涂和沼泽地，滩涂沼泽以及人工湿地增加的总量约 1 030 hm²，湿地类型减少了超过 2 000 hm²，大部分转化为非湿地类型中其他用地和建设用地（图 2.175）。

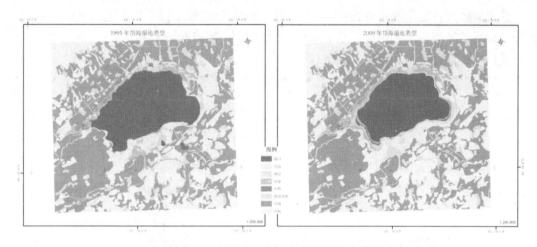

图 2.174　1995—2009 年岱海湿地变化图

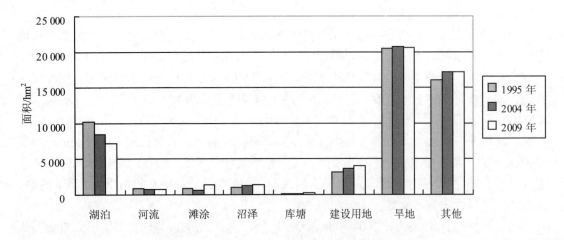

图 2.175　1995—2009 年岱海湿地类型结构图

（2）景观格局指数分析

研究地区 1995—2009 年总斑块有所增加，多样性指数 SDI 有所增长，说明各个景观类型所占面积比例的差异有所减少，所以相应的各景观类型的比例趋向更均匀，因此均匀度指数增加；相应的，优势度趋势则与多样性指数相反，优势度指数降低了近 0.04，说明了景观内各类型所占比例差异减少，1995 年相对的存在着占优势的类型，而相对于 2009 年来说有的类型不再占优势，如面积比例变化最大的湖泊的比例从 1995 年的 19.48%到 2009 年的 13.59%。这三个相关的景观类型指数说明研究区总体的景观类型趋向均匀化，湖泊总体不再占优势，景观异质性增强。

景观破碎度指数增加了 0.323 5，从 1995—2009 年随着工农渔业在岱海湿地的发展，以及气候降水等因素，对湿地类型造成了一定的侵占和分割，斑块类型不可避免的增多，全景观破碎度加大也是显然的（图 2.176）。

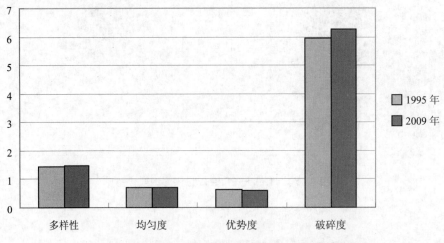

图 2.176　1995—2009 年研究区景观格局指数变化图

（3）高功能组分分析

岱海自然保护区高功能组分是指研究区域内高覆盖度草地和林地，高功能组分计算公式：

高功能组分指数=（高覆盖度草地面积+有林地面积+灌木林地面积）/区域面积　（2-54）

经评价得出 2000—2009 年高功能组分变化（表 2.46）。

表 2.46　2000 年、2009 年研究区共功能组分指数变化

2000 年	2009 年	变化量
0.187 8	0.190 3	0.002 5

由表 2.46，研究区的高功能组分指数增加了 0.002 5，主要是近年来在"岱海模式"的指导下，虽然整体景观破碎度加大，岱海湿地周围的人工林地有所增加，植被条件有所好转，同时也反映了人为干扰下有利的一面。

（4）NDVI 植被归一化指数分析

表 2.47　生态系统生产力对比

	生态系统生产力	变化量
2000 年	697.940	88.045
2009 年	785.985	

由于 2000—2009 年岱海湖泊的湿地类型一直减少，加上区域湿地类型的 NDVI 指数值为负值，所以用各月最大值之和反映的生态系统生产力的指标有所增加也是必然的。

五、退耕还林、还草工程区域生态遥感监测与评估

1．评价指标

退耕还林、还草工程是指 1999 年启动的以遏制我国日益严重的水土流失和土地沙漠化问题，改善逐渐恶化的生态环境为目的的生态工程，是通过政府给农村提供退耕损失补偿，使农民将耕种的陡坡地恢复为林草植被。

（1）草地（林地）生态系统生产力

利用植被覆盖度指数间接反映生态系统生产力，具体计算方法如下：

$$生态系统生产力指数 = \sum_{i=n}^{i=1} (NDVI)_i / n \tag{2-55}$$

式中：n —— 研究区域草地的栅格数量；

$(NDVI)_i$ —— 第 i 个栅格的归一化植被指数值，取年累积值，即一年内各月最大植被指数之和。

（2）耕地面积比指数

研究区域耕地占区域总面积的百分比，是退耕还林还草效果的最直接体现指标，计算公式：

$$耕地面积比指数=耕地面积/区域总面积 \qquad (2\text{-}56)$$

（3）未利用地面积比指数

研究区域地未利用地占区域总面积的百分比，是退耕还林还草工作生态恢复效益的间接体现指标。计算公式：

$$未利用面积比指数=未利用面积/区域总面积 \qquad (2\text{-}57)$$

（4）高功能组分指数

研究区域内高覆盖度草地和林地占区域总面积的百分比。计算公式：

$$高功能组分指数=（高覆盖度草地面积+有林地面积+灌木林地面积）/区域面积 \qquad (2\text{-}58)$$

2. 结果分析

目前，内蒙古退耕还林还草工程进入成果巩固阶段，科学评价工程所产生的效益，客观认识工程所带来的影响，是提高工程持续性的必然要求。锡林郭勒盟太仆寺旗是内蒙古自治区退耕还林还草的示范区，因此，本书选择该旗作为退耕还林、还草工程的验证区域。近十年来，太仆寺旗先后启动了京津风沙源治理、退耕还林、禁牧舍饲、生态移民搬迁五大生态建设工程，累计投资 3.56 亿元。本书基于遥感评价技术，采用遥感监测和地面调查相结合的方法，通过构建退耕还林、还草工程区域生态环境评价指标体系，定量地对工程区域的生态环境质量进行分析与评价。

太仆寺旗位于内蒙古自治区中部，锡林郭勒盟最南端，与京、津、张地区交界，距北京 350 km。太仆寺旗地处阴山北麓，浑善达克沙地南缘，海拔 1 300～1 800 m，属中温带亚干旱大陆性气候，年平均气温 1.6℃，降水量不足 400 mm，无霜期 110 天左右。太仆寺旗总土地面积 3 415 km²，总人口 20.3 万，辖 7 个农业乡、1 个牧业苏木、4 个镇。太仆寺旗属农牧结合区，经济以农牧业为主，种植业占主导地位，畜牧业比重较大，是锡林郭勒盟的主要粮食产区，也是内蒙古自治区油料生产基地和全国细毛羊生产基地。蔬菜开发已成为一大产业，逐步成为京、津、张地区蔬菜供应基地。

选取 2000 年和 2008 年 TM 影像，结合退耕还林还草工程实施的相关资料及实地调研，依据评价指标体系，对太仆寺旗两年度的监测数据及评价指标进行比较分析，从而对退耕还林、还草工程对区域生态环境质量的影响做出评价。选取 2000 年全年和 2008 年全年 modis 影像提取研究区域 NDVI 值。

监测区域总面积为 3 466.54 km²，通过对研究区 2000 年和 2008 年的遥感数据进行解译，获得土地利用/覆盖数据信息，详见表 2.48。

表 2.48 2000—2008 年监测区域土地利用类型变化状况表 单位：km²

一级类型	二级类型	2000 年	2008 年	变化量	变幅/%
耕地		1 543.87	1 390.05	− 153.82	−9.96
	山地旱地	95.42	87.49	−7.93	−8.32
	丘陵旱地	1 448.44	1 302.57	− 145.87	−10.07
林地		72.34	144.07	71.73	99.15
	有林地	53.83	94.94	41.11	76.38
	灌木林地	18.51	49.12	30.61	165.37

一级类型	二级类型	2000 年	2008 年	变化量	变幅/%
草地		1 610.59	1 707.93	97.35	6.04
	高覆盖度草地	643.71	741.29	97.59	15.16
	中覆盖度草地	648.82	658.94	10.12	1.56
	低覆盖度草地	318.06	307.70	−10.36	−3.26
水域湿地		60.99	66.48	5.49	9.00
	河流	0.36	0.35	−0.01	−3.78
	湖泊	19.03	25.63	6.60	34.67
	坑塘水库	0.75	0.73	−0.02	−2.47
	沼泽	40.34	39.25	−1.09	−2.71
	滩地	0.50	0.52	0.02	3.13
建设用地		105.56	108.81	3.25	3.08
	城镇用地	8.36	10.21	1.85	22.10
	农村居民点	95.25	96.54	1.29	1.36
	其他建设用地	1.94	2.05	0.11	5.56
未利用地		73.19	49.20	−23.99	−32.78
	盐碱地	72.74	48.76	−23.98	−32.97
	裸土地	0.45	0.44	−0.01	−2.86

从研究区土地利用一级类型监测结果看，2008 年与 2000 年相比，耕地、未利用土地面积减少了，林地、草地、水域湿地、建设用地面积均有增加。其中变化幅度最大的是林地，比上年增加了 71.73 km²，增幅为 99.15%；其次是水域湿地，增幅为 9.00%；草地面积增加了 97.35 km²，增幅为 6.04%；建设用地略有增长；未利用土地减少了 23.99 km²，减幅为 32.78%；耕地面积减少 153.81 km²，减幅为 9.96%。

研究区土地利用二级类型监测结果看，土地利用各类型面积变化情况如下：丘陵旱地面积减少最大，减少 145.88 km²，山地旱地减少 7.94 km²；有林地和灌木林地面积明显增加，增幅为 76.38%和 165.37%；高覆盖度草地增加比中覆盖度草地面积增加显著，低覆盖度草地面积减少；水域湿地的五个类型中湖泊增幅为 34.67%，滩地变化幅度小于 4%；城镇用地增加 22.10%，农村居民点、其他建设用地都略有增加；盐碱地减少 32.97%，裸土地面积也都略有减少。退耕还林、还草的区域一般分布在土壤水分条件一般，存在风蚀沙化或部分沙化严重需弃耕的地区。退耕还林区域，主要种植物种为樟子松、山杨、山杏、锦鸡儿，这些主要分布在水分条件较好的丘陵地。实行两行窄林带和一个宽草带的"两行一带"模式，草带上可以打草。退耕还草区域，基本恢复为适宜当地自然生态环境的大针茅、克氏针茅、冷蒿、羊草草原等。

将解译数据分类汇总统计后，带入各评价指数公式，计算结果见表 2.49。

从表 2.49 的指标计算结果分析，与 2000 年相比，2008 年太仆寺旗草地生态系统生产力降低 0.313 6。究其原因，一方面退耕还草面积增大，草地系统生产能力增加；另一方面人工造林，将一部分低覆盖度草地转化为林地，导致草地生态系统生产力降低。

鉴于退耕还林、还草工程的实施，太仆寺旗耕地面积减少约 10%，故耕地面积比指数由 0.445 4 下降到 0.401 0，降低了 0.044 4，该指标是退耕还林、还草生态恢复最直接的体现，直接反映了该旗退耕力度较大。

表 2.49　2000 年和 2008 年退耕还林还草区域评价指标

评价指标	2000 年	2008 年	差异
草地生态系统生产力	3.578 0	3.264 4	−0.313 6
耕地面积比指数	0.445 4	0.401 0	−0.044 4
未利用地面积比指数	0.021 1	0.014 2	−0.006 9
高功能组分指数	0.206 6	0.255 4	0.048 8

由于太仆寺旗开展的沙源治理工程，沙化土地经过治理后转化为中低覆盖度的草地，还有在沙化土地上种植了耐旱的灌木林地，未利用土地面积相应减少，因此未利用地面积比指数有所下降。

高功能组分指数中高覆盖草地、有林地、灌木林地，基本是退耕还林、还草后最主要的三种土地利用类型，它们的面积总和由 2000 年 716 km² 增加到 2008 年的 885 km²，占研究区域面积的比值增加了 0.048 8。该指标也是退耕还林、还草工程恢复的直接指标，能综合体现退耕还林、还草后的土地利用结构特点和工程成果（图 2.177）。

（a）2000 年影像　　　　　　　　　　　　　　（b）2008 年影像

图 2.177　太仆寺退耕还林示范点 2000 年和 2008 年影像对比图

第三章 生态环境地面监测技术方法及质量控制

第一节 生态环境地面监测的内涵与意义

一、生态环境地面监测的内涵

生态环境地面监测是应用可比的方法，对一定区域范围内的生态环境或生态环境组合体的类型、结构和功能及其组成要素等进行系统的地面测定和观察，利用监测数据反映的生物系统间相互关系变化来评价人类活动和自然变化对生态环境的影响。

在所监测区域建立固定站，由人徒步或乘越野车等交通工具按规划的路线进行定期测量和收集数据。它只能收集几公里到几十公里范围内的数据，且费用较高，但这是最基本也是不可缺少的手段。因为地面监测是"直接"数据，可以对空中和卫星监测进行校核。某些数据只能在地面监测中获得，例如，降雨量、土壤湿度、小型动物、动物残余物（粪便、尿和残余食物）等，地面测量采样线一般沿着现存的地貌，如小路、家畜和野兽行走的小道。记录点放在这些地貌相对不受干扰一侧的生境点上，采样断面的间隔为 0.5～1.0 km。收集数据包括：植物物候现象、高度、物种、物种密度，草地覆盖以及生长阶段，密度和木本物种的覆盖；观察动物活动、生长、生殖、粪便及食物残余物等。

二、生态环境地面监测的意义

作为生态环境保护的重要基础性工作，生态环境监测肩负着为生态保护管理决策提供技术支撑、技术监督和技术服务的使命，对保护环境、保障民生和建设生态文明具有重要意义。目前，全国生态环境质量监测与评价工作采用的是以遥感监测为主，地面核查为补充的技术手段。由于生态系统的复杂性、综合性、生态环境问题的区域差异性，遥感监测在较大监测范围和获取信息的时空连续性上有明显优势，监测的信息侧重反映生态类型及其空间分布格局。但是，它对于生态系统的物种组成、结构、服务功能状况及面临的干扰和胁迫等方面的监测难以实现。已经开展的地面核查也仅是为了评价遥感解译的准确性，没有针对生态系统结构、功能状态开展调查，因此目前的生态环境质量评价还不能够全面描述生态系统状态。地面监测通过实地取样调查分析，能够获得生态系统的群落结构、物种组成、物质生产能力信息，从微观上了解生态系统状况。因此为了说清生态环境质量状况及发展趋势，必须开展生态地面监测工作，填补生态环境监测的短板，把遥感监测和地面监测相结合，使它们提供的信息能够互相比较、修正和补充。

三、生态环境地面监测指标

本书主要针对森林、草地、荒漠和湿地等 4 类典型生态系统生物要素和环境要素的监测指标和方法进行介绍。具体的监测要素包括生物（陆地植物群落，水体中浮游植物、浮游动物、底栖动物）、土壤、水环境（地表水和地下水）、空气环境、气象等要素。监测指标包括核心监测指标和辅助监测指标两大类，核心监测指标是指原则上必须开展监测的指标，辅助监测指标是指根据实际需要进行选择监测的指标。在开展监测工作过程中，除核心监测指标外，可以根据监测区域内自然生态特点科学筛选辅助监测指标。同时，也要开展监测区域的人类活动状况和自然灾害状况发生情况的调查。4 类生态系统监测指标体系详见表 3.1 至表 3.4。

表 3.1　森林生态系统监测指标

项目	核心指标	辅助指标
生物指标	乔木层： 基于每木调查：乔木物种、胸径、树高、冠幅 基于多个调查样方统计：优势树种、密度、平均高度、平均胸径 其他指标：乔木层郁闭度、叶面积指数 灌木层： 基于样方观测：物种名称、株数、多度、盖度、丛幅 基于多个调查样方统计：物种数、优势种、平均高度、平均丛幅、群落盖度、叶面积指数 草本层： 种数、优势种、群落盖度、高度、地上部分生物量、叶面积指数 凋落物层：厚度、单位面积的凋落物质量、含水量、最大持水量	优势物种物候期、乔木树种更新情况（幼苗株数、平均高度）、病虫害状况、苔藓植物情况、附生（寄生）植物情况、乔木/灌木优势物种生物量、土壤种子库
土壤指标	土壤环境质量指标：pH 值、有机质、阳离子交换量、六六六、滴滴涕、土壤类型、土壤剖面特征、土壤含水量、土壤重金属全量 土壤物理指标：土壤质地、非毛细管孔隙度、土壤根系层深度、土壤最大持水量	盐基饱和度、有机碳、全氮、全磷、全钾、电导率、土壤动物种类组成
气象指标	降水量、蒸发量、最大日降水强度	降雨：钙离子、镁离子、氯离子、钠离子、硫酸根离子、碳酸根离子、pH 值、电导率 气象：风向、散射辐射、紫外辐射、能见度、太阳总辐射、风速、温度、湿度、气压
水质指标	水温、pH 值、浊度、溶解氧、电导率、高锰酸盐指数、氨氮、五日生化需氧量、化学需氧量、总磷、总氮、铜、锌、氟化物、硒、砷、汞、镉、铬、铅、氰化物、挥发酚、石油类、阴离子表面活性剂、硫化物、粪大肠菌群	
空气指标	二氧化硫（SO_2）、氮氧化物（NO_x）、可吸入颗粒物（PM_{10}）	二氧化碳、甲烷、挥发性有机物

表 3.2　草原生态系统监测指标

项目	核心指标	辅助指标
生物指标	灌木层（针对灌丛草原）： 基于样方观测：物种名称、株数/多度、丛幅、灌丛高度、平均生殖枝长度； 基于多个调查样方统计：物种数、优势种、平均高度、平均丛幅 草本层： 样方观测：种名、高度、株数/多度、叶层高度、地上部分生物量 群落特征：物种数、优势种、盖度、高度、叶面积指数	老鼠蝗虫灾害情况（单位面积鼠洞）、地表生物结皮特征、优势种物候期、凋落物干重、土壤种子库、灌丛地上生物量、根系层生物量（0～30 cm）
土壤指标	土壤环境质量指标：pH 值、有机质、阳离子交换量、六六六、滴滴涕、土壤类型、土壤剖面特征、土壤含水量、土壤重金属全量 土壤物理指标：土壤质地、土壤含水量、土壤紧实度、土壤根系层深度	盐基饱和度、土壤最大持水量、有机碳、全氮、全磷、全钾、电导率、土壤动物种类组成
气象指标	年降水量、年蒸发量、最大日降水强度	降雨：钙离子、镁离子、氯离子、钠离子、硫酸根离子、碳酸根离子、pH 值、电导率 气象：风向、散射辐射、紫外辐射、能见度、太阳总辐射\风速、大风时数、温度、湿度、气压
水质指标	水温、pH 值、浊度、溶解氧、电导率、高锰酸盐指数、氨氮、五日生化需氧量、化学需氧量、总磷、总氮、铜、锌、氟化物、硒、砷、汞、镉、铬、铅、氰化物、挥发酚、石油类、阴离子表面活性剂、硫化物、粪大肠菌群	
空气指标	二氧化硫（SO_2）、氮氧化物（NO_x）、可吸入颗粒物（PM_{10}）	二氧化碳、甲烷、挥发性有机物

表 3.3　荒漠生态系统监测指标

项目	核心指标	辅助指标
生物指标	灌木层： 基于样方观测：物种名称、株数/多度、丛幅、高度、平均生殖枝长度； 基于多个调查样方统计：物种数、平均高度、平均丛幅、株数/多度 草本层： 分物种观测：种名、高度、株数/多度、叶层高度、地上部分生物量、生活型 群落特征：物种数、优势种、盖度、高度、叶面积指数 短命植物或一年生植物：种名、盖度、高度、地上生物量、物候期 土壤种子库物种组成、地表生物结皮特征（厚度、硬度、类型）	凋落物干重、鼠害病虫害情况、根系层生物量（0～30 cm）、乔木地上生物量估算、灌木层地上生物量估算

项目	核心指标	辅助指标
土壤指标	土壤环境质量指标：pH 值、有机质、阳离子交换量、六六六、滴滴涕、土壤类型、土壤剖面特征、土壤含水量、土壤重金属全量 土壤物理指标：土壤质地、土壤含水量、土壤紧实度	盐基饱和度、有机碳、全氮、全磷、全钾、电导率、土壤动物种类组成
气象指标	年大风时数、年平均风速、最大日降水强度、年降水量、年蒸发量	降雨：钙离子、镁离子、氯离子、钠离子、硫酸根离子、碳酸根离子、pH 值、电导率 气象：风向、散射辐射、紫外辐射、能见度、太阳总辐射、温度、湿度、气压
水质指标	水温、pH 值、浊度、溶解氧、电导率、高锰酸盐指数、氨氮、五日生化需氧量、化学需氧量、总磷、总氮、铜、锌、氟化物、硒、砷、汞、镉、铬、铅、氰化物、挥发酚、石油类、阴离子表面活性剂、硫化物、粪大肠菌群	
空气指标	二氧化硫（SO_2）、氮氧化物（NO_x）、可吸入颗粒物（PM_{10}）	二氧化碳、甲烷、挥发性有机物

表 3.4　湿地生态系统监测指标

项目	核心指标	辅助指标
生物指标	植被类型、优势种、群落盖度、高度、地上部分活体鲜重、地上部分活体干重、物种数 浮游植物、水生维管束植物、固着藻类、浮游动物、迁徙鸟类、底栖动物、鱼类、两栖类、爬行类脊椎动物的种类、数量	
土壤或底质淤泥指标	土壤环境质量指标：pH 值、有机质、阳离子交换量、六六六、滴滴涕、土壤类型、土壤剖面特征、土壤含水量、土壤重金属全量 底质淤泥环境质量指标：pH 值、有机质、含水量、土壤重金属全量 土壤物理指标：土壤质地、非毛细管孔隙度、土壤根系层深度	盐基饱和度、土壤最大持水量、有机碳、全氮、全磷、全钾、电导率、土壤动物种类组成
气象指标	年降雨量、年蒸发量	降雨：钙离子、镁离子、氯离子、钠离子、硫酸根离子、碳酸根离子、pH 值、电导率 气象：风向、散射辐射、紫外辐射、能见度、太阳总辐射、风速、温度、湿度、气压
水质指标	水温、pH 值、浊度、溶解氧、电导率、高锰酸盐指数、氨氮、五日生化需氧量、化学需氧量、总磷、总氮、铜、锌、氟化物、硒、砷、汞、镉、铬、铅、氰化物、挥发酚、石油类、阴离子表面活性剂、硫化物、粪大肠菌群	
空气指标	二氧化硫（SO_2）、氮氧化物（NO_x）、可吸入颗粒物（PM_{10}）	二氧化碳、甲烷、挥发性有机物

第二节　监测区域和样地设置

一、监测区域的建立

（1）定位

在地形图上确定监测区域的范围后，现场核实该区域植被的类型与要求是否一致，对监测区域的地理位置、植被类型和进行监测的可行性等情况进行调查、分析，用 GPS 定位仪进行精确定位，确定监测区域位置。

（2）区域划定

每个监测区域依据地形而设，可设为圆、正方形或多边形。对于地形复杂、植被类型多样而零散的地区，可设 2～3 个区域作为一个监测点。

（3）建立标志

在监测区域内的中心位置或附近建立醒目的固定标志，测定标志点的经纬度。固定标志应经久耐用，文字应清晰牢固，便于查找。

二、样地和样方的设置

不同的生态系统，以及相同的生态系统中不同的监测区域，由于其主导生态因子的不同，对样方和样地的设置都有不同的倾向性，并且随着生态因子的变化，监测方法也将随之改变。

1. 森林生态系统

（1）区域设置

一个监测区域内的样地包括主样地和辅助样地，辅助样地是主样地的补充，而不是重复。样地相当于一个样方或几个样方的集合。在森林生态系统监测中，为了保证样地的代表性，应该对本监测区域的主要代表性植被类型都进行长期观测，包括该区域内的典型地带性植被类型、重要的人工林、其他分布面积很广的群落类型，将其中一个最具有代表性的群落类型的典型地段设为主样地，其他类型设为辅助样地。方法要点包括以下五个方面：

1）监测样地面积（表 3.5）。标准样地的合理设置极为重要，首先是选址，要设立在能代表当地植被类型而且林相相同、地形变化尽可能一直的地段。样地的形状和大小方面，通常选用正方形或长方形，其一边长度至少要高于乔木最高树种的树高。一个基本原则是，标准样地的面积最少必须大于群落最小面积，一般情况下可取 20 m×20 m 或 30 m×30 m 的面积。设置标准样地时，应尽量避免主观性，样地最好要有重复。主样地面积应足够大，一般至少应该达到 1 hm²。辅助样地的面积可适当小于主样地，但不能小于群落最小面积。

表 3.5   森林监测样地布设面积

地区	主样地	辅助样地
热带	100 m×100 m（雨林）	40 m×40 m（雨林和季雨林）
亚热带	100 m×100 m（人工林） 100 m×100 m（自然林）	30 m×30 m（人工林） 30 m×40 m（自然林）
温带	100 m×100 m（人工林） 100 m×100 m（自然林）	20 m×30 m（人工林和自然林）

2）样地围取。

3）样地所代表群落的一般性描述。

4）样地保护。为了保证观测样地的时间延续性，每类观测样地分别设置非破坏性的永久样地和破坏性取样地。

5）乔木层的编号。对永久样地所包含的所有乔木树种的所有个体根据其相对位置进行编号，并挂上标牌。

（2）样方设置

为了取样的方便和研究的需要，通常要将样地进一步划分成次一级的样方。为了便于区分，将原样地称为一级样方。将原样方进一步划分成 10 m×10 m 的次级样方，称为二级样方。其样方设置方法为：

1）主样地中样方的划分。主样地（一级样方）面积为 100 m×100 m。在一级样方内，进一步划分成 100 个二级样方。

2）辅助样地二级样方的划分。

热带森林样方设计：一级样方为 40 m×40 m，并进一步分成 10 m×10 m 的二级样方，共 16 个。

亚热带森林样方设计：一级样方为 30 m×40 m，并进一步分成 10 m×10 m 的二级样方，共 12 个。

温带森林样方设计：一级样方为 20 m×30 m，并进一步分成 10 m×10 m 的二级样方，共 6 个。

2．草原生态系统

（1）区域设置

在监测区域内选取最具有代表性的草地生态系统类型的典型地段设置主样地，在附近地段选取辅助样地。监测区域的占地面积一般不少于 100 000 m^2。主样地设置为 200 m×200 m 的监测样地。可在监测区域内，选择 2～4 个与主样地生态系统类型相同、长期受人类活动干扰，并具有很强可比性的地段作为辅助样地，进行长期观测。

（2）样方设计

1）样方面积按照地面植被和生态类型确定。草本及矮小灌木草原样方面积为 1 m×1 m。具有灌木及高大草本植物草原样方面积为 10 m×10 m 或 5 m×20 m，里面的草本及矮小灌木小样方面积为 1 m×1 m。

2）样方间距离不得小于遥感影像资料的分辨率。用 MODIS 资料进行遥感监测时，样方间水平间距≥250 m。

3）草本及矮小灌木草原的监测点设置的样方数量≥30 个。具有灌木及高大草本植物草原的监测点设置的样方数量≥10 个，每个样方内应设置草本及矮小灌木样方≥3 个。每个禁牧小区内应设置草本及矮小灌木小样方≥3 个。

3．荒漠生态系统

（1）区域设置

荒漠生态系统设置在本地区最具典型性和代表性的地段，要地势平坦，开阔，土壤和植被分布比较均匀。在主样地四周 100 m 范围内，不能有大的风蚀区，也不能处于正在快速移动的流动沙丘的下风向，以避免受到风蚀或沙流的影响。

主样地的面积应为 100 m×100 m；个别地点如受自然条件限制，也必须保证不小于 50 m×50 m。辅助样地面积应为 100 m×100 m，周围 50 m 范围内不能有风蚀区。

（2）样方设计

荒漠生态系统各群落类型的监测样方，要求至少有 5~10 个重复。由于荒漠生态系统植被较为稀疏，乔木植被最好采用 100 m×100 m 或 50 m×50 m 的大样方。灌木、半灌木植被采用 10 m×10 m 或 5 m×5 m 的样方，草本植物采用 1 m×1 m 的样方。

4．湿地生态系统

（1）区域设置

1）沼泽。在生态系统中最具有代表性的区域设置主样地。另外，在沼泽各类型生态区内，再选择面积较小的辅助样地。

2）湖泊、水库、池塘、河流。

河流采样断面按下列方法与要求布设（表 3.6）：城市或工业区河段，应布设对照断面、控制断面和消减断面；污染严重的河段可根据排污口分布及排污状况，设置若干控制断面，控制排污量不得小于本河段总量的 80%；本河段内有较大支流汇入时，应在汇合点支流上游处，及充分混合后的干流下游处布设断面；出入境国际河流、重要省际河流等水环境敏感水域，在出入本行政区界处应布设断面；水质稳定或污染源对水体无明显影响的河段，可只布设一个控制断面；水网地区应按常年主导流向设置断面；有多个岔路时应设置在较大干流上，控制径流量不得少于总径流量的 80%。

表 3.6　江河采样垂线布设

水面宽/m	采样垂线布设	岸边有污染带	相对范围
<50	1 条（中泓处）	如一边有污染带增设 1 条垂线	
50~100	左、中、右 3 条	3 条	左、右设在距湿岸 5~10 m 处
100~1 000	左、中、右 3 条	5 条（增加岸边 2 条）	岸边垂线距湿岸边 5~10 m 处
>1 000	3~5 条	7 条	

潮汐河流采样断面布设另应遵守下列要求：设有防潮闸的河流，在闸的上、下游分别布设断面；未设防潮闸的潮汐河流，在潮流界以上不舍对照断面，潮流界超出本河段范围时，在本河段上游布设对照断面；在靠近入海口处不设消减断面；入海口在本河段之外时，设在本河段下游处；控制断面的布设应充分考虑涨、落潮水流变化。

湖泊（水库）采样断面按以下要求设置：在湖泊（水库）主要出入口、中心区、滞留区、饮用水源地、鱼类产卵区和游览区等应设置断面；主要排污口汇入处，视其污染物扩散情况在下游 100～1 000 m 处设置 1～5 条断面或半断面；峡谷型水库，应该在水库上游、中游、近坝区及库层与主要库湾回水区布设采样断面；湖泊（水库）无明显功能分区，可采用网格法均匀布设，网格大小依湖、库面积而定；湖泊（水库）的采样断面应与断面附近水流方向垂直。

（2）样方设计

1）沼泽。主样地面积应大于 4 hm^2。在主样地内划出固定监测样方，一般说来，灌木、半灌木植被采用 10 m×10 m 或 5 m×5 m 的样方，草本植物采用 1 m×1 m 的样方。

2）湖泊、水库、池塘、河流.

河流、湖泊（水库）的采样点布设要求：河流采样垂线上采样点布设应符合表 3.7 规定，特殊情况可按照河流水深和待测分布均匀程度确定；湖泊（水库）采样垂线上采样点的布设要求与河流相同，但出现温度分层想象时，应分别在表层、斜温层和亚温层布设采样点；水体封冻时，采样点影布设在冰下水深 0.5 m 处，水深小于 0.5 m 时，在 1/2 水深处采样。

表 3.7　河湖采样点布设

水深/m	采样点数	位置	说明
<5	1	水面下 0.5 m	1. 不足 1 m 时，取 1/2 水深
5～10	2	水面下 0.5 m，河底上 0.5 m	2. 如沿垂线水质分布均匀，可减少中层采样点
>10	3	水面下 0.5 m，1/2 水深，河底以上 0.5 m	3. 潮汐河流应设置分层采样点

第三节　野外监测与采样

生态环境地面监测内容包括生物要素监测和环境要素监测两大类。环境要素的监测包括包括土壤、气象、水和空气。由于环境要素的监测方法在本系列教材的其他书中均有详细介绍，本书不再赘述。生态系统各要素的监测时间和频次详见表 3.8。

表 3.8 生态环境地面试点监测时间及频次

监测要素		监测时间	监测频次
生物要素	陆地植物群落	每年 5～10 月	1 次/年 （乔木层每 3 至 5 年一次）
	湖泊生物群落	每半年监测一次	2 次/年
环境要素	水	每季度监测一次	4 次/年
	空气	每季度监测一次	4 次/年
	土壤	每 3 年监测一次	1 次/3 年
	底泥	每半年监测一次 与生物要素同步采样	2 次/年
	气象	利用自动气象站监测	自动监测

以下将从植物群落和动物群落两个方面详细介绍森林、草地、荒漠和湿地等 4 类生态系统生物要素的野外监测与采样方法。

一、森林生态系统野外监测与采样

1. 仪器与用具

测绳，测树围尺，1.3 米标杆，样方框，米绳，剪刀，布袋或纸袋，卡尺，电子天平，调查表，测高仪，枝剪，镐头，标签，铁锹，木锯，皮尺，塑料绳，罗盘，地形图，海拔表，高精度 GPS，醒目的标桩，带有编号的标牌，固定标牌的铁定或铁丝等。

2. 样地背景与生境描述

森林生态系统是以乔木为主体的生物群落（包括植物、动物和微生物）及其非生物环境（光、热、水、气、土壤等）综合组成的生态系统。森林生态系统分布在湿润或较湿润的地区，其主要特点是动物种类繁多，群落的结构复杂，种群的密度和群落的结构能够长期处于稳定的状态。

植物群落学研究中，样地生境描述是必不可少的。特别是野外调查不可缺少的基础资料。业务调查记录应当既简要又规范，便于识别和操作。首先对选定样地做一个总的描述，描述内容主要包括植被类型、植物群落名称。这些因子大多数可以通过直观的观察确定，如植被类型、植物群落名称、地貌地形、水分状况、人类活动、动物活动以及岩体特征等，通常只需要定性的描述即可。（注：根据《中国植被》中的中国植被类型简表确定植被类型，并参考地方植被志，并确定到植被亚型；根据植物群落建群种或优势种命名植物群落名称。）

3. 植物群落调查

（1）调查内容

1）物种调查。乔木层记录种名（中文名和拉丁名）。进行每木调查：测量胸径（实测，通常采用离地面 1.3 米处）和高度、冠幅（长、宽）、枝下高；每木调查起测径级为 1.3 米。基于每木调查数据，统计种数、优势种、优势种平均高度和密度。

灌木层记录种名（中文名和拉丁名），分种调查株数（丛数）、株高或丛平均高，并记录调查时所处的物候期。然后基于分种调查，按样方统计以下群落特征：种数、优势种、密度/多度。

草本层记录种名（中文名和拉丁名），分种调查株数、高度和生活型，并记录调查时所处的物候期；按样方统计种数、优势种、多度。

附（寄）生植物记录种名（中文名和拉丁名），分种调查多度、生活型、附（寄）主种类，藤本植物记录（中文名和拉丁名），分个体或分种调查基径。

2）分布。个体或种群经纬度及海拔高度。

3）习性。乔木、灌木、木质藤本，常绿或落叶。

4）数量。种群数量及大小、分布面积。

5）林分性质。起源、组成、林龄、生长情况等。

6）生境状况。分布区域相关的自然地理等环境因子。

7）植物学特征与生物学特征。形态特征、繁殖方式、花期、果期等。

8）用途。用材、水土保持、观赏、果树、药用等。

9）资源来源。野生、栽培、外来等。

10）经济林木的开发利用现状及资源流失现状。

11）受威胁现状及因素。

12）保护管理现状。保护等级、就地保护、迁地保护、未保护等。

（2）调查方法

调查工作要选择在大部分植物种类开花或结实阶段进行。同一个区域，应该在不同的季节开展调查（2次以上），尽可能地将该区域的林木种类及相关内容调查详尽。针对不同调查内容，采用相应的调查方法。

1）样线（带）调查。按照已有的路径或设定一定的线路，详细调查林木种类及相关信息。

2）样方调查。根据调查区域内植物群落分布状况，按不同海拔、坡向设置一定数量、面积的样方，在样方内详细调查森林物种、生产力及相关信息。

3）全查法。调查样地内森林物种、生产力及相关信息。

（3）标本采集与鉴定

在进行观察和研究时，必须准确鉴定并详细记录群落中所有植物种的中文名、拉丁名以及所有属的生活型。对不能当场鉴定的，一定要采集带有花或果的标本（或做好标记），以备在花果期鉴定。以下是植物种鉴定常用工具书：《中国植物志》、《中国高等植物图鉴》、《中国树木志》、《中国沙漠植物志》、地方植物志。

（4）多度的测定

多度是指某一植物种子群落中的数目。确定多度最常用的方法有两种，一为直接点数，二为目测估计。植物个体小而数量大时，如对草本和矮灌木常用目测估计法，对于乔木等大树多用直接点数。目测估计法是按预先确定的多度等级来估计单位面积上的个体数。

（5）密度

密度是单位面积上某植物种的个体数目，通常用计数方法测定。种群密度从某种程度上决定着种群的能流、种群内部生理压力的大小、种群的散布、种群的生产力及资源的可利用性。密度的测定只限于一定面积才能计算，因此密度通常用样方测定。这种测定与取样单位的大小无关，可以说是绝对的。但是密度是平均数，由于分布格局的差异，不同样方内的数字可能有很大的差异，所以样方大小和数目会影响调查结果。所以要合理确定样方面积和数量。

（6）盖度

植物盖度是只植物地上部分的垂直投影面积占样地面积的百分比。盖度是群落结构的一个重要指标，它不仅可以反映植物所有的水平空间的大小，还可以植物之间的相互关系。在一定程度上还是植物利用环境及影响环境程度的反映。盖度一般分为投影盖度和基盖度。投影盖度是植物枝叶所覆盖的土地面积，是通常所指的盖度概念。基盖度是指植物基部的盖度面积。投影盖度又可以分为种盖度（分盖度）、种组盖度（层盖度）和群落盖度（总盖度）。盖度通常用百分数表示，也可用等级来表示，主要有目测法、样线法和照相法三种测定方法。

（7）高度

植株高度指从地面到植物茎叶最高处的垂直高度。它是反映某种植物的生活型、生长情况以及竞争和适应能力的重要指标，也是反映植物地上生物产量的重要参数。高度可以实测也可以目测，一般乔木用目测，灌木和草本用实测法。

群落高度是指从地面到植物群落最高点的高度，它是反映植物群体高度的重要参数。对于多层次群落，在测量群落高度时要分层测定各层高度。测量时应多点测量，求平均值。

（8）频度

频度是指某一个种在一定地区内特定样方中出现的次数，用数值表示为全部调查样方中出现某种植物的样方百分率。群落中某一植物的频度对所有种的频度之和的百分比称为相对频度，某一植物种的频度占群落中频度最大物种的频度的百分比称为频度比。相对频度和频度比是衡量物种优势度的重要参数。

（9）生活型

植物生活型是植物对于综合生境条件长期适应而在外貌上反映出来的植物类型，其确定通常是根据更新芽距离地面的位置，可以简单的划分为乔木、灌木、半灌木、木质藤本、多年生草本、一年生草本、垫状植物等。

（10）生物量

森林乔木层生物量的测定普遍采用维度分析法，即通过测定植物的高度（或高度和胸径），利用事先建立的植物各部位（地上部分包括树干、枝条、叶片、花果、树皮；地下部分包括细根和粗跟）干重与植物高度直接的相关模型，计算每个植株各部位的干重。将各部位的干重相加得到整株植物的干重，把所有植株的干重相加，便得到整个样地乔木层植物的干重。

灌木层生物量的测定方法与乔木层基本一致。灌木一般只测定基部直径，而非胸径。

草本层生物量采用收割法测定。设置 10 个 2 m×2 m 样方，将样方中的植物地上部分按种剪下，称鲜重和干重，挖出地下部分，冲洗烘干称重。

（11）叶面积指数

叶面积指数是指一定投影面积上所有植物叶面积之和与投影面积的比值。它是反映植物群落生产力的重要参数。森林生态系统的叶面积指数测定 一般采用冠层分析仪法或称重法。

4．鸟类调查

（1）调查时间和频度

一年中在鸟类活动高峰期内选择数月进行观察，在每个观察月份中，确定数天进行连续观察，观察时段在鸟类活动的高峰期。

（2）调查方法

常用的方法有：路线统计法、样点统计法、样方法。观测工具包括标记木桩、带铃声自、计步器、望远镜和记录表等。

1）样带法（路线统计法）。根据监测区域的面积大小以及森林或生境的代表性，确定样带长度和宽度进行鸟类种类和数量的观察。如果行进路线为直线，限定统计线路左右两侧一定宽度（25 m 或 50 m），以一定速度（如 2 km/h）行进，记录所观察到的鸟种类和数量，则可以求出单位面积上遇见到的鸟数，是一个相对多度指标。通常，肉眼或合适倍数的望远镜观察，有条件的地方或者必要的情形下可用数码摄像机拍摄观察。采用样带法应注意以下两点：调查者的行进速度要一定，行进过程不间断，否则间断时间要扣除；统计时要避免重复统计，调查时由后向前飞的鸟不予统计，而由前向后飞的鸟要统计在内。

2）样点法（样点统计法）。根据地貌地形、海拔高度、植被类型等划分不同的生境类型。在每种生境或植被类型内选择若干统计点，在鸟类的活动高峰期，逐点对鸟以相同时间频度（一般 5～20 min）进行统计。也可以点为中心划出一定大小的样方（250 m×250 m），进行相同时间的统计。样点应随机选择，择点的距离要大于鸟鸣距离。

简化的样点统计法即"线-点"统计法。统计法一般先选定一条统计路线，隔一定距离，如 200 m，标出一统计样点，在鸟类活动高峰期逐点停留，记录鸟的种类和数量，但在行进路线上不做统计。这种方法只是统计鸟的相对多度，可以了解鸟类群落中各种鸟的相对多度及同一种鸟的种群季节变化。

3）样方法。适合于鸟类成对或群居生活的繁殖季节，统计鸟种群或群落。在观察区域内，每个垂直带设置 3～5 个一定面积大小（如 100 m×100 m）的样方，用木桩或 PVC 管做标记。之后，对样方内的鸟或鸟巢全部计数，并定期（隔天或隔周）进行复查。如果样方内植被稠密，能见度差，可以将样方分段进行统计。采用样带法应注意以下两点：为便于核查和下次复查，对样带、样点或者样方的调查线路、范围作用就标记，并按比例绘制反应植被、生境、鸟巢分布位置等的草图；记录其他说明资料，如周边建筑物、道路、河流、土地利用变化、自然灾害以及人为干扰等。

5．大型野生动物调查

（1）调查地点

大型兽、中型兽的调查均采用样线调查法，在所围样方的对角线上进行。

（2）调查工具

路线图、GPS、望远镜、木板夹、计步器、油性记号笔。

（3）调查内容与方法

1）大型兽种类调查。根据不同兽类的活动习性，分别在黄昏、中午、傍晚沿样线以一定速度前进，控制在每小时 2～3 km，统计和记录所遇到的动物、尸体、毛发及粪便，记录其距离样线的距离及数量，连续调查 3 天，整理分析后得到种类名录。

2）小型兽种类调查。每日傍晚沿每一样线布放置木板夹 50 个，间隔为 5 米，于次日检查捕获情况。对捕获动物揭破登记，统一样线连捕 2～3 天。不同森林生态系统类型根据调查和研究需要，通常将样地面积大小设置有所不同。热带森林样方通常面积为 40 m×40 m；亚热带森林样方为 30 m×40 m；温带森林样方面积为 20 m×30 m。样线的确定是配合样方进行的。在样方确定后，从样方的中心点向一组对角线的方向延伸约 1km 的长度。

注意事项：首先对大型兽类和鸟类进行调查，原因是其比较容易受其他调查的影响；其次是森林昆虫和小型兽类；调查完毕后应将布置在样方及其对角线延伸线上的所有夹板全部取回，以免发生意外；避免重复计数。

6. 昆虫调查

（1）调查地点

森林昆虫种类的调查是在样方中所确定的样线上进行。

（2）调查工具

黑光灯、昆虫网、采集伞、白布单、陷阱桶、毒瓶、三角纸袋、油性记号笔等。

（3）调查方法

根据昆虫的不同习性，采集不同的调查方法。

1）观察和搜索法。沿样线观察乔木活立木、倒木及枯死木以及灌木，树皮裂缝和粗糙皮下、树干内等，捕捉各种昆虫的成虫、幼虫、蛹、卵等。

2）网捕法。利用捕虫网捕捉会飞善跳的昆虫。

3）震落法。利用有些昆虫具有假死性的特点，突然猛击其寄主植物，使其落入网中。

4）诱捕法。利用昆虫的各种趋性捕捉昆虫的方法，又可分为灯光诱捕、食物诱捕等，可沿样线每隔一段距离防止不同的诱捕器具进行诱捕。沿着样线每隔 100 m 布放 1 个陷阱桶，共 10 个陷阱桶。

5）陷阱发。可捕捉蟋蟀、步甲等地面活动的种类，可沿样线放置 10 个陷阱桶，每天统计捕获到地上活动的昆虫及无脊椎动物。

附表 1　森林生态系统野外监测记录表

附表 1.1　乔木层每木调查记录表

样地名称：

群落郁闭度：　　　　　　　　　　　Ⅱ级样方面积：　　m×　　m

层高度：T_1　　 m, T_2　　 m, T_3　　 m

层盖度：T_1　　%, T_2　　%, T_3　　%

监测人：　　　　　　　　　　　　监测日期：　　年　　月　　日

天气状况：　　　　　　　　　　　水分状况：

树号	II级样方号	中文名	拉丁名	物候期	胸径/cm	高度/cm	枝下高/cm	冠幅/（m×m）	生活型	备注

附表 1.2 灌木层植物种类组成与种群特征调查记录表

样地名称：

层高度：S_1　　m，S_2　　m　　　　　　　层盖度：S_1　　%，S_2　　%

II 级样方面积：　　m×　　m　　　　　　　调查样方面积：　　m×　　m

监测人：　　　　　　　　　　　　　　　　监测日期：　　年　　月　　日

天气状况：　　　　　　　　　　　　　　　水分状况：

调查样方	II级样方号	种号	中文名	拉丁名	物候期	株（丛）数	多度	平均高度/cm	盖度/%	平均基径/cm	生活型	备注

附表 1.3 草本层植物种类组成与种群特征调查记录表

样地名称：

草本层高度：H　　m　　　　　　　　　　草本层盖度：H　　%

II 级样方面积：　　m×　　m　　　　　　　调查样方面积：　　m×　　m

监测人：　　　　　　　　　　　　　　　　监测日期：　　年　　月　　日

天气状况：　　　　　　　　　　　　　　　水分状况：

调查样方号	II级样方号	种号	中文名	拉丁名	物候期	株（丛）数	多度	平均高度/cm	盖度/%	生活型	备注

附表 1.4　层间附（寄）生植物种类组成调查记录表

样地名称：
Ⅱ级样方面积：　　m×　　m　　　　　调查样方面积：　　m×　　m
监测人：　　　　　　　　　　　　　　监测日期：　　年　　月　　日
天气状况：　　　　　　　　　　　　　水分状况：

序号	Ⅱ级样方	调查样方号	中文名	拉丁名	附（寄）主要种名	多度	生活型	物候期	备注

附表 1.5　层间藤本植物种类组成调查记录表

样地名称：
Ⅱ级样方面积：　　m×　　m　　　　　调查样方面积：　　m×　　m
监测人：　　　　　　　　　　　　　　监测日期：　　年　　月　　日
天气状况：　　　　　　　　　　　　　水分状况：

序号	Ⅱ级样方号	调查样方号	中文名	拉丁名	基径/cm	粗度/cm	估计长度/m	多度	生活型	物候期	备注

附表 1.6　鸟类调查记录表（样带法或路线统计法）

调查地点：
路线长：　　m　　　　　路线宽：　　m　　　　　行进速度：　　km/h
调查工具：
调查人：　　　　　　　调查日期：　　年　　月　　日
样地生境描述：
天气情况：

起始时间	中文名	拉丁名	遇见数量/只	调查人	备注

注：样地生境调查范围内的地形、坡向、土壤状况、湿度以及群落各个层次的物种盖度、组成比例、生长期等。

附表 1.7 鸟类调查记录表（样点法）

调查地点：

样点间隔距离：　　　m，或　　　样方大小：　　　m×　　　m

停留时间：　　　min

调查工具：

调查人：　　　　　　　　调查日期：　　　年　　　月　　　日

样地生境描述：

天气情况：

时间	样方（点）号	中文名	拉丁名	鸟数/只				备注
				样方（点）1	样方（点）2	样方（点）3	…	

注：样地生境调查范围内的地形、坡向、土壤状况、湿度以及群落各个层次的物种盖度、组成比例、生长期等。

附表 1.8 鸟类调查记录表（样方统计法）

调查地点：

样方大小：　　　m×　　　m　　　　调查工具：

调查人：　　　　　　　　调查日期：　　　年　　　月　　　日

样地生境描述：

天气情况：

时间	样方号	中文名	拉丁名	样方（点）1		样方（点）2		样方（点）3		…		备注
				鸟数	巢数	鸟数	巢数	鸟数	巢数	…	…	

注：样地生境调查范围内的地形、坡向、土壤状况、湿度以及群落各个层次的物种盖度、组成比例、生长期等。

附表 1.9　大型兽类调查记录表

样地名称：

样线长：　　　　m　　　　　　　　　　行进速度：　　　　km/h

调查工具：

调查人：　　　　　　　　　　　　　　调查日期：　　年　　月　　日

样地生境描述*：

天气情况：

时间	统计路线草图	物种名	观测目标**	数量	距离/m	角度	性别	老体	成体	幼体	备注

* 样地生境调查范围内的地形、坡向、土壤状况、湿度以及群落各个层次的物种盖度、组成比例、生长期等。

** 观测目标包括动物个体、尸体残骸、足迹、粪便、洞巢、鸣叫等。

附表 1.10　小型兽类调查记录表

样地名称：

样线长：　　　　m　　　　　　　　　　置夹数：　　　　个

置夹距离：　　　　m　　　　　　　　　检查时间间隔：　　　　h

调查人：　　　　　　　　　　　　　　调查日期：　　年　　月　　日

样地生境描述*：

天气情况：

时间	丢夹数	捕获总数	捕获物种数量			备注
			物种 A	物种 B	…	

注：样地生境调查范围内的地形、坡向、土壤状况、湿度以及群落各个层次的物种盖度、组成比例、生长期等。

附表 1.11　昆虫调查记录表

样地名称：

调查方法：　　　　　　　　调查工具：

调查人：　　　　　　　　　调查日期：　　年　　月　　日

样地生境描述*：

天气情况：

时间	样方号	物种名称	捕获数量	备注

注：样地生境调查范围内的地形、坡向、土壤状况、湿度以及群落各个层次的物种盖度、组成比例、生长期等。

二、草地生态系统野外监测与采样

1. 仪器与用具

样方框（1 m×1 m），钢卷尺，剪刀，电子天平，布袋或者纸袋，毛刷，天平，铅笔，记录表，油性记号笔等。

2. 样地背景与生境描述

对选定的草地生态系统样地做总体描述，内容包括植被类型、植物群落名称、群落主要层片的高度、地理位置（包括经度、纬度、海拔高度等）、地形地貌（包括坡向、坡位、坡度）、水分状况、利用方式（放牧、打草、无干扰）、利用强度、人类活动、动物活动、演替特征、土壤类型等，均可以通过直接观察确定，只需要定性描述即可。

3. 植物群落调查

（1）调查内容与方法。

草本层记录种名（中文名和拉丁名），分种调查株数、高度和生活型。并记录调查时所处的物候期；按样方统计种数、优势种、多度。

（2）植物种的鉴定。

在进行观察和研究时，必须准确鉴定并详细记录群落中所有植物种的中文名、拉丁名以及所有属的生活型。对不能当场鉴定的，一定要采集带有花或果的标本（或做好标记），以备在花果期鉴定。以下是植物种鉴定常用工具书：《中国植物志》、《中国高等植物图鉴》、《中国树木志》、《中国沙漠植物志》、地方植物志。

（3）多度。

参见森林生态系统野外监测与采样。

（4）密度。

参见森林生态系统野外监测与采样。

（5）盖度

参见森林生态系统野外监测与采样。

（6）高度

参见森林生态系统野外监测与采样。

（7）频度

参见森林生态系统野外监测与采样。

（8）生活型

参见森林生态系统野外监测与采样。

（9）生物量

地上生物量采用样方收获法测定。将样方内的植物齐地面剪下，装入袋中并编号，带回实验室分别称其鲜重和干重。

（10）叶面积指数

草地生态系统叶面积指数的测定一般采用方便准确的叶面积仪法，另外还有干重法和长宽系数法，相对简便实用。

4．鸟类调查

1）时间和频度。一年中在鸟类活动高峰期内选择数月进行观察，在每个观察月份中，确定数天进行连续观察，观察时段在鸟类活动的高峰期。

2）调查方法。常用的方法有：路线统计法、样点统计法、样方法。观测工具包括标记木桩、带铃声自、计步器、望远镜和记录表等。

样带法（路线统计法）是根据监测区域的面积大小以及生境的代表性，确定样带长度和宽度进行鸟类种类和数量的观察。如果行进路线为直线，限定统计线路左右两侧一定宽度（25 m 或 50 m），以一定速度（如 2 km/h）行进，记录所观察到的鸟种类和数量，则可以求出单位面积上遇见到的鸟数，是一个相对多度指标。通常，肉眼或合适倍数的望远镜观察，有条件的地方或者必要的情形下可用数码摄像机拍摄观察。

5．大型野生动物调查

1）调查地点。大型兽、中型兽的调查均采用样线调查法，在所围样方的对角线上进行。

2）调查工具。路线图、GPS、望远镜、木板夹、计步器、油性记号笔。

3）调查内容与方法

a．大型兽种类调查。根据不同兽类的活动习性，分别在黄昏、中午、傍晚沿样线以一定速度前进，控制在每小时 2～3 km，统计和记录所遇到的动物、尸体、毛发及粪便，记录其距离样线的距离及数量，连续调查 3 天，整理分析后得到种类名录。

b．小型兽种类调查。每日傍晚沿每一样线布放置木板夹 50 个，间隔为 5 米，于次日检查捕获情况。对捕获动物揭破登记，统一样线连捕 2～3 天。

注意事项：首先对大型兽类和鸟类进行调查，原因是其比较容易受其他调查的影响；其次是森林昆虫和小型兽类；调查完毕后应将不知足样方及其对角线延伸线上的所有夹板全部取回，以免发生意外；避免重复技术。

6. 昆虫调查

1）调查地点。昆虫种类的调查是在样方中所确定的样线上进行。

2）调查工具。黑光灯、昆虫网、采集伞、白布单、陷阱桶、毒瓶、三角纸袋、油性记号笔等。

3）调查方法。根据昆虫的不同习性，采集不同的调查方法。参见森林生态系统野外监测与采样。

附表2 草地生态系统野外监测记录表

附表2.1 草本层植物种类组成与种群特征调查记录表

样地名称：　　　　　　　　　　样方号：

群落高度/cm：　　　　　　　　样方面积：　　m×　　m

采样方法和采样工具：　　　　　群落盖度/%：

调查人：　　　　　　　　　　　调查日期：　　年　　月　　日

天气情况：

中文名	物候期	盖度/%	株（丛）数	多度	生活型	平均高/cm		备注
						叶层	生殖枝	

附表2.2 鸟类调查记录表（样带法或路线统计法）

调查地点：

路线长：　　m　　　　　路线宽：　　m　　　　　行进速度：　　km/h

调查工具：

调查人：　　　　　　调查日期：　　年　　月　　日

样地生境描述：

天气情况：

起始时间	中文名	拉丁名	遇见数量/只	调查人	备注

注：样地生境调查范围内的地形、坡向、土壤状况、湿度以及群落各个层次的物种盖度、组成比例、生长期等。

附表2.3　鸟类调查记录表（样点法）

调查地点：

样点间隔距离：　　　m，或　　　样方大小：　　　m×　　　m

停留时间：　　　min

调查工具：

调查人：　　　　　　　调查日期：　　年　　月　　日

样地生境描述：

天气情况：

时间	样方（点）号	中文名	拉丁名	鸟数/只				备注
				样方（点）1	样方（点）2	样方（点）3	…	

注：样地生境调查范围内的地形、坡向、土壤状况、湿度以及群落各个层次的物种盖度、组成比例、生长期等。

附表2.4　鸟类调查记录表（样方统计法）

调查地点：

样方大小：　　　m×　　　m　　　　　调查工具：

调查人：　　　　　　　调查日期：　　年　　月　　日

样地生境描述：

天气情况：

时间	样方号	中文名	拉丁名	样方（点）1		样方（点）2		样方（点）3		…		备注
				鸟数	巢数	鸟数	巢数	鸟数	巢数	…	…	

注：样地生境调查范围内的地形、坡向、土壤状况、湿度以及群落各个层次的物种盖度、组成比例、生长期等。

附表 2.5 大型兽类调查记录表

样地名称：

样线长： m   行进速度： km/h

调查工具：

调查人：   调查日期： 年 月 日

样地生境描述*：

天气情况：

时间	统计路线草图	物种名	观测目标**	数量	距离/m	角度	性别	老体	成体	幼体	备注

* 样地生境调查范围内的地形、坡向、土壤状况、湿度以及群落各个层次的物种盖度、组成比例、生长期等。

** 观测目标包括动物个体、尸体残骸、足迹、粪便、洞巢、鸣叫等。

附表 2.6 小型兽类调查记录表

样地名称：

样线长： m   置夹数： 个

置夹距离： m   检查时间间隔： h

调查人：   调查日期： 年 月 日

样地生境描述*：

天气情况：

时间	丢夹数	捕获总数	捕获物种数量			备注
			物种 A	物种 B	…	

注：样地生境调查范围内的地形、坡向、土壤状况、湿度以及群落各个层次的物种盖度、组成比例、生长期等。

附表 2.7　昆虫调查记录表

样地名称：

调查方法：　　　　　　　　　　　调查工具：

调查人：　　　　　　　　　　　　调查日期：　　年　　月　　日

样地生境描述*：

天气情况：

时间	样方号	物种名称	捕获数量	备注

注：样地生境调查范围内的地形、坡向、土壤状况、湿度以及群落各个层次的物种盖度、组成比例、生长期等。

三、荒漠生态系统野外监测与采样

1. 仪器与用具

样方框（1 m×1 m），钢卷尺，测绳，皮尺，剪刀，电子天平，布袋或者纸袋，毛刷，铅笔，记录表，油性记号笔等。

2. 样地背景与生境描述

对选定的荒漠生态系统样地做总体描述，内容包括植被类型、植物群落名称、群落主要层片的高度、地理位置（包括经度、纬度、海拔高度等）、地形地貌（包括坡向、坡位、坡度）、水分状况、人类活动、动物活动、演替特征、土壤类型等，均可以通过直接观察确定，只需要定性描述即可。

3. 植物群落调查

（1）调查内容与方法。

草本层记录种名（中文名和拉丁名），分种调查株数、高度和生活型。并记录调查时所处的物候期；按样方统计种数、优势种、多度。

（2）植物种的鉴定。

在进行观察和研究时，必须准确鉴定并详细记录群落中所有植物种的中文名、拉丁名以及所有属的生活型。对不能当场鉴定的，一定要采集带有花或果的标本（或做好标记），以备在花果期鉴定。以下是植物种鉴定常用工具书：《中国植物志》、《中国高等植物图鉴》、《中国树木志》、《中国沙漠植物志》、地方植物志。

（3）多度。

参见森林生态系统野外监测与采样。

（4）密度。

参见森林生态系统野外监测与采样。

（5）盖度

参见森林生态系统野外监测与采样。

（6）高度

参见森林生态系统野外监测与采样。

（7）频度

参见森林生态系统野外监测与采样。

（8）生活型

参见森林生态系统野外监测与采样。

（9）生物量

荒漠灌木一般种类较少，且生长低矮、分布密度较小，其生物量的测定可先统计样方内每种灌木的丛数，按照大小等级分为若干组，测定每个大小等级标准单丛的生物量，乘以丛数即可计算出样方内各种类灌木的生物量。

草本植物生物量的测定参加草地生态系统野外监测与采样。

（10）土壤有效种子库

在群落内随机设置 20 cm×20 cm 小样方 5～10 个，持刀沿框四边切入土壤，每 4 cm 为一层，分 5 层取样。采用过筛法和发芽试验法从土壤中分离种子，分类计数进而计算单位面积土壤种子库种子数量。

4．鸟类调查

参见草地生态系统野外监测与采样。

5．大型野生动物调查

参见草地生态系统野外监测与采样。

6．昆虫调查

参见草地生态系统野外监测与采样。

附表3　荒漠生态系统调查记录表

附表 3.1　乔木层每木调查记录表

样地名称：

群落郁闭度：　　　　　　　　　　　Ⅱ级样方面积：　　m×　　m

层高度：T1　　m，T2　　m，T3　　m

层盖度：T1　　%，T2　　%，T3　　%

监测人：　　　　　　　　　　　　　监测日期：　　年　　月　　日

天气状况：　　　　　　　　　　　　水分状况：

树号	II级样方号	中文名	拉丁名	物候期	胸径/cm	高度/cm	枝下高/cm	冠幅/（m×m）	生活型	备注

附表 3.2　灌木层植物种类组成与种群特征调查记录表

样地名称：

层高度：S1　　　m，S2　　　m　　　　　　　层盖度：S1　　　%，S2　　　%

II 级样方面积：　　m×　　m　　　　　　　　调查样方面积：　　m×　　m

监测人：　　　　　　　　　　　　　　　　　监测日期：　　年　　月　　日

天气状况：　　　　　　　　　　　　　　　　水分状况：

调查样方	II级样方号	种号	中文名	拉丁名	物候期	株（丛）数	多度	平均高度/cm	盖度/%	平均基径/cm	生活型	备注

附表 3.3　草本层植物种类组成与种群特征调查记录表

样地名称：

草本层高度：H　　　m　　　　　　　　　　草本层盖度：H　　　%

II 级样方面积：　　m×　　m　　　　　　　　调查样方面积：　　m×　　m

监测人：　　　　　　　　　　　　　　　　　监测日期：　　年　　月　　日

天气状况：　　　　　　　　　　　　　　　　水分状况：

调查样方号	II级样方号	种号	中文名	拉丁名	物候期	株（丛）数	多度	平均高度/cm	盖度/%	生活型	备注

附表 3.4　一年生植物种类调查记录表

样地名称：

样方面积：　　m ×　　　m

调查人：　　　　　　　　　　　　　　调查日期：　　年　　月　　日

样地生境描述：

天气情况：

调查样方号	中文名	拉丁名	物候期	株（丛）数	多度	平均高度/cm	盖度/%	生活型	备注

附表 3.5　短命植物种类调查记录表

样地名称：

样方面积：　　m ×　　　m　　　　　　　　调查频率：

调查工具：

调查人：　　　　　　　　　　　　　　调查日期：　　年　　月　　日

样地生境描述：

天气情况：

调查日期	中文名	拉丁名	盖度/%	密度/（株或丛/m²）	冠层高度/cm	备注

附表 3.6　鸟类调查记录表（样带法或路线统计法）

调查地点：

路线长：　　m　　　　　　路线宽：　　　m　　　　　　行进速度：　　　km/h

调查工具：

调查人：　　　　　　　　　　调查日期：　　年　　月　　日

样地生境描述：

天气情况：

起始时间	中文名	拉丁名	遇见数量/只	调查人	备注

注：样地生境调查范围内的地形、坡向、土壤状况、湿度以及群落各个层次的物种盖度、组成比例、生长期等。

附表 3.7　鸟类调查记录表（样点法）

调查地点：

样点间隔距离：　　　m，或　　　样方大小：　　　m×　　　m

停留时间：　　　min

调查工具：

调查人：　　　　　调查日期：　　年　　月　　日

样地生境描述：

天气情况：

时间	样方（点）号	中文名	拉丁名	鸟数/只				备注
				样方（点）1	样方（点）2	样方（点）3	…	

注：样地生境调查范围内的地形、坡向、土壤状况、湿度以及群落各个层次的物种盖度、组成比例、生长期等。

附表 3.8　鸟类调查记录表（样方统计法）

调查地点：

样方大小：　　　m×　　　m　　　调查工具：

调查人：　　　　　调查日期：　　年　　月　　日

样地生境描述：

天气情况：

时间	样方号	中文名	拉丁名	样方（点）1		样方（点）2		样方（点）3		...		备注
				鸟数	巢数	鸟数	巢数	鸟数	巢数	...	...	

注：样地生境调查范围内的地形、坡向、土壤状况、湿度以及群落各个层次的物种盖度、组成比例、生长期等。

附表 3.9　大型兽类调查记录表

样地名称：

样线长：　　　m　　　　　　　　　　　行进速度：　　　km/h

调查工具：

调查人：　　　　　　　　　　　　　　调查日期：　　年　　月　　日

样地生境描述*：

天气情况：

时间	统计路线草图	物种名	观测目标**	数量	距离/m	角度	性别	老体	成体	幼体	备注

* 样地生境调查范围内的地形、坡向、土壤状况、湿度以及群落各个层次的物种盖度、组成比例、生长期等。

** 观测目标包括动物个体、尸体残骸、足迹、粪便、洞巢、鸣叫等。

附表 3.10　小型兽类调查记录表

样地名称：

样线长：　　　m　　　　　　　　　　　置夹数：　　　个

置夹距离：　　　m　　　　　　　　　　检查时间间隔：　　　h

调查人：　　　　　　　　　　　　　　调查日期：　　年　　月　　日

样地生境描述*：

天气情况：

时间	丢夹数	捕获总数	捕获物种数量			备注
			物种 A	物种 B	...	

注：样地生境调查范围内的地形、坡向、土壤状况、湿度以及群落各个层次的物种盖度、组成比例、生长期等。

附表 3.11　昆虫调查记录表

样地名称：

调查方法：　　　　　　　　　　调查工具：

调查人：　　　　　　　　　　　调查日期：　　年　　月　　日

样地生境描述*：

天气情况：

时间	样方号	物种名称	捕获数量	备注

注：样地生境调查范围内的地形、坡向、土壤状况、湿度以及群落各个层次的物种盖度、组成比例、生长期等。

四、湿地生态系统野外监测与采样

1. 仪器与用具

样方框（1 m×1 m）、钢卷尺、剪刀、电子天平、布袋或纸袋、调查表、油性记号笔。

2. 水生动植物调查

（1）浮游植物种类组成与现存量

在获得的浓缩样品中取部分子样品，并通过显微镜计数获得其中浮游植物数量后再乘以相应的倍数获得单位体积中浮游植物数量（丰度）。再根据生物体近似几何图形测量长、宽、厚，并通过求积公式计算出生物体积，假定其密度为 1 则获得生物量。

（2）大型水生植物种类组成与现存量

在水体中选取垂直于等深线的断面，在断面上设样点，作为小样本，用带网铁铗进行定量采集，共选取若干断面，由样本结果推断总体。

（3）浮游动物种类组成与现存量

在淡水水域中浮游动物主要由原生动物、轮虫、枝角类和桡足类四大类水生无脊椎动物组成，监测方法与浮游植物监测方法基本相同。

（4）底栖动物种类组成与现存量

在水体中选择有代表性的点位用采泥器进行采集作为小样本，由若干小样本连成的若干断面为大样本，然后由大样本推断总体。底栖动物采样点的设置要尽可能与水的理化分析采样点一致以便于数据的分析比较。

（5）游泳动物

鱼类样品的采集一般采用捕捞和收集渔民的渔获物相结合的方法。按照鱼类分类学方法鉴定样品种类。

3. 陆生动植物调查

野生动物调查时间应选择在动物活动较为频繁、易于观察的时间段内。水鸟数量调查分繁殖季节和越冬季节两次进行。繁殖季一般为每年的 5-6 月，越冬季为 12 月至翌年 2 月。各地应根据本地的物候特点确定最佳调查时间，其原则是：调查时间应选择调查区域内的水鸟种类和数量均保持相对稳定的时期；调查应在较短时间内完成，一般同一天内数据可以认为没有重复计算，面积较大区域可以采用分组方法在同一时间范围内开展调查，以减少重复记录。两栖和爬行类调查季节为夏季和秋季入蛰前。

湿地野生动物野外调查方法分为常规调查和专项调查。常规调查是指适合于大部分调查种类的直接技术法、样方调查法、样带调查法和样线调查法，对于分布区域狭窄而集中、习性特殊、数量稀少，难于用常规调查方法调查的种类，应进行专项调查。

A. 水鸟调查：水鸟数量调查采用直接计数法和样方法，在同一个湿地区中同步调查。

直接计数法：调查时以步行为主，在比较开阔、生境均匀的大范围区域可借助汽车、船只进行调查，有条件的地方还可以开展航调。

样方法：通过随机取样来估计水鸟种群的数量。在群体繁殖密度很高的或难于进行直接计数的地区可采用此方法。样方大小一般不小于 50 m×50 m，同一调查区域样方数量应不低于 8 个，调查强度不低于 1%。

B. 两栖、爬行动物调查：两栖、爬行动物以种类调查为主，可采用野外踏查、走访和利用近期的野生动物调查资料相结合的方法，记录到种或亚种。依据看到的动物实体或痕迹进行估测，在调查现场换算成个体数量。野外调查可采用样方法。样方尽可能设置为方形、圆形或矩形等规则几何图形，样方面积不小于 100 m×100 m。

C. 兽类调查：以种类调查为主，可采用野外踏查、走访和利用近期的野生动物调查资料相结合的方法，记录到种或亚种。依据看到的动物实体或痕迹进行估测，在调查现场换算成个体数量。宜采用样带调查法和样方法，样带长度不小于 2 000 m，单侧宽度不低于 100 m；样方大小一般不小于 50 m×50 m。

D. 样地植物群落调查：调查对象主要包括 4 大类型，分别为被子植物、裸子植物、蕨类植物和苔藓植物。

a. 乔木植物：样方面积为 400 m^2（20 m×20 m）。

b. 灌木植物：平均高度≥3 m 的样方面积为 16 m^2，平均高度在 1～3 m 之间的样方面积为 4 m^2，平均高度<1 m 的样方面积为 1 m^2。

c. 草本植物：平均高度≥2 m 的样方面积 4 m^2，平均高度在 1～2 m 之间的样方面积为 1 m^2，平均高度<1 m 的样方面积为 0.25 m^2。

d. 苔藓植物：样方面积为 0.25 m^2 或者 0.04 m^2。

附表4 湿地生态系统监测记录表

附表4.1 重点调查湿地鸟类调查记录表

湿地名称： 　调查地点： 　地理坐标： N　E

海　拔： m 调查日期： 　调查起止时间：

天气状况： 　调查人： 第　页，共　页

中文名	数量	小生境类型	备注

附表4.2 重点调查湿地兽类野外调查记录表

湿地名称： 　调查地点： 　地理坐标： N　E

海　拔： m 调查日期： 　调查起止时间：

天气状况： 　调查方法： 　调查人： 第　页，共　页

中文名	观察物		数量（推算数量）	小生境	备注
	实体	痕迹			

附表4.3 重点调查湿地鱼类两栖爬行动物样方调查记录表

湿地名称： 　调查地点： 　地理坐标： N　E

调查日期： 　调查起止时间： 　天气状况：

样方编号： 样方大小： 　调查人： 第　页，共　页

中文名	数量	小生境	备注

附表 4.4　重点调查湿地植物群落典型调查（乔木层或灌木层）

调查日期：　　　　　　调查员：　　　　　　记录者：

编号：　　　　　　　　省市县（保护区）：

湿地名称：　　　　　　湿地型：

第　调查单元	群落类型：			
生态梯度因子（有或无）：	等级（高、中或低）：		第　样方	
主林层（乔木层或灌木层）：				
经度：	纬度：	海拔：	坡向：	坡位：	坡度：
积水状况：	矿化度：	土壤状况：		
腐殖质层厚度：				
主林层主要物候特征				
开花期：	结实期：	最高生物量时期：		
生活史（一、二或多年生）：	生活力（强、中、弱）：			
乔木层或灌木层				
样方面积：	郁闭度：			
序号	植物名称	平均冠幅	平均高度	平均胸径	株数

附表 4.5　重点调查湿地植物群落典型调查（草本、蕨类层或蕨类层）

调查日期：　　　　　　调查员：　　　　　　记录者：

编号：　　　　　　　　省市县（保护区）：

湿地名称：　　　　　　湿地型：

第　调查单元	群落类型：			
生态梯度因子：	等级（高、中、低）：		第　样方	
主林层（草本层、蕨类或苔藓层）：				
经度：	纬度：	海拔：	坡向：	坡位：	坡度：
积水状况：	矿化度：	土壤状况：		
腐殖质层厚度：				
主林层主要物候特征：				
开花期：	结实期：	最高生物量时期：		
生活史（一、二或多年生）：	生活力（强、中、弱）：			
草本层、蕨类层或苔藓层				
样方面积：				
序号	植物名称	平均盖度	平均高度	株数

第四节　质量保证与质量控制

一、生物要素监测的质量保证与质量控制

生物要素监测中，质量控制是一个连续的过程，应当包括程序的所有方面，从采样点位设置与管理、野外样品采集及保存到生境评价、实验室处理及数据记录，野外确认应当在选择的点位完成，包括从原始采样点位邻近的点位采集重复样品。邻近位点的生境及胁迫因子应当与原始位点相似。采样 QC 数据应当在第一年采样之后进行评估，以便确定合格的可变性水平以及适当的重复频率。

1. 监测点位的布设

在生态环境监测中，监测点位的布设应遵循尺度范围原则、信息量原则和经济性、代表性、可控性及不断优化的原则。在空间尺度上，应能覆盖研究对象的范围，不遗漏关键点位，能反映所在区域生态环境的特性；在时间尺度上，应能满足研究工作的需要，符合生态环境的变化规律；尽可能以最少的点位\断面获取有足够代表性的环境信息；还应考虑实际采样时的可行性和方便性。具体措施如下：

（1）生物监测采样点的布设应尽量与环境要素采样点位/断面一致。

（2）有历史数据的监测点位还应设点以与历史数据相比较。

（3）在研究对象的周边相似区域设置对照点。

（4）监测点位或监测带的监测项目应视工作需要设置，尽可能包括更多的生物要素，以对监测对象生态环境有更全面的了解。

（5）采样点位一经确定，不得随意改动。应建立采样点管理档案，内容包括采样点性质、名称、位置、编号、历史监测项目等。

2. 样品的采集与保存

生物样品的野外采集必须由合格的/经过培训的采样人员完成，并有专业分类学者随行。采样人员必须按照规范的采样方法采集样品，及时添加样品保护剂，分类保存；分类学者必须熟悉生物监测要素的样品特性，能对需要特别保存的生物标本进行处理，此外还需熟悉地方性和区域性种类区系。

采样时应填写完整的采样记录，记录应包括以下内容：采样点名称、位置、编号、点位性质、采样时间、天气情况、采样人、采样点环境状况、采样方法、采集要素、采样工具型号及规格、采样量、现场监测内容、必要的标本保存记录和照片等。

为防止采样过程及采样记录出现问题，应由以下措施：

（1）每次野外工作，要求至少有 2 位合格的/经过培训的采样人员，至少有 1 位有经验/经过培训的分类学者参与。

（2）选择保存的标本，那些不易在野外鉴定的标本，应保存并带回实验室，由另一位合格的分类学者进行实验室核查及/或检查。标本应按正确的方法固定、标记。如有必要，样品固定后开始填写保管链报表，必须包含与样品瓶标签相同的信息。

（3）必须保证所有野外设备处于良好的运行状态，制定常规检查、维护及/或校准的计划，以确保野外数据的一致性和质量。野外数据必须完整、清晰，应当录入标准的野外数据表。

（4）野外作业时，野外监测团队应当携带足够所有预期采样点位使用的标准数据表和保管链表格复印件，以及所有适用的标准操作规程。

（5）野外样品必须采集一定数量的平行样品。

（6）需带回实验室分析的样品必须妥善保管，确保样品不丢失、不破损、也不在运输途中受到污染，迅速、准确、无误的将样品与采样记录一并带回实验室，需进行活体观察的样品需尽快监测，如需保存，应保证样品存活。

（7）样品移交实验室时，交接双方应一一核对样品，并在样品流转记录表上签字。

3．实验室分析质控程序

在取得了有代表性的样品后，样品分析数据的准确性与精密性，取决于实验室的分析工作。首先必须采用准确可靠的分析方法，实验室内部与实验室间应采用统一的分析方法，以减少因不同分析方法带来的数据可比性的损失。

对生物监测实验室分析仪器、分析人员、试剂、水、分析环境的基本要求参考实验室资质认定方法和实验室质量保证与质量控制方法。对湿地生态系统进行生物监测，实验室分析的质量保证和质量控制有以下特殊要求：

（1）样品分析应由具备相应监测资质的实验人员进行，并抽取一定比例样品由另外监测人员比对分析结果。

（2）每个计数样品需分析两次，两次计数结果相对偏差应小于15%，否则应进行第三次计数。

（3）优势种或地区新纪录种应尽量鉴定至最低分类阶元，保存标本，并拍摄照片保存。

（4）无法识别的标本、新种及地区新纪录种应请相关专家协助鉴定并保留代表性凭证标本。

（5）野外鉴定的每个物种，都应当用另一个标本瓶保留子样品。凭证标本必须按照正确方法固定、标记，并保存于实验室，留待以后参考。

（6）凭证标本应当由另一位具备相应监测资质的实验人员进行核查。将"已查验"的字样和查验鉴定结果的分类学者的姓名，添加在每个凭证标本的标签上。实验室送至分类学专家处的标本，应当记录在"分类查验记录本"，注明标签信息和送出日期。标本返回时，接收日期及查验结果以及查验人员的姓名，也应记录在记录本上。

（7）完成处理的样品可以在"样品登记"记录本上跟踪信息，以便跟踪每个样品的进展情况。每完成一步，及时更新样品登记日志。

（8）分类学文献资料库、图谱库、样品标本库是辅助标本鉴定的必备材料，应当保存在实验室。

4．数据处理及记录

生物要素分析结果的数据统计处理要求参考实验室资质认定方法和实验室质量保证与质量控制方法。另外，对数据统计及处理的质量保证和质量控制有以下特殊要求：

（1）生物监测中涉及的相关指数计算方法应一致。

（2）指数计算过程中参考的相关资料应适用于当地生态系统状况，并与历史数据及实验室间有可比性。

二、环境要素监测的质量保证与质量控制

1．土壤指标

土壤环境质量监测的质量保证与质量控制应符合《全国土壤污染状况调查点位布设技术规定》、《全国土壤污染状况调查土壤样品采集（保存）技术规定》、《全国土壤污染状况调查样品分析测试技术规定》、《全国土壤污染状况调查质量保证规定》、《全国土壤污染状况评价技术规定》、《全国土壤污染调查数据录入技术规定》的要求。

2．气象指标

气象指标的质量保证与质量控制按气象部门的要求执行。

3．水质指标

地表水水质监测的质量保证与质量控制应符合《环境监测技术规范第一册地表水和废水部分》、《地表水和污水监测技术规范》（HJ/T 91—2002）、《地表水环境质量标准》（GB 3838—2002）的要求。

4．空气指标

环境空气质量监测的质量保证与质量控制应符合《环境空气质量监测规范》（试行）、《环境空气质量自动监测技术规范》（HJ/T 193—2005）、《环境空气质量标准》（GB 3095—2012）的要求。

第四章　生态环境评价技术方法

第一节　生态环境评价流程

生态环境由于自身的复杂性及区域差异性，同时由于不同人的认识或关注角度的不同，导致生态环境评价难以建立被广泛认可的评价模型或标准。但是开展生态环境评价存在一般的流程，即需要经过哪些过程或步骤，才能完成一个生态环境评价过程。首先是确定评价对象或评价目标。生态环境评价不是为了评价而评价，必须有具体的评估对象（例如针对某个生态系统的评估）或出发点，比如评估生态环境质量、生态系统的健康状况、稳定性、服务功能、承载力等。其次是筛选评价指标。评价对象或目标确定后，需要建立评价指标体系，筛选合适的指标用以表征评价对象或目标，同时搜集评价指标所需的数据。再次是建立评价方法。在评价指标基础上，需要建立生态环境评价方法或模型，最后是评价方法应用分析。评价方法建立以后，要开展应用分析，研究评价方法的不足之处及局限性并改进方法。

本章重点介绍生态环境评价的指标筛选和评价模型构建方法，对于生态环境评价来说，这两方面是最为核心和关键的内容，直接决定和影响了评价结果对区域生态环境定量表征的准确性和可靠性。

一、评价对象或目标识别

评价者在评价工作开始前须进行仔细分析研究，对拟开展评价的整个过程要有一个整体的思路和框架，其中最为关键的是确定评价区域和评价目的，这是开展生态环境评价的前提条件。

二、评价指标筛选

1. 指标筛选原则

生态环境是个复杂的系统，表征指标多而杂，因此选择合适的评价指标用于生态环境评价非常重要。评价指标筛选一般遵循以下主要原则。

（1）科学性原则

所筛选的评价指标均应具有确切的科学含义，能够表征生态环境的本质特征及变化状况。

（2）代表性原则

由于生态环境的组成要素众多且它们之间的相互关系及作用过程和作用方式都比较复杂，因此在选择评价指标时，应筛选最具有代表性、最能直接反映生态环境主要特征或与评价目的直接相关的代表性指标。

（3）可操作性原则

评价指标应具有简洁、方便、实用的特点，指标要简单明了，数量要尽可能地少；同时指标数据在当前技术条件下能够获取，而且数据获取过程比较经济，不需耗费大量的人力、财力。评价指标的可操作性直接决定了一个评价方法的适用范围及生命力。

（4）综合性原则

生态环境是自然、生物和社会构成的复合系统，各组成因子之间相互联系、相互制约，每一个状态或过程都是各种因素共同作用的结果，因此，评价指标体系中每个指标都应是反映本质特征的综合信息因子，能反映生态环境的整体性和综合性特征。

2. 指标筛选方法

科学、合理的指标体系直接关系到评估结果的准确性和可靠性，因此，评价指标的筛选是生态环境评价中非常重要的环节，同时要求评估者对指标体系有深刻的认识和多方面的知识积累。目前频度分析法和专家咨询法两种方法比较常见。

（1）频度分析法

频度分析法也称作文献分析法，一般根据具体的评价对象或评价目的，搜集国内外公开发表或出版的相关度较高的研究论文、书籍等文献资料，对使用的各评价指标进行统计分析，最终筛选使用频度较高和代表性较强的指标作为评价指标。

（2）专家咨询法

专家咨询法是根据具体的评价对象或评价目的，咨询国内相关领域一定数量的专家，各专家从各自的视角提出对指标类型及重要性的看法，综合各专家咨询意见，确定指标体系。为了使得专家咨询意见更为集中，在咨询前，一般提供一个评价指标初集，该指标集包涵的指标类型、数量都比较多且全面，专家在指标初集的基础上根据经验知识筛选出认为比较重要的关键的指标，然后综合专家意见确定指标体系。

一般情况下，在指标体系筛选过程中，为了使得指标体系更具科学性、合理性和可操作性，往往上述两种方法综合使用，首先使用频度分析法，确定指标筛选范围；再采取专家咨询法，确定具体的评价指标。

三、评价方法构建

生态环境评价方法的建立过程包括评价指标数据的标准化、评价指标赋权、评价模型构建及评价标准确定四个步骤。

1. 评价指标数据的标准化

评价指标的数据在量纲、数值大小以及指标性质等方面存在差异，为了消除这些差异对评价结果造成的影响，因此，在评价之前需要对评价指标进行标准化处理，通过一定的数学变换将评价指标数据处理为处于同一值域范围内（如 $0\sim1$ 或 $0\sim100$ 之间）的无量纲数据，该过程也称作数据归一化处理。

数据标准化是统计学的基本方法，常见的标准化方法主要有两类：线性标准化和非线性标准化。

（1）线性标准化方法

线性标准化依据线性变换原理，包括三种类型：极大值标准化、极差标准化、和值标准化。同时，根据指标性质分为正向指标（也称效益型指标）和负向指标（也称成本型指标），分别采取不同的标准化形式。

① 正向指标的线性标准化方法：

极大值标准化：
$$X_i = \frac{x_i}{\max(x_i)} \tag{4-1}$$

极差标准化：
$$X_i = \frac{x_i - \min(x_i)}{\max(x_i) - \min(x_i)} \tag{4-2}$$

和值标准化：
$$X_i = \frac{x_i}{\sum_{i=1}^{n} x_i} \tag{4-3}$$

② 负向指标的线性标准化方法：

极大值标准化：
$$X_i = 1 - \frac{x_i}{\max(x_i)} \tag{4-4}$$

极差标准化：
$$X_i = \frac{\max(x_i) - x_i}{\max(x_i) - \min(x_i)} \tag{4-5}$$

式中：X_i —— 标准化后的值；

x_i —— 指标的原始值。

（2）非线性标准化方法

① 正向指标的非线性标准化方法：

偏差法：
$$X_i = \frac{x_i - \mu}{\sigma} \tag{4-6}$$

式中：μ —— x_i 的平均值；

σ —— 标准差。

比重法：
$$X_i = \frac{x_i}{\sqrt{\sum_{i=1}^{n} (x_i)^2}} \tag{4-7}$$

② 负向指标的非线性标准化方法：

偏差法：
$$X_i = \frac{1}{x_i}$$

比重法：
$$X_i = \frac{\min(x_i)}{x_i}$$

评价指标标准化方法对评价结果的影响比较大，在应用中，需要根据实际情况来确定采用哪种标准化方法。一般来说，数据标准化要遵循两个原则，一是经过标准化处理后，指标数据的相对差距保持不变，若标准化后指标数据的相对差距发生改变，必然会影响评价结果的准确性；二是标准化后的数据应该有确定的极大值（通常为 1 或 100），这样便于数据之间的比较。在线性标准化和非线性标准化两类方法中，线性标准化方法中的极大值标准化和极差标准化两个方法能够同时满足上述两条原则，因此，这两种标准化方法在实际应用中使用频率比较高。但是极差标准化方法的最小值为定值 0，在评价中可能会出现这样的情况，即某个对象的所有指标数据都最小，排在末位，那么极差标准化后指标数据全部为 0，最终评价结果可能也为 0，而极大值标准化方法不会出现这种现象。

2．评价指标赋权

在生态环境评价中，评价指标权重是影响评价结果的重要因素之一。目前，评价指标权重确定方法很多，大体上可以分为两类，即主观赋权法和客观赋权法，主观赋权法主要依据专家经验知识或在此基础上采用一定的数学方法获得评价指标的权重，常见的方法有层次分析法、德尔菲法、直接赋权法等；客观赋权法通常在评价指标数据的基础上，采用数学变换方法获得指标的权重过程，常见方法有主成分分析法、信息熵等。

（1）层次分析法赋权

层次分析法（Analytic Hierarchy Process，AHP）是美国匹兹堡大学的运筹学家 T.L.Saaty 教授于 20 世纪七十年代创立的一种多准则决策方法。该方法把复杂的决策问题表示为一个有序的递阶层次结构，通过比较判断不同指标在不同准则及总准则之下的相对重要性量度，从而对指标的重要性进行排序。

该方法是一种定性与定量相结合的方法，分为 4 个步骤。

① 建立层次结构

根据对问题的研究，将其分解为不同的元素并按各元素之间的相互影响和作用以不同的层次将所有元素进行分类，每一类作为一个层次，按照最高层、若干中间层和最低层的形式排列，标明上下层元素之间的联系，从而形成一个多层次的结构。

② 构造判断矩阵

评价指标间通过两两重要性程度之比的形式表示出两个方案的相应重要性程度等级。在某一准则下，对其下的各指标两两对比，并按其重要性程度评定等级，然后按两两比较结果构成的矩阵称作判断矩阵。一般采用 9 个重要性等级的度量方法，在评价指标的两两对比中，若二者同等重要，则赋值 1；若一个比另一个稍微重要，则赋值 3；若一个比另一个较强重要，则赋值 5；若一个比另一个强烈重要，则赋值 7；若一个比另一个极端重要，则赋值 9；若在上述两个标准之间折中时，则赋值 2、4、6、8。

③ 层次单排序及其一致性检验

根据判断矩阵计算本层次对上一层次某一元素有联系的元素的相对重要性的排序权重值，称之为层次单排序。

同时，对于判断矩阵需要判断其一致性，通过计算一致性指数 CI 和一致性比值 CR 实现，如果 CR<0.10，则说明判断矩阵具有满意的一致性，否则需要重新调整判断矩阵，直至具有满意的一致性为止。

④ 层次总排序

对单层元素排序结果进行归纳、计算和总结，最后得到针对目标层所有元素的重要性权值。

（2）主成分分析法赋权

主成分分析（Principal Components Analysis，PCA）也称主分量分析，是利用降维的思想，在损失很少信息的前提下把多个指标转化为几个综合指标的多元统计方法，通常把转化生成的综合指标称之为主成分。在生成的各个主成分中，每个主成分是原始变量的线性组合，且各个主成分之间互不相关。

在多指标评价中，该方法可用于计算评价指标的权重系数，主要步骤如下。

① 指标数据的标准化

采用合适的标准化方法对评价指标的原始数据进行标准化处理，形成标准化后的评价指标数据，一般以矩阵形式表示。

② 对数据矩阵进行主成分变换，获得每个主成分的特征根和特征向量

假设有 n 个评价指标，经主成分变换后，可求的 n 个主成分，以及 n 个特征根 λ_i（$i=1$，2，$\cdots$，n）和特征向量 L_i（$L_i=l_1$，l_2，$\cdots$，l_n）。

③ 求累积方差贡献率，确定主成分个数

经过主成分变换后，生成的主成分个数等于原始的指标个数。主成分分析目的是通过尽量少的主成分代替原来的多指标信息。一般以主成分的方差累积贡献率来确定选用的主成分个数，当 k 个主成分的方差累积贡献率超过 85%时，则认为这 k 个主成分已经完全能够代替原数据的信息量。这 k 个主成分表示为：

$$
\begin{aligned}
F_1 &= a_{11}X_1 + a_{21}X_2 + \cdots + a_{n1}X_n \\
F_2 &= a_{12}X_1 + a_{22}X_2 + \cdots + a_{n2}X_n \\
&\ \ \vdots \\
F_k &= a_{1k}X_1 + a_{2k}X_2 + \cdots + a_{nk}X_n
\end{aligned}
\tag{4-8}
$$

式中：a_{ij}——第 i 个指标在第 j 个主成分中的系数，即第 i 个指标对第 j 个主成分的贡献，它与该主成分对应方差的贡献率 S_j 组合即可获得第 i 个指标的权重值。

$$
W_i = \sum_{j=1}^{k} \left| a_{ij} \right| \cdot S_j
\tag{4-9}
$$

④ 对指标权重值进行归一化处理，即可获得每个评价指标的权重

$$
W_i' = \frac{W_i}{\sum\limits_{i=1}^{n} W_i}
\tag{4-10}
$$

（3）德尔菲法

德尔菲法（Delphi Method）也称作专家调查法，是 20 世纪 60 年代由美国兰德公司首先用于预测领域。该方法采用匿名发表意见的方式，专家之间互相不联系，只能与调查人员联系，通过多次调查专家对问卷所提问题的看法，经过反复征询、归纳、修改，最后汇总成专家一致的看法，作为预测的结果。

德尔菲法可用于生态环境评价指标权重确定，针对评价目标，筛选确定评价指标体系，同时确定咨询专家，一般选择相关领域内有学科代表性的权威专家，人数在 8~20 人左右为宜；专家接到相关材料后，根据评价目标确定每个评价指标对生态环境影响的重要性，

并对评价指标进行排序及赋权；调查者收到专家的反馈信息，并进行归纳整理，对于分歧较大的评价指标，分别说明排序依据和理由（根据专家意见，但不注明哪个专家的意见），然后再咨询专家。一般经过三轮或四轮反复，专家意见基本达到一致。

（4）直接赋权法

这种方法是根据研究者的直觉判断，直接分配给每一个评价指标以重要性程度量值的一种定权方法。在分配权重时，采用比例的方式，假设有 n 个评价指标，其权重比值表示为：$r_1 : r_2 : r_3 : r_4 : r_5 : \cdots : r_n$；在此基础上，计算每个评价指标的相对比例系数，即为权重：

$$w_i = \frac{r_i}{\sum_{i=1}^{n} r_i} \tag{4-11}$$

例如，一个生态环境评价案例中，评价指标由"环境质量"、"生态状况"、"人口压力"、"污染物排放负荷"四个指标构成。研究者凭直觉认为它们在整个评价体系中的重要性程度的比值关系为：1∶3∶4∶2，则四个指标的相对权重为：0.1、0.3、0.4 和 0.2。

直接赋权法优点是简便，缺点是随意性比较大，比较适用于评价指标比较少的情形。如果评价指标比较多，研究者对指标间重要性的比较能力会大幅度降低，权重的随意性会大幅度提高，从而导致得出的权重其合理性将大打折扣。

（5）熵权系数法

熵（Entropy）来源于热力学，表示不能用来做功的热能。在信息论中，信息是系统有序程度的一个度量，熵是系统状态不确定性（即无序程度）的一种度量，信息量越大，不确定性就越小，熵也越小，反之，信息量越小，不确定性越大，熵也越大。

系统熵可以表达为：假设一个系统可能处于多种不同的状态，每种状态出现的概率为 p_i（i=1，2，$\cdots$，m）时，则系统的熵表示为：

$$e = -\sum_{i=1}^{m} p_i \ln p_i \tag{4-12}$$

在 $p_i = 1/m$（i = 1，2，$\cdots$，m）时，即各种状态出现的概率相等时，熵取最大值，为：$e_{\max} = \ln m$。从信息熵的公式可看出：如果某指标的信息熵越小，表明指标值的变异程度越大，提供的信息量越大，在评价中所起的作用越大，其权重也应越大；反之，如果某指标的信息熵越大，表明指标值的变异程度越小，提供的信息量越小，在评价中所起的作用越小，其权重也越小。因此可以根据各评价指标值的变异程度，通过计算熵来确定指标权重。

熵权系数法的步骤如下：

假设有一个由 m（i=1，2，$\cdots$，m）个评价单元，n（j=1，2，$\cdots$，n）个评价指标构成的原始数据矩阵：$R=(r_{ij})_{m \times n}$。

● 评价指标数据的标准化处理。把评价指标数据矩阵进行标准化处理为无量纲的数据。

● 计算第 j 个指标下第 i 个项目的指标值的比重 p_{ij}

$$p_{ij} = r_{ij} \Big/ \sum_{i=1}^{m} r_{ij} \qquad (4\text{-}13)$$

● 计算第 j 个指标的熵值 e_j

$$e_j = -k \sum p_{ij} \ln p_{ij} \qquad (4\text{-}14)$$

式中：$k=1/\ln(m)$

● 计算第 j 个指标的熵权 w_j

$$w_j = \frac{1-e_j}{\sum_{j=1}^{n}(1-e_j)} \qquad (4\text{-}15)$$

熵权法相对主观赋权法而言，客观性更强，但是该方法要求有一定量的样本数据才能使用，而且熵权与指标值本身大小关系十分密切，因此只适用于相对评价。

3.评价模型构建

（1）综合指数法

综合指数法是以一个数值来定量表征某个区域或空间单元的生态环境状况，各评价指标经标准化处理后的数据与其对应的权重系数通过数学模型进行综合获得。最常见的综合指数法为加权综合指数法，可表示为：

$$I = \sum_{i=1}^{n} w_i \cdot x_i \qquad (4\text{-}16)$$

式中：I——生态环境综合指数值；

$\qquad x_i$——标准化处理后的各评价指标数值；

$\qquad w_i$——每个评价指标对应的权重系数。

（2）模糊评价法

模糊评价法是基于模糊数学基本原理，对评价的各指标给予单因素评价评语的一种方法，这个评语把单个指标与生态环境的高低关系用 0～1 之间连续值中的某一个数值来表示。该方法根据模糊数学的隶属度理论把定性评价转化为定量评价，具有评价结果清晰，系统性强的特点，可以较好地解决难以量化的问题，适合各种非确定性问题的解决。

隶属度函数是模糊数学的关键内容，它表示从属或隶属于某一状态的程度，该状态的对应的数值就是极值。若有 m 个评价对象、n 个评价指标的实测值为 C_{mn}，对照评价指标的标准第 k 等级的"极值"，C_{mn} 属于该极值的程度称为"隶属度 μ_{jk}"。当采用单极值时，若以 Z 表示综合评价指数，$Z \in [0,1]$，以 W 表示权向量；$W=(w_1,w_2,\cdots,w_n)$；n 为评价指标个数，则 $\sum_{i=1}^{n} w_i =1$。μ 表示隶属度向量，$\mu=(\mu_1,\mu_2,\cdots,\mu_n)$，$\mu_i$ 表示第 i 项指标实测值对相应极值的隶属度，则 $Z=W \cdot \mu$，Z 即为综合评价值向量，取其最大值即为综合评价结果。

隶属度函数是模糊评价的基础，目前隶属度函数的确立尚未建立成熟有效的方法。常用的方法有模糊统计法、例证法、专家经验法和二元对比排序法。隶属度函数图形分布形式通常有正态型、Γ型、渐上型、戒上型（适用于成本型指标）、戒下型（适用于效益型指标）四种曲线形式。

模糊评价法主要步骤分为：

● 根据评价目的，建立评价指标体系，形成评价指标数据集，同时，根据每个评价指标的生态环境标准，建立评价标准集合；

● 建立隶属度函数，确立隶属度，建立模糊矩阵；

● 建立评价指标的权重集合；

● 建立模糊综合评价模型，该模型为评价指标权重集合与模糊矩阵的乘积，生成综合评价矩阵，然后根据最大隶属度确定生态环境等级。

（3）主成分分析法

主成分分析法用于生态环境综合评价的过程与"主成分分析法赋权"部分内容完全一致。不同之处在于通过方差累积贡献率选择 k 个主成分后：

$$F_1 = a_{11}X_1 + a_{21}X_2 + \cdots + a_{n1}X_n$$
$$F_2 = a_{12}X_1 + a_{22}X_2 + \cdots + a_{n2}X_n$$
$$\vdots \tag{4-17}$$
$$F_k = a_{1k}X_1 + a_{2k}X_2 + \cdots + a_{nk}X_n$$

利用线性公式，可以计算出每个主成分的值 F_i（$i=1, 2, \cdots, k$）；同时每个主成分的权重可用其相应的方差贡献率表示为：$\lambda_i \big/ \sum_{i=1}^{k}\lambda_i$；则，基于主成分分析的综合评价模型可表示为：

$$I = \sum_{i=1}^{k}\left(\lambda_i \big/ \sum_{i=1}^{k}\lambda_i\right)F_i \tag{4-18}$$

（3）人工神经网络评价法

人工神经网络（Artificial Neural Network，ANN）是一种模仿人脑结构及其功能的信息处理系统，是由大量简单的神经元广泛地互相连接而形成的复杂网络系统，反映人脑功能的许多基本特征，是一个高度复杂的非线性系统。人工神经网络由几部分组成，① 神经元结构模型，神经元是神经网络的基本处理单元，也叫节点，一般表现为多输入和单输出的非线性器件；② 网络拓扑结构，拓扑结构是指神经元彼此连接的方式，神经元互联模式种类繁多，最基本的是前馈网络和反馈网络。③ 神经网络的训练，在神经网络构建以后，需要在输入样本的作用下不断调整网络的连接权值以及拓扑结构，达到网络的输出结果不断接近期望的输出，使网络获得满意的系统性能。当神经网络训练好了以后，就可以应用于正常的工作阶段。

人工神经网络可以应用于多指标综合评价，目前，BP 网络模型（前向神经网络，Back propugation Neural Network）的应用最广泛。该神经网络是一个多层网络，由输入层、隐层和输出层三个层次构成，同层的神经元互不相连，相邻层的神经元通过权值连接，当信息从输入层进入网络后，会传递到第一层隐层节点，一直往下传递（隐层可以不止一层），最终传至输出层进行输出。输出层的输出结果可以有一个，也可以有多个（图 4.1）。

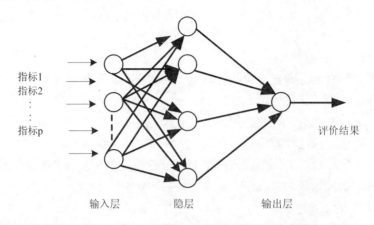

（a）单一评价结果输出的 BP 网络模型

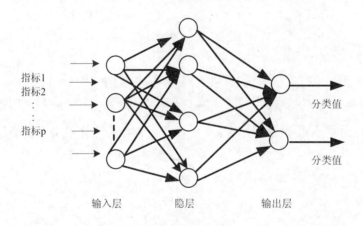

（b）多个评价结果输出的 BP 网络模型

图 4.1　人工神经网络模型

BP 神经网络综合评价的一般过程如下：

① 训练模型

对网络中各神经元之间的连接权值初始化，输入学习样本信息经输入层和隐层的神经元逐层处理，正向传输到输出层输出结果；将网络的期望输出与实际输出之间的误差信号，沿正向传播的连接通路由输出层经隐层反向传播到输入层，并按照一定的规则逐层修正各神经元的连接权值和阈值，通过这种正向传播和逆向传播的反复交替，使得网络的实际输出值逐渐逼近期望输出值，当误差小于预先设定的允许误差时，网络的学习训练结束。

② 利用训练完毕的神经网络进行生态环境综合评价

假定根据 n 个评价指标对某一区域的生态环境进行评价，同时生态环境可以划分为 N 个等级，则基于 BP 神经网络的评价过程为：

（a）对评价区域所有评价指标的数据进行标准化处理，获得神经网络的输入向量。

（b）将输入向量输入到神经网络中，得到一个输出向量。由于生态环境划分为 N 个等级，神经网络的输出向量是一个 N 元组，且 N 元组当中的 N 个元素分别对应于 N 个等级，对输出向量进行归一化，在 N 个元素中，哪个元素的数值最大，即表示该区域的生态环境属于哪个等级。

（4）灰色关联评价法

灰色系统理论由我国学者邓聚龙教授于 20 世纪 80 年代提出并发展，该理论认为人们对客观事物的认识具有广泛的灰色性，也就是信息的不确定性和不完全性，因此客观事物所形成的是一种灰色系统。灰色关联分析是灰色系统理论中用来进行系统分析、评估和预测的方法，是一种多因子统计分析方法，根据因子序列的几何相似程度来分析和确定因子间的影响程度或因子对主行为的贡献的一种测度。

灰色关联分析一般包括以下步骤：

① 根据评价对象特征，确定反映评价对象的参考数列和比较数列

参考数列（也称为母系列）是反映评价对象特征的序列，比如各评价指标的最优值或相关标准值可以作为参考序列；比较数列由评价指标在不同评价对象上的实际值构成。

② 数据标准化

对比较数列的数据进行标准化处理，消除指标间数据量纲等方面的差异。一般可以采用以参考数列为基点（假定为最大值）的标准化方法，因为参考数列都是各评价指标的最优值或相应的标准值。这样比较序列的所有数据都处理为介于 0～1 之间的无量纲为一数据。

③ 计算指标值的差数列，获得最大差和最小差

参考数列和比较数列进行比较获得差数列，$\Delta x_{0i}(k) = \left| x_0(k) - x_i(k) \right|$，其中 $\Delta x_{0i}(k)$ 为绝对差值数列，$x_0(k)$ 为参考数列，$x_i(k)$ 为比较数列。同时在绝对差值数列 $\Delta x_{0i}(k)$ 中，确定 Δx_{max} 和 Δx_{min}，即为最大差和最小差。

④ 计算关联系数

对绝对差值数列中的数据进行如下变换：

$$\xi_{0i}(k) = \frac{\Delta x_{min} + \rho \Delta x_{max}}{\Delta x_{0i}(k) + \rho \Delta x_{max}} \tag{4-19}$$

式中：ρ 为分辨率系数，在 0～1 内取值，其意义是削弱最大绝对差值太大引起的失真，提高关联系数之间的差异显著性，一般取 $\rho=0.5$。变换后获得关联系数矩阵：

$$\begin{bmatrix} \zeta_{01}(1), \zeta_{02}(1), ... \zeta_{0n}(1) \\ \zeta_{01}(2), \zeta_{02}(2), ... \zeta_{0n}(2) \\ \vdots \\ \zeta_{01}(N), \zeta_{02}(N), ... \zeta_{0n}(N) \end{bmatrix} \tag{4-20}$$

⑤ 计算关联度，排列关联序

比较数列和参考数列的关联程度是通过 N 个关联系数来反映的，对于每个评价单位，通过将 N 个关联系数进行评价，即可获得关联度。

$$r_{0i} = \frac{1}{N}\sum_{k=1}^{N}\zeta_{0i}(k) \qquad (4\text{-}21)$$

对比较数列与参考数列的关联度从大到小排序，关联度越大，说明比较序列与参考序列的态势越一致，该单位与最优目标值最接近接近。

四、评价方法应用分析

评价方法建立以后，要选择典型区域开展应用，检验评价方法对生态环境表征的合理性和评价结果的可靠性，找出评价方法的不足之处及局限性，并进行优化。通过应用同时也能确定评价模型的适用尺度，特别是适用的空间尺度，由于生态环境的区域差异性及自身的复杂性，很难建立普适性的生态环境评价方法，因此生态环境评价方法的适用性分析很重要。

总之，生态环境评价是一个系统工程，一般分为评价对象或目的的确定、评价指标筛选、评价方法或模型构建以及评价方法应用分析四个步骤，其中关键步骤是评价指标筛选和评价方法构建，这是生态环境评价的核心所在，直接决定了评价结果能否反映生态环境的特征。

第二节　生态环境状况评价技术规范

本技术规范规定了生态环境状况评价的指标体系和计算方法，主要适用于我国县级以上区域生态环境现状及动态趋势的年度综合评价。本规范引用了环境空气质量标准（GB 3095—1995）、地表水环境质量标准（GB 3838—2002）和地下水质量标准（GB/T 14848），使其成为本标准的条款。如以上标准被修订，其最新版本适用于本标准。

一、生态环境状况及相关评价指标定义

生态环境状况指数（Ecological Index，EI）：反映被评价区域生态环境质量状况，数值范围 0～100。

生物丰度指数：指通过单位面积上不同生态系统类型在生物物种数量上的差异，间接地反映被评价区域内生物丰度的丰贫程度。

植被覆盖指数：指被评价区域内林地、草地、农田、建设用地和未利用地五种类型的面积占被评价区域面积的比重，用于反映被评价区域植被覆盖的程度。

水网密度指数：指被评价区域内河流总长度、水域面积和水资源量占被评价区域面积的比重，用于反映被评价区域水的丰富程度。

土地退化指数：指被评价区域内风蚀、水蚀、重力侵蚀、冻融侵蚀和工程侵蚀的面积占被评价区域面积的比重，用于反映被评价区域内土地退化程度。

环境质量指数：指被评价区域内受纳污染物负荷，用于反映评价区域所承受的环境污染压力。

林地：指生长乔木、灌木、竹类等的林业用地。包括有林地、灌木林地、疏林地和其

他林地。单位：km²。数据来源：遥感更新。

有林地：指郁闭度大于30%的天然林和人工林，包括用材林、经济林、防护林等成片林地。单位：km²。数据来源：遥感更新。

灌木林地：指郁闭度大于40%、高度在2 m以下的矮林地和灌丛林地。单位：km²。数据来源：遥感更新。

疏林地：指郁闭度为10%～30%的稀疏林地。单位：km²。数据来源：遥感更新。

其他林地：包括果园、桑园、茶园等在内的其他林地。单位：km²。数据来源：遥感更新。

草地：指以生长草本植物为主，覆盖度在5%以上的各类草地，包括以牧为主的灌丛草地和郁闭度在10%以下的疏林草地。单位：km²。数据来源：遥感更新。

高覆盖度草地：指覆盖度大于50%的天然草地、改良草地和割草地，此类草地一般水分条件较好，草被生长茂密。单位：km²。数据来源：遥感更新。

中覆盖度草地：指覆盖度为20%～50%的天然草地和改良草地，此类草地一般水分不足，草被较稀疏。单位：km²。数据来源：遥感更新。

低覆盖度草地：指覆盖度为5%～20%的天然草地，此类草地水分缺乏，草被稀疏，牧业利用条件较差。单位：km²。数据来源：遥感更新。

耕地：指耕种农作物的土地，包括熟耕地、新开荒地、休闲地、轮歇地、草田轮作地；以种植农作物为主的农果、农桑、农林用地；耕种三年以上的滩地和滩涂。单位：km²。数据来源：遥感更新。

水田：指有水源保证和灌溉设施，在一般年景能正常灌溉，种植水稻、莲藕等水生作物的耕地，包括实行水稻和旱地轮种的耕地。单位：km²。数据来源：遥感更新。

旱地：指无灌溉水源和设施，靠天然降水生长作物的耕地；有水源和浇灌设施，在一般年景能正常灌溉的旱作物耕地；以种菜为主的耕地，正常轮作的休闲地和轮歇地。单位：km²。数据来源：遥感更新。

水域湿地：指天然陆地水域和水利设施用地，包括河渠、水库、坑塘、海涂和滩地。单位：km²。数据来源：遥感更新。

河流（渠）：天然或人工形成的线状水体。单位：km²。数据来源：遥感更新。

湖泊（库）：天然或人工作用下形成的面状水体。包括天然湖泊和人工水库两类。单位：km²。数据来源：遥感更新。

滩涂湿地：指受潮汐影响比较大海边潮间带水分条件比较好的土地，或河、湖水域平水期水位与洪水期水位之间的土地。单位：km²。数据来源：遥感更新。

建设用地：指城乡居民点及县辖以外的工矿、交通等用地。单位：km²。数据来源：遥感更新。

城镇建设用地：指大、中、小城市及县镇以上建成区用地。单位：km²。数据来源：遥感更新。

农村居民点：指农村居民点。单位：km²。数据来源：遥感更新。

其他建设用地：指独立于城镇以外的厂矿、大型工业区、采石场，以及交通道路、机场及特殊用地。单位：km²。数据来源：遥感更新。

未利用地：为未利用的土地，包括难利用的土地或植被覆盖度小于 5%的土地。单位：km^2。数据来源：遥感更新。

沙地：指地表为沙覆盖，植被覆盖度小于 5%的土地，包括沙漠，不包括水系中的沙滩。单位：km^2。数据来源：遥感更新。

盐碱地：指地表盐碱聚集，植被稀少，只能生长耐盐碱植物的土地。单位：km^2。数据来源：遥感更新。

裸土地：指地表土质覆盖，植被覆盖度在 5%以下的土地。单位：km^2。数据来源：遥感更新。

裸岩石砾：指地表为岩石或石砾，植被覆盖度小于 5%的土地。单位：km^2。数据来源：遥感更新。

其他未利用地：指其他未利用土地，包括高寒荒漠、苔原、戈壁等。

河流长度：特指是空间分辨率 30 m×30 m 的遥感影像能够分辨的 1：25 万水系图上的天然形成或人工开挖的河流及主干渠长度。单位：km。数据来源：遥感更新和国家地理中心 1：25 万基础地理数据。

近岸海域面积：海岸线以外 2 km 海洋区域。单位：km^2。数据来源：遥感更新。

土地轻度侵蚀：评价区域内受自然营力（风力、水力、重力及冻融等）和人类活动综合作用下，土壤侵蚀模数≤2 500 t/（$km^2 \cdot a$），平均流失厚度≤1.9 mm/a 的区域。单位：km^2。数据来源：地面监测与遥感更新相结合。

土地中度侵蚀：指评价区域内受自然营力（风力、水力、重力及冻融等）和人类活动综合作用下，土壤侵蚀模数在 2 500～5 000 t/（$km^2 \cdot a$）之间，平均流失厚度在 1.9～3.7 mm/a 之间的区域。单位：km^2。数据来源：地面监测与遥感更新相结合。

土地重度侵蚀：指评价区域内受自然营力（风力、水力、重力及冻融等）和人类活动综合作用下，土壤侵蚀模数>5 000 t/（$km^2 \cdot a$），平均流失厚度>3.7 mm/a 的区域。单位：km^2。数据来源：地面监测与遥感更新相结合。

水资源量：指被评价区域内地表水资源量和地下水资源量的总量。单位：$10^6 m^3$。数据来源：统计数据。

二氧化硫年排放量：指被评价区域内每年由于工业生产、居民生活和交通工具等产生并排放的二氧化硫总量。单位：t。数据来源：环境统计年报。

COD 年排放量：指被评价区域内每年由于工业生产、居民生活等产生并排放的化学需氧量（COD）总量。单位：t。数据来源：环境统计年报。

固体废物年排放量：指被评价区域内每年由于工业生产产生并排放的固体废物总量。单位：t。数据来源：环境统计年报。

降水量：指被评价区域内年度降水总量。单位：mm。数据来源：统计数据。

归一化系数：

$$归一化系数=100/A_{最大值} \tag{4-22}$$

式中：$A_{最大值}$——某指数归一化处理前的最大值。

二、评价指标及计算方法

1. 生物丰度指数的权重及计算方法

（1）权重

生物丰度指数分权重见表4.1。

表4.1 生物丰度指数分权重

权重	林地			草地			水域湿地			耕地		建筑用地			未利用地				
	0.35			0.21			0.28			0.11		0.04			0.01				
结构类型	有林地	灌木林地	疏林地和其他林地	高覆盖度草地	中覆盖度草地	低覆盖度草地	河流	湖泊(库)	滩涂湿地	水田	旱地	城镇建设用地	农村居民点	其他建设用地	沙地	盐碱地	裸土地	裸岩石砾	其他未利用地
分权重	0.60	0.25	0.15	0.60	0.30	0.10	0.10	0.30	0.60	0.60	0.40	0.30	0.40	0.30	0.20	0.30	0.20	0.20	0.10

（2）计算方法

生物丰度指数＝A_{bio}×（0.35×林地＋0.21×草地＋0.28×水域湿地＋0.11×耕地＋
0.04×建设用地＋0.01×未利用地）/区域面积 （4-23）

式中：A_{bio}——生物丰度指数的归一化系数。

2. 植被覆盖指数的权重及计算方法

（1）权重

植被覆盖指数的分权重见表4.2。

表4.2 植被覆盖指数分权重

结构类型	林地			草地			农田		建设用地			未利用地				
权重	0.38			0.34			0.19		0.07			0.02				
结构类型	有林地	灌木林地	疏林地和其他林地	高覆盖度草地	中覆盖度草地	低覆盖度草地	水田	旱田	城镇建设用地	农村居民点	其他建设用地	沙地	盐碱地	裸土地	裸岩石砾	其他未利用地
分权重	0.60	0.25	0.15	0.60	0.30	0.10	0.70	0.30	0.30	0.40	0.30	0.20	0.30	0.20	0.20	0.10

（2）计算方法

植被覆盖指数＝A_{veg}×（0.38×林地面积＋0.34×草地面积＋0.19×耕地面积＋

0.07×建设用地＋0.02×未利用地）/区域面积 　　　　　　　（4-24）

式中：A_{veg}——植被覆盖指数的归一化系数。

3．水网密度指数计算方法

水网密度指数=A_{riv}×河流长度/区域面积＋A_{lak}×湖库（近海）面积/区域面积＋

A_{res}×水资源量/区域面积 　　　　　　　　　　　　　　（4-25）

式中：A_{riv}——河流长度的归一化系数；

A_{lak}——湖库面积的归一化系数；

A_{res}——水资源量的归一化系数。

4．土地退化指数的权重及计算方法

（1）权重

土地退化指数分权重见表4.3。

表4.3　土地退化指数分权重

土地退化类型	轻度侵蚀	中度侵蚀	重度侵蚀
权　重	0.05	0.25	0.7

（2）计算方法

土地退化指数＝A_{ero}×（0.05×轻度侵蚀面积＋0.25×中度侵蚀面积＋

0.7×重度侵蚀面积）/区域面积 　　　　　　　　　　　（4-26）

式中：A_{ero}——土地退化指数的归一化系数。

5．环境质量指数的权重及计算方法

（1）权重

环境质量指数的分权重见表4.4。

表4.4　环境质量指数分权重

类　型	二氧化硫（SO₂）	化学需氧量（COD）	固体废物
权　重	0.4	0.4	0.2

（2）计算方法

环境质量指数＝0.4×（100-A_{SO_2}×SO₂排放量/区域面积）＋0.4×（100-A_{COD}×

COD排放量/区域年降雨量）＋0.2×（100-A_{sol}×固体废物排放量/区域面积）（4-27）

式中：A_{SO_2}——SO₂的归一化系数；

A_{COD}——COD的归一化系数；

A_{sol}——固体废物的归一化系数。

三、生态环境状况指数计算方法

1．各项评价指标权重

各项评价指标权重，见表 4.5。

表 4.5 各项评价指标权重

指标	生物丰度指数	植被覆盖指数	水网密度指数	土地退化指数	环境质量指数
权重	0.25	0.2	0.2	0.2	0.15

2．EI 计算方法

$$EI＝0.25×生物丰度指数＋0.2×植被覆盖指数＋0.2×水网密度指数＋$$
$$0.2×（100-土地退化指数）＋0.15×环境质量指数 \qquad (4\text{-}28)$$

四、生态环境状况分级

根据生态环境状况指数，将生态环境分为五级，即优、良、一般、较差和差，见表 4.6。

表 4.6 生态环境状况分级

级别	优	良	一般	较差	差
指数	EI≥75	55≤EI＜75	35≤EI＜55	20≤EI＜35	EI＜20
状态	植被覆盖度高，生物多样性丰富，生态系统稳定，最适合人类生存	植被覆盖度较高，生物多样性较丰富，基本适合人类生存	植被覆盖度中等，生物多样性一般水平，较适合人类生存，但有不适人类生存的制约性因子出现	植被覆盖较差，严重干旱少雨，物种较少，存在着明显限制人类生存的因素	条件较恶劣，人类生存环境恶劣

五、生态环境状况变化度分级

生态环境状况变化幅度分为 4 级，即无明显变化、略有变化（好或差）、明显变化（好或差）、显著变化（好或差），见表 4.7。

表 4.7 生态环境状况变化度分级

级别	无明显变化	略有变化	明显变化	显著变化
变化值	|ΔEI|≤2	2＜|ΔEI|≤5	5＜|ΔEI|≤10	|ΔEI|＞10
描述	生态环境质量无明显变化	如果 2＜ΔEI≤5，则生态环境质量略微变好；如果-2＞ΔEI≥-5，则生态环境质量略微变差	如果 5＜ΔEI≤10，则生态环境质量明显变好；如果-5＞ΔEI≥-10，则生态环境质量明显变差	如果 ΔEI＞10，则生态环境质量显著变好；如果 ΔEI＜-10，则生态环境质量显著变差

参考文献

[1] Aarhava J. Environment impact assessment valubale experiences of EIA procedure and public preceptin of major industrial porjects. Water Science technology, 1994, 29: 131-136.

[2] Brinkhurst R.O. Guide to the freshwater aquatic microdrile oligochaetes on North America. Canadian Special Publication of Fisheries and Aquatic Sciences, 1986.

[3] Christian Fischer, Wolfgang Busch. Monitoring of Environmental changes caused by hard coal mining//Remote Sensing for Environmental Monitoring, GIS Applications, and Geology, Proceeding of SPIE vol.4 545. Bellingham, Washington: SPIE, 2002: 64-72.

[4] Daniel T. H., M. E. Cuitis, C. N.Anne, et al. A landscape ecology assessment of the tensas river basin. Environmental monitoring and assessment, 2000: 41-54.

[5] Geraghty P. J. Environmental impact assessment and application of expert system: an overview. Jounral of environmental mnagaement, 1993, 39: 27-38.

[6] Gitelson A., Kogan F., Zakarin E. Using AVHRR data for quantitive estimation of vegetation conditions: Calibration and validation. Advances in Space Research, 1998, 22: 673-676.

[7] Ileana E. Land-use Planning for the Guadalupe Valle, Baja California, Mexico. Landscape and Urban Planning, 1999, 45: 219-232.

[8] John T. L. The Role of GIS in Landscape Assessment Using Land-use-based Criteria for an Area of the Chiltern Hills Area of Outstanding Natural Beauty. Land Use Policy, 1999, 16: 23-32.

[9] Legg C. A., Applications of remote sensing to environmental aspects of surface mining operations in the United Kingdom, Remote sensing: an operational technology for the mining and petroleum industries. Conference, IMM, London, 1990: 159-164.

[10] Morse J.C., Yang L.F., Tian L.X. Aquatic insects of China useful for monitoring water quality. Nanjing, Hohai University Press: 1994.

[11] Michacl E., Donald M. EMAP overview: objectives approaches and achievement. Environmental monitoring and assessment, 2000: 3-8.

[12] Reid R. S., Kruska R. L. Land-use and land-cover dynamics in response to changes in climatic, biological and socio-political forces: The case of southwestern Ethiopia. Landscape Ecology, 2000, 15: 339-355.

[13] Richard G. L. Applying GIS and Landscape Ecological Principles to Evaluate Land Conservation Alternatives. Landscape and Urban Planning, 1998, 41: 27-41.

[14] Sharp R. C. Optimizing enclosures to meet MACT standards. Pollution Engineering, 2000, 32: 42-45.

[15] Smith E. R.An overview of EPA's regional vulnerability assessment (Reva) Program. Environmental monitoring and assessment, 2000: 9-15.

[16] Srtobel C. J. Environment monitoring and assessment program: current of virginian province (U.S.) esutaries. Environmental monitoring and assessment, 1999, 56: 1-25.

[17] Venkataraman G., Kumar S.P., Ratha D.S., et al. Open cast mine monitoring and environmental impact

studies through remote sensing-a case study from Goa，India. Geocarto-International，1997，12（2）：39-53.

[18] 曹爱霞，刘学录，刘栋. 甘肃省生态环境质量评价. 安徽农业科学, 2008，14：5977-5979，6030.

[19] 曹惠明，宗雪梅，孟祥亮，等. 山东省生态环境质量现状及动态变化研究. 干旱环境监测，2012：108-111.

[20] 曹长军，黄云. 层次分析法在县域生态环境质量评价中的应用. 安徽农业科学,2007,35：3344- 3345，3415.

[21] 曹颖，曹东. 中国环境绩效评估指标体系和评估方法研究. 环境保护，2008（14）.

[22] 曹颖，张象枢，刘昕. 云南省环境绩效评估指标体系构建. 环境保护，2006（2）.

[23] 曹志平. 生态环境可持续管理指标体系与研究发展. 北京：中国环境科学出版社，2000，2-6.

[24] 陈华丽，陈刚，李敬兰，等. 湖北大冶矿区生态环境动态遥感监测. 资源科学，2004，26（5）：132-138.

[25] 陈怀亮，冯定原，邹春辉. 用遥感资料估算深层土壤水分的方法和模型. 应用气象学报，1999，10（2）：231-237.

[26] 陈维英，肖乾广，盛永伟. 距平植被指数在 1992 年特大干旱监测中的应用. 环境遥感，1994，9（2）：106-112.

[27] 陈旭. 遥感解译分析矿山开发对生态环境的影响.资源调查与环境，2004，25（1）：13-17.

[28] 陈彩霞，林建生. 重庆市生态环境质量综合评价研究. 湖北民族学院学报(自然科学版)，2006,（04）：348-351.

[29] 陈静. 企业环境绩效评估体系研究. 上海：华东师范大学，2006.

[30] 陈涛，徐瑶. 基于 RS 和 GIS 的四川生态环境质量评价. 西华师范大学学报（自然科学版），2006，（02）：153-157.

[31] 陈伟民，黄祥飞，周万平. 湖泊生态系统观测方法. 北京：中国环境科学出版社，2005.

[32] 陈惠，张春桂，王加义，等. 福建省农业生态环境质量评价方法研究. 农业环境科学学报，2010，S1：222-225.

[33] 陈丽华，武建宁，马生全. 甘南州生态质量状况及评价体系的构建. 西北民族大学学报，2006，27：24-26，41.

[34] 陈晓峰，张增祥，彭旭龙，等. 基于地理信息系统的数字环境模型研究. 遥感学报，1998，4：305-309.

[35] 陈佐忠，汪诗平. 草地生态系统观察方法. 北京：中国科学出版社，2004.

[36] 代雪静，田卫. 水质模糊评价模型中赋权方法的选择. 中国科学院研究生院学报，2011，28（2）：169-176.

[37] 刁正俗. 中国水生杂草. 重庆：重庆出版社，1990.

[38] 丁建华，杨威，金显文，等. 赣江下游流域大型底栖动物群落结构及其水质生物学评价. 湖泊科学，2012，24（4）：593-599.

[39] 戴新，丁希楼，陈英杰，等. 基于 AHP 法的黄河三角洲湿地生态环境质量评价. 资源环境与工程，2007：135-139.

[40] 董汉飞. 海南岛生态环境质量分析与综合评价. 广州：中山大学出版社，1985.

[41] 伏洋，李凤霞，严进瑞. 青海省流域生态环境质量评价指标体系研究. 青海气象，2004（4）：28-32.

[42] 范常忠,姚奕生.Fuzzy 综合多级评价模型在城市生态环境质量评价中的应用. 城市环境与城市生态,

1995，8：37-44.

[43]　樊哲文，等. 基于 GIS 的江西省生态环境脆弱性驱动力分析. 江西科学，2009（2）：302-306.

[44]　龚志军，谢平，阎云君. 底栖动物次级生产力研究的理论与方法. 湖泊科学，2001，13（1）：79-88.

[45]　高志强，刘纪远，庄大方. 中国土地资源生态环境质量状况分析. 自然资源学报，1999，1：94-97.

[46]　郭达志，金学林，盛业华. 矿区地表塌陷与治理的遥感应用研究. 煤矿环境保护，1994，8（6）：9-10.

[47]　郭建平，李凤霞. 中国生态环境评价研究进展. 气象科技，2007，35（2）：227-231.

[48]　郭朝霞，刘孟利. 塔里木河重要生态功能区生态环境质量评价. 干旱环境监测，2012：55-58.

[49]　国务院. 全国主体功能区规划.（国发[2010]46 号）.2010 年.

[50]　国家环境保护总局污染控制司编."十一五"城考创模工作指导手册. 北京：中国环境科学出版社，
2007.

[51]　胡鸿钧. 中国淡水藻类. 上海：上海科学技术出版社，1980.

[52]　哈力木拉提，董贵华，何立环，等. 新疆伊犁州 2000—2005 年生态环境质量变化评价与分析. 中
国环境监测，2009：98-101.

[53]　黄思明. 刚性约束：生态综合评价考核指标体系研究. 北京：科学出版社，1998：43-45.

[54]　黄蓓佳，王少平，杨海真. 基于 GIS 和 RS 的城市生态环境质量评价. 同济大学学报（自然科学版），
2009：805-809.

[55]　黄欲婕，张增祥，周全斌. 西藏中部的生态环境综合评价. 山地学报，2000，18：318-321.

[56]　鞠文学，李天宏，倪晋仁. 隶属度判别法在水土流失快速评估中的应用. 地理科学进展，2003，22
（4）：388-399.

[57]　焦念志. 运用德尔菲调查-灰色统计法确立水库鱼产力综合评价中的指标权重体系，1992，4：91-97.

[58]　姜帆，等. 抚仙湖流域旅游规划用地生态环境评价研究. 林业资源管理，2008（4）：103-107.

[59]　纪芙蓉，赵先贵，朱艳. 西安城市生态环境质量评价体系研究. 干旱区资源与环境，2011，10：48-51.

[60]　冀晓东，靳燕国，刘纲，等. 基于可变模糊集模型的区域生态环境质量评价. 西北农林科技大学学
报（自然科学版），2010，9：148-154.

[61]　雷利卿，岳燕珍，孙九林，等. 遥感技术在矿区环境污染监测中的应用研究. 环境保护，2002，2：
33-34.

[62]　李春艳，华德尊，陈丹娃，等. 人工神经网络在城市湿地生态环境质量评价中的应用. 北京林业大
学学报，2008，30（增刊 1）：282-286.

[63]　李艳双，曾珍香，张闽，等. 主成分分析法在多指标综合评价方法中的应用.河北工业大学学报，1999，
28（1）：94-97.

[64]　李超，沙文生，闵颖，等. 区域农业生态环境质量评价——以江苏省为例. 生态经济（学术版），2009，
1：200-203.

[65]　李洪义，史舟，郭亚东，等. 基于遥感与 GIS 技术的福建省生态环境质量评价. 遥感技术与应用，
2006，21：49-54.

[66]　李丽，张海涛. 基于 BP 人工神经网络的小城镇生态环境质量评价模型. 应用生态学报，2008，19：
2693-2698.

[67]　李莉，张华. 基于退耕还林还草背景的奈曼旗生态环境质量评价. 国土与自然资源研究 1003-7853
（2010）01-0048-02.

[68] 李晓秀. 北京山区生态环境质量评价体系初探. 自然资源，1997：33-37.

[69] 李月辉，胡志斌，肖笃宁，等. 城市生态环境质量评价系统的研究与开发——以沈阳市为例. 城市环境与城市生态，2003，16：53-55.

[70] 梁嘉骅，等. 环境管理系统工程. 北京：科学技术出版社，1992.

[71] 刘高焕，刘庆生，叶庆华. 黄河三角洲生态环境遥感监测与模拟. 第一届环境遥感应用技术国际研讨会论文集，2003.

[72] 刘培君，张琳，艾里西尔·库尔班，等. 用 TM 数据估测光学植被盖度的方法. 遥感技术与应用，1995，10（4）：9-14.

[73] 刘自远，刘成福. 综合评价中指标权重系数确定方法探讨. 中国卫生质量管理，2006，13（2）：44-48.

[74] 刘月英，张文珍，王跃先，等. 中国经济动物　淡水软体动物. 北京：科学出版社，1979.

[75] 刘月英，张文珍，王耀先. 医学贝类学. 北京：海洋出版社，1993.

[76] 刘海江，张建辉，何立环，等. 我国县域尺度生态环境质量状况及空间格局分析. 中国环境监测，2010，6：62-65.

[77] 刘瑞，王世新，周艺，等. 基于遥感技术的县级区域环境质量评价模型研究. 中国环境科学，2012：181-186.

[78] 刘新卫. 长江三角洲典型县域农业生态环境质量评价. 系统工程理论与实践，2005，6：133-138.

[79] 栾勇，陈绍辉，尹忠东，等. 珠海市城市生态环境质量评价及问题分析. 水土保持研究，2008：186-189.

[80] 吕连宏，张征，李道峰，等. 应用层次分析法构建中国煤炭城市生态环境质量评价指标体系. 能源环境保护，2005，5：53-56.

[81] 梅安新，彭望禄，秦其明，等. 遥感导论. 北京：高等教育出版社，2001.

[82] 马义娟，苏志珠. 晋西北地区环境特征与土地荒漠化类型研究. 水土保持研究，2002，3：124-126.

[83] 马治华，刘桂香，李景平，等. 内蒙古荒漠草原生态环境质量评价. 中国草地学报，2007：17-21.

[84] OECD. 中国环境绩效评估. 北京：中国环境科学出版社，2007.

[85] 潘金瓶. 城乡边界地域居住区生态环境评价指标体系研究. 中国城市林业，2011（4）：31-33.

[86] 彭补拙. 用动态的观点进行环境综合质量评价. 中国环境科学，1996，16：25-30.

[87] 卜全民. 环境质量模糊评价方法应用研究. 河海大学博士学位论文，2007.

[88] 千庆兰. 运用树木活力度进行城市生态环境质量分区——以吉林市为例. 热带地理，2002，22：90-92.

[89] 钱程. 城市生态环境智能评价系统研究. 成都：西南交通大学，2008.

[90] 钱贞兵，周先传，徐升，等. 安徽省生态环境质量动态评价研究. 安徽农业科学，2007：8612-8614.

[91] 秦伟，朱清科，方斌，等. 陕西省吴起县生态环境质量综合评价. 水土保持通报，2007，27：102-107，125.

[92] 牛文元. 中国科学发展报告 2012. 北京：科学出版社.

[93] 隋洪智，田国良，李付琴. 农田蒸散双层模型及其在干旱遥感监测中的应用. 遥感学报，1997，1（3）：220-224.

[94] 沈珍瑶，杨志峰. 黄河流域水资源可再生性评价指标体系与评价方法. 自然资源学报，2002，17（3）：188-197.

[95] 史培军，潘耀忠，陈晋，等. 深圳市土地利用/覆盖变化与生态环境安全分析. 自然资源学报，1999，4：293-299.

[96]　苏恒强，王玉杰，朱春娆，等. 熵权系数法在土壤环境质量评价中的应用. 安徽农业科学，2010，38（25）：13928-13930.

[97]　苏为华. 多指标综合评价理论与方法问题研究. 厦门：厦门大学，2000.

[98]　苏艳娜，柴春岭，杨亚梅，等. 常熟市农业生态环境质量的可变模糊评价. 农业工程学报，2007：245-248.

[99]　孙玉军，王效科，王如松. 五指山保护区生态环境质量评价研究. 生态学报，1999（3）：365-370.

[100]　孙军，刘东艳. 多样性指数在海洋浮游植物研究中的应用. 海洋学报，2004，26（1）：62-75.

[101]　孙玉军，王效科，王如松. 五指山保护区生态环境质量评价研究. 生态学报，1999：77-82.

[102]　宋海晨. 企业环境绩效评估方法研究. 上海：复旦大学，2008.

[103]　田国良. 土壤水分的遥感监测方法. 环境遥感，1991，6（2）：89-99.

[104]　田雨，李成名，林宗坚，等. 基于 ARCVIEW 的矿区生态环境质量评价系统设计与实现. 能源环境保护，2004，18（3）：50-52，56.

[105]　田婉淑，江耀明. 中国两栖爬行动物鉴定手册. 北京：科学出版社，1986.

[106]　田永中，岳天祥. 生态系统评价的若干问题探讨. 中国人口资源与环境，2003，13（2）：17-22.

[107]　唐婷，李超，吕坤，等. 江苏省区域农业生态环境质量的时空变异分析. 水土保持学报，2012：272-276.

[108]　万本太，王文杰，崔书红，等. 城市生态环境质量评价方法. 生态学报，2009，29：1068-1073.

[109]　王立辉，黄进良，杜耘. 南水北调中线丹江口库区生态环境质量评价. 长江流域资源与环境，2011，20：161-166.

[110]　王丽梅，孟范平，郑纪勇. 黄土高原区域农业生态系统环境质量评价. 应用生态学报，2004，15：425-428.

[111]　王平，马立平，李开. 南京市城市生态环境质量评价体系. 生态学杂志，2006：60-63.

[112]　王瑞玲，陈印军. 城郊农田生态环境质量预警体系研究及应用——以郑州市为例. 土壤学报，2007：994-1002.

[113]　王顺久，李跃清. 投影寻踪模型在区域生态环境质量评价中的应用. 生态学杂志，2006，7：869-872.

[114]　王晓峰，张晖，董小平，等. 南水北调中线工程陕西水源区生态环境质量综合评价. 水土保持通报，2010，3：230-232，236，242.

[115]　吴峙山. 北京城市生态系统研究与进展. 北京：中国环境科学出版社，1986.

[116]　肖乾广，陈维英，盛永伟，等. 用气象卫星监测土壤水分的试验研究. 应用气象学报，1994，5（3）：312-318.

[117]　薛俊增，堵南山. 甲壳动物学. 上海：上海教育出版社，2009.

[118]　徐友宁，徐冬寅，张江华，等. 地表水污染综合评价污染物权值确定方法. 西安科技大学学报，2010，30（3）：280-286.

[119]　徐昕，高峻，汪琴，等. 城市生态环境遥感监测与质量评价——以上海市为例. 上海师范大学学报（自然科学版）：2008：206-213.

[120]　颜梅春，王元超. 区域生态环境质量评价研究进展与展望. 生态环境学报，2012，21（10）：1781-1788.

[121]　阎伍玖. 区域农业生态环境质量综合评价方法与模型研究. 环境科学研究，1999，12：49-52.

[122]　阎伍玖，沈炳章，方元升. 安徽省芜湖市区域农业生态环境质量的综合研究. 自然资源，1995：39-45.

[123] 杨宇鸿. GIS 在生态环境评价中的应用——以勉县至宁强高速公路为例. 西安：长安大学，2006：9-10.

[124] 杨洪晓，卢琦. 生态系统评价的回顾与展望——从北美生态区域评价到新千年全球生态系统评估. 中国人口·资源与环境，2003：92-97.

[125] 杨忠义，白中科，张前进，等. 矿区生态破坏阶段的土地利用/覆被变化研究——以平朔安家岭矿为例. 山西农业大学学报：自然科学版，2003，23（4）：367-370.

[126] 杨新，延军平. 陕甘宁老区脆弱生态环境定量评价——以榆林、延安两市为例. 干旱区资源与环境，2002，16：87-90.

[127] 尹儿琴，郝启勇，鲁孟胜，等. 应用灰色关联分析法评价南四湖丰水期水质. 环境科学动态，2005，1：8-9.

[128] 尹剑慧，卢欣石. 中国草原生态功能评价指标体系. 生态学报，2009，29（5）：2622-2630.

[129] 叶亚平，刘鲁军. 中国省域生态环境质量评价指标体系研究. 环境科学研究，2000，13（3）：33-36.

[130] 姚尧，王世新，周艺，等. 生态环境状况指数模型在全国生态环境质量评价中的应用. 遥感信息，2012，27：93-98.

[131] 俞立平，潘云涛，武夷山. 学术期刊综合评价数据标准化方法研究. 档案期刊编辑，2009，53（53）：136-139.

[132] 喻良，伊武军. 层次分析法在城市生态环境质量评价中的应用. 四川环境，2002，21：38-40.

[133] 谭蜜蜜. 基于 LE-PSR 的乡村生态环境评价研究. 武汉：华中科技大学，2001.

[134] 王军，陈振楼，许世远. 长江口滨岸带生态环境质量评价指标体系与评价模型.长江流域资源与环境，2006，15（5）：659-664.

[135] 王顺久，李跃清. 投影寻踪模型在区域生态环境质量评价中的应用. 生态学杂志，2006，25（7）：869-872.

[136] 王金叶，程道品，胡新添，等. 广西生态环境评价指标体系及模糊评价. 西北林学院学报，2006（4）：5-8.

[137] 王静雅，何政伟，于欢. GIS 与层次分析法相结合的生态环境综合评价研究——以渝西地区为例. 生态环境学报，2011（Z2）：1268-1272.

[138] 王让会，宋郁东，樊自立. 新疆塔里木河流域生态脆弱带的环境质量综合评价. 环境科学，2001，22（2）：7-11.

[139] 王如松. 生态环境内涵的回顾与思考. 科技术语研究. 2005（2）：28-31.

[140] 万本太，等. 中国环境监测技术路线研究. 长沙：湖南科学技术出版社，2003.

[141] 万本太，等. 中国生态环境质量评价研究. 北京：中国环境科学出版社，2004.

[142] 张梅，李原，王若南. 滇池浮游植物的生物多样性调查研究. 云南大学学报（自然科学版），2005，27（2）：170-175.

[143] 张继承. 基于 RS/GIS 的青藏高原生态环境综合评价研究. 吉林大学，2008.

[144] 张春桂，李计英. 基于 3S 技术的区域生态环境质量监测研究. 自然资源学报，2010，2060-2071.

[145] 张建龙，吕新. 基于 RS 和 GIS 技术的石河子垦区绿洲生态环境质量评价. 安徽农业科学，2009：6046-6049.

[146] 张杰，唐斌，汪嘉杨. 四川省地级市生态环境质量评价模型. 四川环境，2012，31：8-11.

[147] 张中昱. 基于 BP 神经网络和模糊综合评价的环境分析评价系统. 天津大学硕士学位论文，2006.

[148] 章宗涉，黄翔飞. 淡水浮游生物研究方法. 北京：科学出版社，1991.

[149] 赵松山，白雪梅. 用德尔菲法确定权数的改进方法. 统计研究，1994，4：46-49.

[150] 赵元杰，代磊强，梁剑. 河北省生态环境质量评价研究. 国土与自然资源研究，2012：47-50.

[151] 赵跃龙，张玲娟. 脆弱生态环境定量评价方法的研究. 地理科学，1998：78-84.

[152] 赵跃龙，张玲娟. 脆弱生态环境定量评价方法的研究. 地理科学，1999，18（1）：73-79.

[153] 郑丙辉，刘录山. 溪流及浅河快速生物评价方案：着生藻类、大型底栖动物及鱼类（第二版）. 李黎，译. 北京：中国环境科学出版社，2011.

[154] 郑宗清. 广州城市生态环境质量评价. 陕西师范大学学报：自然科学版，1995，23：134-137.

[155] 周长发. 中国大陆蜉蝣目分类研究. 天津：南开大学，2002.

[156] 周金龙. 灰色关联分析法在水质评价中的应用.干旱环境监测，1993，7（1）：21-24.

[157] 周华荣，潘伯荣，海热提•吐尔逊. 新疆生态环境现状综合评价研究. 干旱区地理，2001，24（1）：23-29.

[158] 周华荣. 新疆生态环境质量评价指标体系研究. 中国环境科学，2000，20（2）：150-153.

[159] 周铁军，赵廷宁，戴怡新，等. 毛乌素沙地县域生态环境质量评价研究——以宁夏回族自治区盐池县为例. 水土保持研究，2006，13：156-159，164.

[160] 赵英时，等. 遥感应用分析原理与方法. 科学出版社，2003.

[161] 陈述超，鲁学军，周成虎. 地理信息系统导论. 科学出版社，2000.

[162] 吴秀芹，张洪岩，张正祥，等. ArcGis 9 地理信息系统应用与实践（上、下）. 清华大学出版社，2007.

[163] 邬伦，刘瑜，张晶，等. 地理信息系统——原理、方法和应用. 科学出版社，2001.

[164] 孙成渤. 水生生物学. 中国农业出版社，2004.

[165] 金相灿，等. 湖泊富营养化调查规范. 中国环境科学出版社，1990.